Knowledge House & Walnut Tree Publishing

Knowledge House & Walnut Tree Publishing

新常態下的變革

——對話三十七位中國企業家

沈偉民 著

序言

進入財經管理類媒體十二年，我曾訪談過無數的企業家，但我特別想為二〇〇九至二〇一五年的七年「新常態」，留下點筆墨。

為什麼說是「新常態」呢？七年來，一方面是傳統企業進入生死轉型，另一方面是「互聯網（移動互聯網）＋」產業與商業模式驟然崛起，使得我們在原有的產業經濟模式下的企業，一直就處在傳統與顛覆急劇地交互中。

儘管，有關「新常態」的提法在二〇一四至二〇一五年達到空前的熱度，但正如溫度上升是通過灼熱累積一樣，實際上，我們的各產業經濟和企業，自金融危機後，甚至更久以前的創業期開始，就一直處在「新常態」中。

當然，和「新常態」相對應的是「老常態」。對此，杉杉控股董事局主席鄭永剛曾這樣給我解釋：「以前的市場競爭是，一方面靠低廉勞動密集型的產能，另一方面是把產品輸送到全球市場。這種戰略在當時就是『新常態』。但是，現在倒過來了，如果還堅持原有的打法，不要說發展，就是生存都會困難，於是，過去引以為榮的『新常態』成了『老常態』。」也許這就是杉杉十多年前決定從傳統服裝行業轉型新能源鋰電池的本因，鄭永剛的目的是，杉杉能夠一直處在「新常態」中。

在我七年訪談過的所有企業家中，鄭永剛是第一個明確解釋「新常態」的企業家，但這不代表其他的企業家不認同「新常態」和「老常態」之間的辯證關係。打開過去的記憶，我對這些企業家的訪談，彷彿發生在昨天。我對他們每個人訪談前，都花費過大量時間和精力去做研究。他們中，有像娃哈哈的宗慶后、三一的向文波、格力的董明珠、美特斯邦威的周成建、方太的茅理翔等傳統製造業中的巨頭，也有像同程旅遊的吳志祥、一號店的于剛、滬江網的伏彩瑞、拍拍貸的張俊等互聯網（網際網路）產業的新菁英。這些企業英雄每天都在告別昨天，並盤算著通過技術創新、產品創新、定位創新、戰略創新、營銷創新，以及商業模式和贏利模式等的創新，來解構當下的常態，創造屬於自己的「新常態」。

也許，對於多數人來說，這些人難得一見，更不用說要讓他們暫停工作，接受我挑戰性的訪談。我至今記得，我第一個採訪的人是曾經的中國首富宗慶后，為採訪他，我用了整整兩個多月的時間閱讀了和他有關的訊息、資料，然後寫出長達五頁的採訪提綱，但因考慮到訪談的聚焦，又進行大幅度刪減，最後成了兩頁。正是以那次和宗慶后的見面為起點，開始了我和一線企業家零距離的接觸。

和我能幸運地訪談到這些著名、知名企業家相比，他們其實並不幸。在過去的日子裡，他們不是在面對頭痛的產業生死轉型，就是苦苦在尋找「黑天鵝」。我知道，他們在面對我的時候，總是會擺出處驚不亂的姿態，以防止我發現負面問題，但是也許和我見面之後，他們馬上就會去處理企業中的一件麻煩事。我曾經在面見其中一位企業家的時候，他的助理悄悄地向他送來一個文件，儘管他表現得若無其事，並告訴助理——「等等，一小時後我會處理」，但我還是發現他瞬間的眉頭緊鎖。

我知道企業家活得不容易，何況他們手裡掌握著一個集團或多個產業，並處在社會的塔尖，再加上媒體對他們財富的披露，有時往往引發了社會的仇富情緒。比如，宗慶后在二〇一三年三月在家門口的遇刺事件，表面上，是一個落魄的失業者向其索要工作未果，憤而揮刀，但沒有人會去聽宗慶后怎麼想、怎麼說。

為了能掏出企業家的真實想法，以及獲得訪談的最佳效果，訪談開始，我總是讓他們先滔滔不絕，我知道，企業家們都擅長此道，這可以讓他們迅速興奮起來，同時也讓他們認為我是一個虔誠的傾聽者，以便在他們發表言論之後，拋出我想問的問題。當然，也有企業家說得不盡人意，我會提供一些我的判斷，以刺激他們發表意見。

算起來，二〇〇八年金融危機後，從二〇〇九年到二〇一五年正好是七年，而七年很容易令人聯想到「七年之癢」。「七年之癢」有兩種解釋：第一，夫妻到了第七年可能會因婚姻生活的平淡規律，感到無聊乏味，要經歷一次危機的考驗；第二，人的細胞每過七年會完成一次整體的新陳代謝。無論是婚姻說，還是細胞說，所謂的「七年之癢」，都指向了生命的週期。如果用這種週期論對應二〇〇九至二〇一五年的中國企業和企業家們，居然是如此的相似：在經歷了此前六年在市場環境中的抉擇、對決、鏖戰、嬗變、卡位、蝶變等過程之後，如今正在面臨第七年中一個叫「新常態」的大週期轉換時代。

事實上，每一年的產業經濟都在與時俱進，甚至到了如今移動互聯網（行動網路）時期，更加速了各種商業模式更替以及企業生命週期的運轉。比如騰訊公司，如果沒有微信這個ＩＭ（Instant Messaging）產品，騰訊可能還一如二〇〇九年時那樣，被稱為「創新模仿者」；比如阿里巴巴，馬雲說過，自己在創業的時候，學習的是美國的電子商務模式，但後來卻發現美國的電子商務實際是為大公司服務，而當時中國沒有那麼多的大公司，卻有很多的小企業，於是轉而用互聯網技術的方式來幫助這些中國小公司，結果成功了；比如蘇寧，如果沒有全力向電商轉型，蘇寧的生存狀態可能會更糟。問題是，這些企業為什麼能有今天的好日子？

現代管理學大師彼得・杜拉克（Peter Ferdinand Drucker）說：「企業決策，始於一個管理者的見解，所謂見解，就是尚待證實的假設。」按照這個邏輯，企業家思維幾乎決定了一個企業未來的生或死。而通過和企業家直接對話，真實記錄他們的思維，正是我七年來的最大成果。

我像尋找獵物那樣，和著產業經濟變化的節拍，選擇性地訪談過往處於風頭浪尖中的企業家，現在回頭來看，走了這樣一條路：前四年偏重於那些重資產性質企業的領導人，後三年愈來愈注重輕資產企業的領導人。因此，寫這本書的時候，必然存在一個衝突問題：在如今「互聯網＋」模式的高燒時期，有沒有必要再納入像三一、格力和方太這樣的傳統企業？

經過反覆思考，我對自己給出了答案——再過三、五年，甚至十年，隨著工業4.0以及新能源產業經濟下的第三次工業革命如期而至，今天最時髦的互聯網企業也會淪為傳統企業，因此每一個企業都是一個時代的產物，關鍵是企業家如何在特定的歷史時期，做過什麼正確的選擇。基於這樣的價值取向，我想把我最近七年對企業家們的訪談記錄拿出來給大家思考和反思，三到五年後，再回頭來看看，哪些企業家的預見是對的，哪些企業家的預判是錯的。我想，這本《新常態下的變革》正是對中國企業界在二〇〇九至二〇一五年的一段歷史記錄。

沈偉民

二〇一五年十月於上海

目錄 Contents

Contents

卡位二〇一三 141

Contents

第四編

嬗變二〇一二 209

第五編

鏖戰二〇一一 263

Contents

第一編

新常態二〇一五

這個世界上已經不存在沒有顛覆的行業，更不存在沒有顛覆的產業模式，因此從現在開始，所有的企業都會進入到「改變即存在」的狀態中。正如韓國三星李健熙所言：「除了老婆孩子，一切都要變！」從二〇一五年開始，任何一個企業要想可持續，只有把新常態當做常態。

阿里巴巴董事局主席馬雲：阿里要活一百零二年

阿里巴巴由曾擔任英語教師的馬雲為首的十八人，於一九九九年在杭州創立。他們相信互聯網能夠創造公平的競爭環境，讓中小企業通過創新與科技擴展業務，並在參與國內或全球市場競爭時處於更有利的位置。經過十六年的發展，公司目前的業務包括淘寶網、天貓、聚划算、全球速賣通、阿里巴巴國際交易市場、一六八八、阿里巴巴媽媽、阿里雲、螞蟻金服、菜鳥網絡等。二〇一四年九月，公司在紐約證券交易所完成上市，股票代碼「ＢＡＢＡ」。

二〇〇九年九月十日，應阿里巴巴之邀，我從上海趕往兩百公里之外的杭州蕭山黃龍體育場，參加阿里巴巴舉辦的公司十週年慶典。

當天，在這座可容納五萬一千人的體育場四周，遍佈阿里巴巴旗下各子公司、業務部門的廣告旗，當然，更多的還是人，我分不清楚這些人究竟是來自阿里巴巴的員工，還是客戶，總之，阿里巴巴在當天的組織和氣氛，讓我想到的是某個炙手可熱的明星演唱會，而不是一家公司的年會。

在這場讓所有人頭腦發熱的慶典活動上，馬雲說了一句影響中國商業社會的話，同時唱了一首用龐克配樂重新演繹的《獅子王》中的主題歌——*Can You Feel the Love Tonight*（今夜你能感受到愛嗎？）。當然，相比唱歌，那句話才是最夠份量的：「我們永遠會堅持客戶第一，員工第二，投資人第三。我們專注電子商務，前十年專注電子商務，後十年我們還是專注電子商務。前十年我們專注中小企業，後十年我們還是專注中小企業。因為只有專注中小企業，專注電子商務，才能讓我們走得久！」

也許是嫌上次唱歌不過癮，二〇一三年五月十日，馬雲又一次登上了黃龍體育場的舞台，這一次的主題切換成了「馬雲告別演唱會」。馬雲宣佈自己辭任執行長（CEO），將日常管理交給接班人陸兆禧，但對於阿里巴巴的整體戰略以及各個業務的走向，自己依然會進行方向上的把控。之後，馬雲唱了兩首歌——《我愛你，中國》和《朋友》。唱到《朋友》的時候，黃龍體育場已被一片哭聲淹沒。我當時就在想，哭他幹嗎？馬雲這是要去完成一件大事。

此前阿里巴巴的B2B業務曾於二〇〇七年登陸香港交易所，融資一百一十六億元，一度刷新中國互聯網上市公司歷史規模的紀錄，但後來卻跌破發行價，一直在低位徘徊。二〇一二年二月，公司進行私有化要約，以每股十三．五港元的價格回購上市公司股份，這一價格與二〇〇七年其首次公開募股（Initial Public Offerings, IPO）的價格相同。二〇一二年六月二十日，阿里巴巴的B2B業務正式退出香港交易所。儘管如此，從自身業務來看，阿里巴巴還是當時中國最賺錢的互聯網公司。就在「馬雲告別演唱會」之前，阿里巴巴在二〇一三年第一季度的淨利潤已達六億六千九百萬美元，較二〇一二年同期的兩億兩千萬美元，增長兩倍多，連續兩個財季超過騰訊。很顯然，從香港交易所退市的阿里巴巴，很可能在選擇一個更好的機會謀求再次上市。

二〇一四年九月十九日，阿里巴巴終於在紐約證券交易所掛牌交易，股票代碼「BABA」。按定價區間的中值計算，阿里巴巴的市值為一千五百五十億美元。登陸美國證券市場，馬雲現在的目標是，將阿里巴巴做成真正意義上的國際電商公司，而不僅僅只在中國市場為王，為此，馬雲要告訴美國人，阿里巴巴和美國排名第一的電商亞馬遜，存在重大區別。

做電子商務的ＷＴＯ

電子商務在中國發展已經十五年，並滲透到每個領域，十五年之後又將如何發展？

馬雲：現在，每天都有上億買家瀏覽我們的網站，我們在中國所創造的直接和間接就業崗位有一千四百萬個。公司人數從最初的十八個人發展到了現在的三萬人。與十五年前比，我們現在變大了，但我希望十五年後看現在，現在依然是大的。我曾說過，我希望十五年後，人們看不到阿里巴巴和淘寶，因為所有都會化為無形而無處不在。

十五年前，我還要去講電子商務，去講中小企業如何利用電子商務或互聯網把生意做到全國，但我希望，十五年後，人們會徹底忘記電子商務，這就像如今的電力一樣，現在不會有人把電力看成是高科技。我不希望十五年後，我們走在馬路上，依然在討論要如何利用電子商務去幫助企業。

去年（二〇一四年），阿里巴巴在紐交所上市，ＩＰＯ規模高達兩百五十億美元。這是否意味著阿里巴巴已經做到了全球電商業的極致？

馬雲：我們的IPO盤子其實挺小，區區兩百五十億美元而已。我還記得，二〇〇一年的時候，我們希望從美國投資者手裡融資五百萬美元，當時我們被拒絕了，但說過，我們會再來，到時候融資額會高一些。

我們更看重的是，融資兩百五十億美元之後，我們應該如何用好這筆錢。這不僅僅是金錢，這是全球投資者對我們的信任。他們把錢給我們，希望我們的業務能幫助更多人，希望我們的業務能帶給他們回報。因此，這對我來說，其實是增加了壓力。我們的市值已經超過了IBM、沃爾瑪（Wal-Mart），現在我們的市值在全球可以排入前十五位之列。我問自己和我的團隊——這真實嗎？我們可能還沒好到這樣的程度。

幾年前，還有人在質疑阿里巴巴的模式，覺得阿里巴巴的模式很糟糕，也不能掙錢，當時他們都認為亞馬遜（Amazon）、eBay、Google更好，但阿里巴巴的模式在美國找不到，我說過，我們其實要比大家想的好得多。今天，我們到了這樣的規模，我要說，我們可能沒有人們想像的那麼好，畢竟我們只是一家創立十五年的企業，員工平均年齡只有二十七、八歲。我們是一群年輕人，嘗試著此前從未有人做過的事業。

已經上市的阿里巴巴，對未來如何計劃？

馬雲：我們的名字是阿里巴巴，我們是一家互聯網企業。我們的創業精神與全球各地的著名企業毫無差別。我還記得創建阿里巴巴的那天，我們的宗旨就是要幫助中小企業。如今上百萬的中小企業在我們的平台上銷售產品，有超過三億消費者在我們的平台上購物，享受低廉的價格和迅捷的服務。

我現在想得最多的是，我們什麼時候能幫到全球的中小企業？如果我們能幫助挪威的企業把產品賣到阿根廷，而阿根廷的消費者可以在網上購買來自瑞士的產品。我的設想就是類似電子業的世界貿易組織（WTO）。也許這樣的說法不太準確，但在二十世紀，世界貿易組織發揮了很重大的作用，讓許多大企業把生意做到了全世界。如今，互聯網可以幫助全球中小企業將產品賣到五湖四海。

我覺得，我們可以為二十億消費者提供服務，我們也可以為中國之外的一千萬家企業提供服務。我們幫助過美國華盛頓州的農民，去年（二〇一四年）就賣了三百噸櫻桃到中國。有一次，美國駐華大使跟我說，馬雲，你能不能幫我們賣點櫻桃？我就說，行啊。當我們開始推銷美國櫻桃的時候，櫻桃還都在樹上，於是我們就開始進行網上預訂，結果是八萬名中國消費者預訂了美國櫻桃，等到櫻桃成熟，四十八小時內美國櫻桃就運到了中國。

中國的消費者是如此開心，當然我們也接到了投訴，說為什麼只有那麼點，為什麼不能多賣點。之後，我們又賣了兩百噸堅果，我們還賣過阿拉斯加的海鮮。因此，我們既然能賣櫻桃和海鮮，我們為何不能幫助美國和歐洲的中小企業賣東西給中國消費者呢？中國消費者也有需求。

在美國IPO之後，你也從中國企業明星變成了世界企業明星，那麼又將如何像鼓勵中國年輕人創業一樣，幫助全球的年輕人？

馬雲：我好像不是。

十五年前，在我公寓裡十八個共同創業的人中，有我的妻子。我問她，你希望看到自己的丈夫變成富人，當然是杭州的富人而不是中國的富人，還是一個受人尊敬的人呢？她回答，當然是受尊敬的人。

那時，沒有人覺得我有機會成為富人。當時，我們想到的都是如何讓企業生存下來。我認為，如果你有一百萬美元，這是你的錢，如果你有兩千萬美元，你會有許多問題，要考慮通膨、要考慮買什麼股票之類，但如果你有十億美元，這已經不是你的錢，這是社會投給你的信任，社會覺得你能比其他人更好地支配這些錢。因此，我覺得，我現在手裡有資源做更多的事情，可以利用現有的影響力和金錢，對年輕人投入更多精力。

或許有一天，我還會回學校教書，跟年輕人在一起。告訴他們一些事情，跟他們分享一些經歷。所以現在我手裡的錢不是我的，我只是恰好在管理這些資源，我希望能做好自己的工作。

生意是生活方式

曾經複製eBay模式的阿里巴巴，為什麼能在中國成功，而美國卻反而沒有出現阿里巴巴這樣的公司？

馬雲：阿里巴巴在創業的時候，我們注重和學習美國的電子商務，但卻發現美國的電子商務致力於幫助大公司，幫助他們節約成本，而當時中國沒有那麼多的大公司，卻有很多的小企業，對於他們來說，生存非常艱難，於是，我們決定用互聯網技術來幫助這些小公司。

美國習慣於幫助大型企業，這就好比美國人擅長於打籃球；而在中國，我們應該會去打乒乓球，去幫助那些小公司。我們需要做的不是幫助小公司去節約成本，因為他們知道如何節約成本，他們需要學習的是如何賺錢。因此，我們的業務一直專注於幫助小企業在網絡（網路）上賺錢。

具有一定規模的中國企業現在都在說自己如何持續百年，而阿里巴巴對自己的百年大計如何思考？

馬雲：我們希望阿里巴巴可以活一百零二年。人們會好奇地問，為什麼是一百零二年？因為阿里巴巴誕生於一九九九年，二十世紀我們經歷了一年，這個世紀將是完整的一百年，下一個世紀再經歷一年，這樣橫跨三個世紀，就是一百零二年。這給了我們所有員工一個清晰的目標。無論我們有多少盈利，無論我們賺了多少錢，不論我們已經取得什麼成績，都不要認為我們已經成功。不要忘記，我們希望活一百零二年，現在才過了十六年而已，後面還有八十六年。這八十六年中的任何一個時間，如果公司倒閉了，我們就談不上成功。

創業初期，沒有人相信阿里巴巴可以活下去。有人說，你們的平台是免費的，你們的公司那麼小。去年（二〇一四年），我們在美國上市的時候，美國人又說，阿里巴巴是做電子商務的，就像亞馬遜。也許，亞馬遜是美國人眼中唯一的電子商務模式，但我們和亞馬遜不一樣。

在做有關阿里巴巴的價值研究中，美國華爾街是將阿里巴巴和他們熟知的亞馬遜進行比較，那麼如何說服美國人，阿里巴巴就是阿里巴巴，而不是亞馬遜？

馬雲：我告訴美國人，我們和亞馬遜不一樣的是，我們自己不做買賣，我們幫助中小企業做買賣。

在阿里巴巴平台上，有一千萬家小企業每天做交易。我們自己不送快遞，但每天有兩百萬人幫著我們配送三千萬包裹；我們也沒有自己的倉庫，但我們幫助那些中小物流快遞公司管理成千上萬的物流倉庫；我們也沒有任何商品庫存，但是我們有三億五千萬的買家，每天有超過一億兩千萬的消費者光顧我們的網站。去年（二〇一四年），我們的銷售額是三千九百億美元。今年，我們預計銷售成交會超過沃爾瑪全球，要知道，沃爾瑪用了兩百三十萬員工，而我們只是從十八人擴大到了三萬四千人。

我們和亞馬遜不一樣的還有，亞馬遜是一個購物中心，但在阿里巴巴，看到的產品圖片展示和你拿到手的產品或許不一樣，人們會覺得驚訝，這怎麼有點不一樣！但是，消費者喜歡這樣的購物體驗。在美國，電子商務是商務，而在中國，電子商務是人們的一種生活方式。年輕人交換他們的思想，互相溝通，建立信任，建立個人信用記錄。就好像大家去星巴克，其實不是去星巴克品嚐咖啡有多麼美味，而是選擇一種生活方式。

我們感到自豪的是，並不是我們賣了多少東西。我前面提到，今年我們的成交總額會超過沃爾瑪——是的，我們對此很自豪。阿里巴巴會在未來五年，達到一萬億美元的成交額。這是我的目標，我認為我們會達到這個目標。更讓我們自豪的是，我們為中國直接和間接地提供了一千四百萬個就業機會。我們在中國鄉村創造就業機會，我們為中國女性提供就業機會。中國互聯網上成功的賣家中，超過百分之五十一是女性。

有人又會說，阿里巴巴現在做到了這些，你們的下一步是什麼？阿里巴巴無處不在，你們的未來打算是什麼？今天，超過百分之八十的在線交易是由阿里巴巴所創造的，我們未來的目標是將阿里巴巴的業務拓展到全球。這不只是要成為最會賣貨的公司。我們希望電子商務的基礎設施能夠全球化。

相比美國，為什麼中國的電子商務成長速度如此驚人？因為中國的商業基礎建設太差。不像在美國，大多數人有汽車，線下有無處不在的沃爾瑪和凱馬特（Kmart）。但是在中國，我們並沒有這麼好的基礎設施。

電子商務在美國如同餐後甜點，它是對主流商業的補充。但在中國，電子商務已經成為主菜。我們建設了電子商務的基礎設施，如果我們將我們的電子商務基礎設施全球化，包括在全球範圍內提供支付工具、物流中心和透明公開的交易平台，就能幫助全球的小公司將他們的產品賣到世界各個角落，幫助全球的消費者順利地買到世界各地的產品。

我們的願景是，未來十年內幫助全球二十億消費者在線購買全世界的產品，而且做到全球範圍內七十二小時內收到商品，在中國範圍內，無論你身在何處，二十四小時內收到商品。阿里巴巴的全球化戰略，仍然是致力於幫助小企業，幫助他們以最有效的方式來做生意。我們會在自己的電商平台上，幫助到另外一千萬家小企業。

可能人們會繼續問，現在阿里巴巴的業務做大了，也募集到大量資金，你們會在美國做什麼？你們會來美國嗎？如果來美國，你們是打算入侵美國嗎？馬雲你什麼時候來和亞馬遜競爭？什麼時候來和eBay競爭？其實，我對eBay和亞馬遜抱有敬仰之心。而我們去美國的目的，也就是阿里巴巴的下一步戰略，是幫助美國的小企業走進中國，幫助他們將產品賣到中國。

按照阿里巴巴的未來戰略，實際是要打通中國和美國，乃至全球的商品流通和消費者市場？

馬雲：現在的中國，中產階層的數量和美國人口大致相當。我們認為，未來十年，中國將有五億人口成為中產階層。他們對優質產品和優質服務的需求非常強大、非常驚人。但是，中國的現狀是，沒有辦法滿足他們對於優質產品和優質服務的需求。過去二十年，中國一直致力於出口，那麼在接下來的十年至二十年中，中國將把注意力集中在進口方面。中國將學會進口，學會如何消費。中國應該去消費，去做全球買手。同時，我認為美國的小企業，美國的品牌產品，也應該利用互聯網，進入中國市場。

過去二十年，美國的大公司已經遍佈整個中國。對於美國的小公司來說，利用好電子商務，將是巨大的機會。阿里巴巴已經幫助很多美國的農民將產品賣到中國。

每天，阿里巴巴平台都有上億「飢渴」的消費者來購物。這就是我們去美國的原因，我們不是去競爭的，我們去美國是希望將美國的中小企業帶到中國。我們的願景是全球買、全球賣，未來，無論消費者身在何處，都可以買到任何地方的產品，也可以把自己的產品賣到世界各地。

信任是交易基礎

交易信任是阿里巴巴業務的存在和發展的最大基礎，這種信任能複製到全球每個國家和地區嗎？

馬雲：互聯網生意是，你不認識我，我不認識你，如果沒有相互的信任，又怎麼能在網上做生意？對電子商務來說，最重要的就是信任。

記得我首次去美國融資的時候，我跟風險投資人說過信任的話題，但是美國人說，馬雲，這個不行，在中國做生意靠的是關係，網上怎麼做生意？我也知道，沒有資信信用和信用體系，生意不可能做成。因此，在過去十五年，我們所做的全部事情就是為了建設信用體系，信用記錄系統。

現在，我們的平台上每天有六千萬筆交易達成。人們之間相互不認識，我可以給你發貨，雖然你不認識我，但你給我匯錢，我不認識你，我卻可以把這個包裹寄給你，我不認識他，但他卻可以將貨品運往大洋彼岸世界各地，這就是信任。每天六千萬筆交易，意味著六千萬次的信任發生在我們平台。

支付寶是解決交易信任的紐帶。現在，儘管很多人使用支付寶，但其實並不知道它的來歷？

馬雲：最開始三年，阿里巴巴只不過是信息交換的在線市場，客戶在我們網上進行供需信息之間的瀏覽，但在網上談了很久，卻遲遲不能交易，主要問題就是無法支付。於是，我和銀行談過，但銀行不願意做，認為肯定做不起來。我也不知道該怎麼辦，我們沒有執照，如果自己做支付體系，會違反中國金融法律規定，但如果不做，那麼電子商業就沒有前途。

當時，我去了一趟達沃斯，聽了許多人對領導力的闡釋，領導力也意味著責任，在我聽了那場討論之後，我立刻給我的團隊打電話，現在就開始做，如果將來要有任何的問題，有人去坐牢，我馬雲願一力承擔。因為構建信用支付體系對中國和對世界都是如此重要，但同時，我也警告他們，如果你們在做的過程中想要貪錢、洗錢或破壞信用規則，我會把你們送進監獄。當時許多人並不看好，有人說做支付寶是我有史以來最愚蠢的想法，當時我說，我並不在乎笨不笨，只要有人用就好，現在支付寶有約四億用戶。

清華控股董事長徐井宏：做一家世界級的高校企業

清華控股是清華大學出資的國有獨資有限責任公司，於二〇〇三年九月三十日由北京清華大學企業集團整體改制設立。主要從事科技成果產業化、高科技企業孵化、投資融資、投資管理、資產和資本運營等業務。目前，清華控股所投資企業包括同方股份、紫光股份、誠志股份、啟迪股份等控股企業二十餘家，以及賽爾網絡、中核能源等參股企業四十餘家，資產經營領域主要涉及信息技術產業、能源環境產業、科技服務與知識產業、生命健康產業和股權投資及其他產業等。公司資產規模位列中國高校產業第一。

位於美國加州北部，舊金山灣以南的硅谷（Silicon Valley，矽谷），聚集了Google、Cisco、Intel、APPle、Facebook等當今世界著名的高科技公司。儘管全球其他高新技術區都在不斷發展壯大，但硅谷仍然是世界各國高科技聚集區的代名詞，同時其是全球資訊科技宅男的夢想終極地，那裡不僅是全球人均GDP第一的產區，更不斷製造出新的百萬富翁、千萬富翁的傳奇。但是，也許很

多人並不清楚，硅谷的成就實際得益於斯坦福大學在其背後近八十多年來的知識、技術、管理等綜合性的驅動。可以說，沒有斯坦福大學（Leland Stanford Junior University，又譯史丹佛大學）就沒有今天的硅谷。

作為以科技能力見長的清華大學，理應成為中國的斯坦福大學，而且這所中國第一學府也正在朝這方面努力。作為現任清華控股董事長，徐井宏正推動清華產業在中國的「硅谷」——中關村——發展中發揮更大價值。

徐井宏在清華有三十年的經歷，其在清華大學度過求學生涯後，留在學校任職，後投身清華產業，曾在清華產業旗下核心企業紫光股份任董事長、清華科技園的運營主體啟迪控股任總裁，二〇一二年後，徐井宏接任清華控股董事長。

作為中國特殊的產業經濟模式——高校產業，幾乎在全國各高等學府中都以一些實體企業的性質存在。根據教育部發佈高等學校校辦企業統計顯示，僅二〇一三年度，全國二十九個省份（西藏、寧夏除外）的五百五十二所普通高校中，就有高達五千兩百七十九家企業。而在這些企業中，有二十五家上市公司，比如清華產業中的同方股份、紫光股份、誠志股份、紫光古漢、同方國芯、泰豪科技；北大產業中的方正科技、中國高科、北大醫藥、方正證券；交大系的新南洋、交大昂立；復旦系的復旦復華；浙大系的浙大網新、眾合機電等。儘管這二十五家上市公司的市值合計高達兩千億，但清華北大兩家就佔據其中一半江山。

清華產業和北大產業，都需要證明自己的產業模式價值，以及可持續發展的能力。二〇一〇年時期，在全國高校資產管理公司的淨利潤指標排名中，清華位居第二，到了二〇一三年底，清華控股集團以十九億一千三百萬億元淨利潤成為最賺錢的高校企業，其一家的淨利潤就佔去了整體高校企業淨利潤的百分之二十三。「二〇一二年，我們規劃到二〇二二年，實現銷售收入和總資產分別超千億，但二〇一四年底，我們總資產就達到了一千三百億元。」在國家推進創業創新的進程中，徐井宏認為，清華控股從現在開始，將面臨一場前所未有的發展機遇。

生態思維才是商業思維

現在所有的產業、企業都在談「互聯網思維」，似乎一個企業沒有搞所謂的「互聯網思維」，就很不時髦，就很沒有出息，那麼「互聯網思維」到底是否是企業轉型、升級，甚至解決一切問題的關鍵？

徐井宏：的確，這兩年最時髦的詞叫做「互聯網思維」，似乎任何企業或企業家用這樣一個共性的「互聯網思維」，就會實現商業的顛覆與重構。從「互聯網思維」中又衍生出像水平思維、垂直思維、跨界思維、顛覆式思維、平台化思維、結構化思維、創意思維等。

說句實話，我對此並不反對，但也不以為然。我認為商業思維就是商業思維，商業思維對應的是那些科學家的思維、政治家的思維、軍事家的思維，商業思維是企業家應該具備的一種思維，無論是互聯網時代還是工業時代，商業的本質並沒有發生變化。

偉大的企業，永遠都是個性的，企業的失敗有共性，但是成功沒有所謂的共性，企業的成功是百分之百個性的。無論是比爾·蓋茨、喬布斯（Steve Jobs），還是任正非和柳傳志，在管理方法和對產品的認識上，無處不顯示出自己的個性！

我認為，人才大概有三類：專才、全才、奇才。多數人都會是專才或全才，但所有那些最偉大的企業家，我認為都是奇才。奇才是什麼？就是跟常人不大一樣，他敢於冒險，甚至他的很多行為，用邏輯是分析不出來的。看過《喬布斯傳》（*Steve Jobs*）、《傑克・韋爾奇自傳》（*Jack: Straight from the Gut*）的人，一定會覺得那些思維和行為不是一個普通人能想出、做出的，但正是他們，有著強烈的前瞻性，並帶領企業走向輝煌。沒有互聯網的時候，奇人的確很難湧現，因為地域的限制、信息的限制、壟斷的壁壘等，但是今天有了互聯網，人人可以在互聯網上展示自己、推薦自己、傳播自己。所以我們看到，今天全球包括中國，新一輪的創業潮正在湧現。

中國有沒有真正意義上的企業家？在中國改革開放以前，我認為企業家並不是一個獨立的社會形態。有一位學者講過，真正的企業家將誕生在真正秩序的、法制的規則中。如今一個新的時代來臨了，互聯網的高速發展和中國社會深刻的變革，將會形成一個由企業家主導經濟發展的全新時代，將為中國的企業家帶來無限的機遇。

面對充滿機遇的新時代，中國的企業家該怎麼做？我認為我們應該有家國情懷、學者智慧、商業思維和江湖行動。家國情懷是有信念、有責任，如果僅僅只想著自己，不能夠帶著一種社會責任感，不能有為人類更加幸福去創造價值的心態，一定成為不了一個真正的傑出企業家。學者智慧是有知識、懂方向，可以看到社會的發展趨勢，能夠帶來判斷力。商業思維是要懂市場，按照市場的規則、規律來推動企業發展，能夠帶來決策力。江湖行動則要有信譽、懂規則，行動落在商場上要走得通、走下去，能夠帶來執行力。這是中國企業家最需要具備的素質。

在「互聯網思維」下，尤其是移動互聯網崛起後，也的確改變很多原有的商業行為、模式，這難道不是一種商業顛覆嗎？

徐井宏：互聯網帶來什麼變化？我認為，互聯網使得人與人、人與物、物與物的交流更加快速、直接、開放、透明，互聯網時代的特點主要是：快速、海量、透明、開放、個性、包容。這樣一個包容和開放的互聯網時代為人才提供了前所未有的成功機會和無限寬容的創業環境。

互聯網帶來的另一變化是，它打破了時空的限制，突破了時間的限制。這兩個緯度的突破，使得商業體系面臨著巨大的變革和重構。我不太願意用「顛覆」這個詞，聽著很誇張。比如說，互聯網是顛覆了吃的功能，還是顛覆了保暖功能？所有的硬件（硬體），依然是人們最基本的需求。所以，我認為互聯網只是改變了方式而不是行業。對於傳統企業而言，如何利用互聯網手段來推動未來的發展，確實是面臨的挑戰，但我認為，這同時也是機遇。

下一個階段可能應該是呼喚、青睞具有「生態思維」的企業家的階段。生態思維是什麼？就是打造企業自生長、自連接、自繁衍的商業思維，其核心價值在於不斷進化和可持續的發展。應該看到，這些年企業的循環反覆，生生死死高於過去的任何一個時代，每天誕生上千家企業的同時，也死掉數百家企業。今天這個時代，企業要想存續並更大、更強，首先要建立自己的生態系統，打造業務層面的生態鏈，打造自身和外界因素相連接的生態系統。成功企業之所以卓越，都無一例外具備了不斷構建生態系統並與時俱進的能力。所以，我們要有現代的企業思維，我們以「生態思維」引領企業的未來發展。

做中國特色的高校產業

「高校產業」這個詞很具中國特色。為什麼和全球高校相比，我們會有「高校產業」？又為什麼我們的「高校產業」在產權方面仍然和高校牽連？能不能有一天完全自主，或者說，它的未來將會如何？

徐井宏：大學辦產業是希望將高校科技成果轉化為現實生產力，這個過程需要有一些制度的保障。我們看看美國，是鼓勵教授、學生去做企業，他們為什麼可以解決好，就是因為他們制定了明確的、清晰的規則，我相信，只要在規則下，這些問題會逐步得到解決。

中國的高校企業經歷了幾個階段：最早的時候，國家把很多重大科研任務交給高校，高校把這些科研任務做成成果後，就去評獎，後來就放在檔案館裡，在這個特殊歷史時期，高校成了高新技術的牽頭人；之後，為了把科研成果運用到實際，就開始設立高校企業，這樣做的目的就是，直接孵化項目、驅動新產業，這個階段就出現了兩大問題：第一，教授的身份錯位，到底是教授，還是企業主角？第二，企業是企業家的事業，有很多教授必然做不了企業家。但是，由於當時處於物質匱乏之時期，這兩個問題沒有完全衝突起來。我還記得，在早期的高校企業中，一個簡單的節能爐、汽車後視鏡、炸雞鍋的發明和生產都會有一個巨大市場，這樣的機遇完全是基於當時物質供不應求的特殊歷史階段。

但是，到了二十世紀九十年代，當市場進入競爭狀態後，很多企業具有研發能力的時候，我們所從事的這些低端產業就受到衝擊。這個時候，技術轉化為產品就需要更多的能力，如果僅有領先的技術，而沒有市場化思維和行動，企業就會虧損，業務就會受到阻礙，另外，不懂市場規則，更可能出現財務管理混亂、公私不分，外部經濟糾紛等更多的其他問題。

當時，我們國家所有的高校企業，實際都是高校旗下各院系自己辦的企業，而且還都是無限責任公司。所以二〇〇三年為規範這件事情，國家就以清華、北大為試點，成立各自高校經營性資產公司，清華叫做清華控股，北大就叫北大資產經營公司。

企業如果說產學研一體化，可以理解，但作為高校企業，也說產學研一體化，我始終覺得有些問題。因為很多教授在這些企業中任職，這樣他的身份變成兩重性，但做學問和商業本身是對立的，在利益驅動下，他如何沉下心去研究課題？

徐井宏：這還是有關規則和制度的問題。二〇〇三年之後，以清華、北大為試點各自成立的高校經營性資產公司，實際是一場改制，當時國務院辦公廳給教育部關於兩家高校成立各自經營性資產公司的公文中明確寫明「兩公司的設立，要依照《中華人民共和國公司法》進行規範，嚴格規範學校與公司的關係，加快建立現代企業制度」。這意味著什麼？

實際就是當學校的資產、產業的資產被嚴格區別開來後，學校注入產業資產，就承擔有限責任。而對於人的處理問題，清華採用的是「老人老辦法，新人新辦法」，原來是事業單位編制的，要繼續做企業，就保留事業編制，但教授在做企業的階段，其薪酬、待遇按照企業制度規定，只是給其保留教師資格，一旦不做企業，還可以回來教書。

另外，這樣的制度也針對學生，他們可以休學創業，學校保留其繼續學習的資格。其實在硅谷，斯坦福大學就是這樣帶動這一地區創新的。

打開清華控股官網，看到的是眾多的上市、控股、參股公司名單，這些產業怎樣才能有效地進行資源配置和集中？

徐井宏：怎麼形容清華的產業？的確很難，不是一個行業，更不是一個形式，我認為可以叫做以科技創新為主業的綜合性集團。

高校產業是中國的一個特殊的產物，即使在硅谷這樣全球創業基地的美國斯坦福大學都沒有自己的公司，但在中國不止清華有，如果把中國五百多所高校的所有子公司和母公司算在一起，上萬家企業都有。有些高校企業進入的產業領域不多，容易用一句話進行概括，但有的高校企業涉足的行業很多，實際是形成了產業群。

我本人，二〇一二年在清華控股擔任董事長，之前我是啟迪控股的總裁，用十二年的時間打造了一個清華科技園，現在已經發展成全球最大的科技園。實際上，高校企業發展到今天這個階段，已經面臨著非常多的問題，高校產業需要重新整合、重新思考和重新轉型，從清華控股的角度，我們的產業又應該做成什麼樣，我們說了五句話：

首先，我們希望清華產業能做成高校產業的中國先鋒和全球典範。儘管美國斯坦福大學這樣世界一流的大學沒有產業，但不代表中國不可以有，其他地區不可以有。韓國的前十所大學，在二〇一二年和二〇一三年也都紛紛建立了和我們類似的校辦企業，所以這樣的產學研一體化的趨勢是必然的。

其次，我們堅持針對高校產業自身優勢，把清華產業做成產學研一體化的世界級標竿，強力打造產學研一體化的新模式。

再次，我們希望能夠做到創新型企業三個層面——孵化、投資、運營的巨人。

最後的兩句話，分別是發展理念和生態系統，圍繞創新鏈部署產業鏈，圍繞產業鏈完善資本鏈，圍繞資本鏈助力創新鏈，所以我們的生態系統是人才技術的交互迭代，產業資本市場的融合推進，孵化、投資和運營的協調發展。經過兩年半的發展，目前清華產業形成了一個新的格局，包括科技實業孵化器、數個科技產業集團、創新服務集群、科技金融集群、創意產業集群及現代教育集群在內的六大產業集群。

說到發展理念和生態系統，結合當今的新常態，企業在戰略上應該具體如何構架？

徐井宏：把那些曇花一現的企業和走向衰亡的巨頭集中起來分析，毫無疑問都是源於生態系統的斷裂。比如漢王，其創造的電子書在若干年前極其輝煌，但現在基本就快銷聲匿跡，因為產品的技術如今以幾何級的速度在變化發展，一旦跟不上就會死掉。而被微軟併購的諾基亞（Nokia），以及索尼（Sony）如今的頹敗狀態，也是因為技術斷代，沒有跟上新時代新技術的發展。那麼，我們在思維上需要有一些怎樣的方法？我認為當今的企業必須從四個方向上去思考：

首先是產融互動，這是下一步的趨勢。阿里巴巴用支付寶，騰訊、百度都在推出各自的互聯網金融，未來的企業完全靠擴大再生產的方式已經不可能長大，要想讓企業長大，迅速的成長，必須和金融結合起來。當然，華為是一個特例，如果華為是產生在今天，依然用不上市、不借款這樣的方式，肯定走不下去。又比如通用電氣公司（GE），本來是一個純粹的製造商，但在傑克·韋爾奇（Jack Welch）時代之所以走向輝煌，就是因為建立了自己的金融系統。

去年，清華控股旗下的紫光集團，併購了全球第三大的智能芯片（晶片）企業展訊和第四大的智能芯片企業銳迪科，後來，英特爾又同意以九十億元入股展訊和銳迪科的控股公司，只佔百分之二十股權。在收購展訊和銳迪科的過程中我們借助了金融槓桿和資本運作。

其次是競合發展，更強調合作，未來那種靠壟斷、靠價格競爭，把誰打死的情況將不復存在，這個世界的企業與企業之間，將更多地以共贏、共享、合作來推動下一階段的整體發展。

再次是線上與線下的創新迭代。兩年以前產生一個詞叫O２O（Online to Offline），線上到線下，實際上，這個世界不管互聯網下一步再怎麼發展，線下是必須存在的，互聯網上買東西，東西還得送到你家，還得造出來，線上線下的結合將是未來的一個趨勢。

最後是跨界融合。跨界融合是由於互聯網強調了更多的連接，過去我們覺得兩個東西都是分立的，是不搭邊的，未來大的企業集團一定是這樣的，要麼相關多元化，要麼是行業多元化，單一的一個產品或是一條線走下去的將沒有更大的出路。

當然以上這四個方式，不同的企業究竟採取哪種路徑還是要依據所屬行業的特色來考慮，由每位企業家自己判斷，在這四個階段外還有很多新的模式，等待我們探索。

產融結合做大高校產業

清華此前和金融、資本關係不大，但現在要改變，說要學學北大。這句話，是否意味著在金融和資本領域方面，落後於北大的步伐？

徐井宏：當然，過去我們的發展速度不如北大產業。過去十年有兩個行業在特定歷史條件下獲得巨大發展，就是房地產和金融。本來由科技起家的北大產業就是抓住了這兩大爆發性增長的行業機會實現突飛猛進，這很值得我們學習。但是作為高校產業，我認為我們更重要的使命是促進科技成果的轉化和產業化，在此過程中如何發揮金融的作用是需要我們考慮的。

二〇一二年之前，清華控股幾乎沒有涉及金融，都在踏踏實實做產品和銷售，用銷售收入做投入，以這樣的速度顯然做不大規模。後來我們啟動了金融戰略，但我們的金融戰略是科技金融，宗旨有明確的八個字「實業為本，金融為用」，就是說，我們做的金融，一定是和我們的各院系科技、實業交互發展，並緊密相關。

在走金融與資本這條路上，你給清華控股制定了一系列策略，其中重要的一項就是搭建母基金。為什麼叫母基金，其功能是什麼？具體怎麼運作？

徐井宏：和一般基金最大區別是，一般基金投在具體項目上，母基金是投在基金上，或者叫做基金的基金。我們這個母基金叫做紫荊資本，是二〇一三年開始組建的，第一期為六億，二期為二十五億，目前正在籌劃的三期準備擴展到五十億，同時，清華控股也在擴展併購基金、夾層基金和產業基金，打造全線的基金鏈條。

去年四月，清華控股和印尼力寶集團還共同設立基金管理公司，並計劃組建一個百億的產業基金，重點投資在新型城鎮化、科技實業、金融服務等領域。事實上，在清華產業一系列的併購中，清華控股的基金都發揮了重要的作用，比如去年七月，紫光集團就以海外融資的方式完成了對銳迪科的併購。

在金融戰略上，清華控股還準備直接控股中融人壽保險，這如何體現清華控股提出的「實業為本，金融為用」？

徐井宏：由於國家對保險基金進入中小企業已經有了進一步的開放，而清華控股的各產業，現在都面臨著眾多的機會，我們有太多的項目和創新能力，需要資本的支撐。因此，我們希望進入到金融領域，更需要一個金融平台，我們希望資本不要成為我們各產業的發展瓶頸，而要成為我們未來發展的動力。這符合我們提出的「實業為本，金融為用」這個宗旨。

清華控股在不斷進軍新領域，例如在線教育（線上教育）和集成電路（積體電路），這兩項業務上，前者暫時以MOOC（Massive Open Online Courses）為形式，還要進入K12（Kindergarten through Twelfth Grade）和外語領域，但目前網站上內容還很簡單，其贏利模式似乎也不具體？後者的終極目標又是什麼？

徐井宏：互聯網的特點是流量經濟。有很多的贏利模式，不在於它提供的服務本身，而在於在其衍生業務上找到贏利。用戶登錄新浪、搜狐門戶瀏覽內容，都是不用花錢的，當其帶來海量用戶的時候，他們就可以植入廣告，而廣告就是贏利模式之一。在線教育也是一樣，我們第一步會通過免費開放課程來吸收流量，目前我們的內容都是優質的開放大學課程，下一步，我們會開發中小學課程，以及職業教育和外語教育，我們希望讓想學習的人能夠在我們的平台上找到最好的教育資源。

在線教育競爭非常激烈，但做得好的才能最終贏得流量並佔據市場。至於贏利，我們儲備了很多計劃，並不急於一下子就全部釋放出來。比如，學習是免費的，但是學習者希望獲得課程證書認證，這就要收費，另外我們還可以推出人才和職業顧問、中介等業務，當然，有些業務我們自己做，有些業務還可以和外部資源融合發展。

關於集成電路，我們非常看好，會集中精力做好這個產業。首先從資源基礎上，已經通過旗下紫光集團二十六億九千萬美元前後收購展訊和銳迪科，後又有英特爾以九十億元入股展訊和銳迪科的控股公司，並向我們開放其技術；其次是資金上，我們五年內將投入三百億資金來推動這一產業的發展。

具體做法上，我們將通過「1＋3模式」推動。何謂「1＋3模式」？「1」就是主導的集成電路產業，另外的「3」分別是建立集成電路產業園區、建立集成電路產業基金、建立通訊微電子學院，從而在基地、技術資金和人才、資源等各維度上，培育全球集成電路的巨頭企業。

杉杉董事局主席鄭永剛：存在就是為了改變

杉杉的前身為寧波市甬港服裝總廠，由鄭永剛創建於一九八九年，經過七年成長，一九九六年成功登陸A股，並成為第一家中國服裝業上市公司。一九九九年後，杉杉不僅提出做中國商社的概念，且大膽切入新能源、新材料領域。在轉型探索中，公司已從單一的服裝企業，發展成集科技、時尚、金融服務、城市綜合體和貿易物流等五大產業於一體的多元化產業集群。其中在新能源鋰電池業務上，杉杉不僅在中國擁有最完善的產業鏈，更是規模中國第一、世界第二的鋰電池領導企業。

二〇〇八年，美特斯邦威董事長周成建借其公司在深圳上市之際，特邀杉杉控股董事局主席鄭永剛觀禮，在席間他們做過一次對話。周成建很想知道服裝行業在未來五年的大趨勢。比周成建早十二年前就實現上市的鄭永剛，當時掏出了肺腑之言：在苛刻的中國上市門檻要求下，一個服裝企業能實現上市，就已經證明自己的價值，但正因如此，一旦在中國將一個服裝品牌做到極致，後面就危險了，企業家需要思考行業的轉向問題。

什麼是行業轉向？直白說，就是轉入新產業或者開闢新的非主營業務。關於行業轉向，經濟輿論曾就杉杉和雅戈爾的「不務正業」有過不少口誅筆伐，但這些輿評的作者，要麼本人在紡織服裝行業從沒待過一天，要麼完全是照本喧噪，完全沒有站在紡織服裝行業、企業自身的立場思考問題。

我曾經從雅戈爾李如成那裡獲知，其之所以介入地產、投資，主要是因為從紡織行業本身發展的侷限出發，所做出的戰略決策。這個行業的痛點就是，勞動密集型和資本密集型。而按照這兩大特點，這個行業的准入門檻就不受限制，市場上就容易出現激烈競爭。

從企業運營角度，紡織服裝企業普遍的生存狀態是：前有市場的逼迫競爭，後有成本擠壓，最終攤薄的是利潤。截至二〇一五年一月三十日，A股有七十二家紡織服裝業公司發佈了二〇一四年度業績預告，其中，預減和略減的公司共計十六家，佔比百分之二十二．二二，包括中冠、中銀絨業、愛迪爾、美邦服飾、凱撒股份、嘉麟傑、金飛達、報喜鳥、孚日股份、金輪股份、搜於特、興業科技、卡奴迪路、華鼎股份、朗姿股份、七匹狼。

有意思的是，上述十六家上市公司，都屬於堅守主業不動搖，且堅定於自己在主業上做專、做精的戰略，但現實很骨感，這些企業除了繼續高呼品牌升級之外，不得不面對尷尬的業績問題。與之相比的是，曾經被認為「不務正業」的兩家同行業公司雅戈爾、杉杉，卻宣告自己二〇一四年度業績的利好：前者宣稱，預計二〇一四年年度實現歸屬於公司股東的淨利潤與上年同期（法定披露數據）相比，將增加百分之一百二十至百分之一百五十；後者告訴投資人，預計二〇一四年度實現歸屬於上市公司股東的淨利潤與上年同期（法定披露數據）相比，將增加百分之七十至百分之一百二十。

十六家業績預減或略減的上市紡織服裝公司，必須注意到雅戈爾、杉杉實現高利潤的來源，兩家公司的最大收益，都並非來自主營的紡織服裝業務，前者得益於金融資產的運營，後者除了同樣的金融業務之外，還有高科技的新能源鋰電池業務。

雅戈爾、杉杉的業績證明，行業轉向不是對紡織服裝行業發展模式的否定，而是該行業的規律。巴菲特控制的伯克希爾．哈撒韋公司（Berkshire Hathaway，又譯波克夏．海瑟威），此前就是一家紡織服裝企業，巴菲特曾一度促其主業發展，但始終困於勞動密集型和資本密集型兩大癥結，最後選擇了徹底的金融資本轉型。

鄭永剛說過，企業家選擇進入什麼行業，一定要看明白是否符合大的趨勢，如果趨勢下行，就必須考慮自己的行動，否則做了一輩子，很可能到頭一場空，用民間的一句套話就是，「男怕入錯行，女怕嫁錯郎」！事實上，鄭永剛所領導的杉杉，早在二〇〇八年美特斯邦威上市的同期，已經更換了自己的商業版圖，其不僅新開闢出鋰電池業務，同時還涉足金融、投資，鄭永剛希望由此打造出一個具有中國特色的商社雛形。

新常態給民企新機會

「新常態」這三個字，現在很受熱議，從杉杉的企業自身角度，怎麼融合當前的「新常態」？

鄭永剛：從我做企業近三十年的角度來說，其實「新常態」是司空見慣的，為什麼？因為我從一九八九年領導杉杉至今，每天都必須面對新的競爭、新的市場、新的產品，而且要快速接受和融入「新常態」，否則杉杉早就倒在沙灘上了。我曾經看到無數和我們同時期創業的企業，結果都因為沒能融入「新常態」，不是消失，就是今天處在更大的危機困境中。

對企業家來講，「新常態」是天天要遇到的事情，但在面對「新常態」之前，首先要研究和弄清楚什麼是「老常態」，以及彼此之間的轉換問題。

以前的市場競爭是，一方面靠低廉勞動密集型的產能，另一方面是把產品輸送到全球市場。這種戰略在當時就是「新常態」。但是，現在倒過來了，如果還堅持原有的打法，不要說發展，就是生存都會困難，於是，過去引以為榮的「新常態」成了「老常態」。

什麼是今天的「新常態」？比如，因為以馬雲為代表的互聯網商業的崛起，使得傳統的零售商都出現關門，進而導致很多中小企業陷入痛苦。但是，這個現實無法埋怨，因為是大趨勢，也是未來發展的生活方式。這種情況下，傳統企業唯一要做的就是迎合互聯網時代，同時也要洞察到產業大轉型、大升級的不可逆轉趨勢。我注意到我的朋友郭廣昌近幾年的動向，他正從投資的角度，把全球好的技術、好的公司、好的產品帶到中國，來幫助中國企業產業升級，這是符合趨勢的行動。

企業生命和大自然生態一樣，淘汰、死亡、生存、發展，都是自然的事情，無須人為去延長它的時間。和我們一起活下來的，並發展起來的企業，哪一家沒有經歷過大風大浪，甚至死亡威脅？每年的公司年終會議上，我都會用一句充滿憂患意識的話，來敲打我們的團隊——任何產品都有其發展的時間，在達到一定高度之後，如果技術不出現新的創新、品牌不出現新的提升，一定會面臨被淘汰。

在「新常態」中，中國企業應該幹什麼、怎麼幹？

鄭永剛：老蔡（德意志銀行亞太區投資銀行執行部主席蔡洪平）前一段時間說的「工業4.0」概念，引發社會廣泛熱議，在私下，我們也早就溝通過。我還需要再補充一點，「工業4.0」概念中還包含另一個元素——今後的生產，甚至生活的消耗性能源，將逐漸「去石油化」，代之的是新能源。

以互聯網商業為代表的「新常態」，又將很快成為「老常態」，時代也將進入到下一場「新常態」——以新能源為代表的能源革命。我相信，至今為止，還有很多人對特斯拉說三道四，但從我的角度，我認為特斯拉（Tesla）定會成為一家全球性的偉大公司，為什麼？因為特斯拉的革命性，不是它製造了什麼新汽車，而是宣告了完全「去石油化」的新能源革命。大家想想，為什麼汙染、霧霾這麼難以根除，核心問題就是燒煤、燒油以及汽車尾氣。而最好的解決方案就是來一場顛覆性的新能源革命。當然，在這種「新常態」下，很多人還有分歧，還有各種想法。不管怎樣，杉杉決定以一個企業的身份先來投身於這場「新常態」，我們的鋰電池業務現在發展不錯，短短十多年的堅持，現在成為中國第一、世界第二，我相信在我們的帶動下，會引導更多企業、投資進入新能源產業。

「新常態」對有些企業來說，幾乎是毀滅性的，但對有些企業或許反而是機會。我知道大家對我現在做什麼很感興趣，很多人說我現在是甩手掌櫃，因為我除了對旗下兩家上市企業控制之外，不擔任董事長，也不進行經營干涉，完全交付給團隊自己去處理。那麼我最近在幹什麼，這兩年時間實際都是和金融有關。

儘管我幹不了馬雲那樣的事，但是我覺得金融會有一個大機會。我們經常說，男怕入錯行，女怕嫁錯郎，企業家一定要做那些對的事，做可做的事，千萬不要涉及不能幹的事，比如說，現在國家對某些行業不支持，這些行業就千萬不要幹，不要幹了很久，最後發現這輩子都沒有幹成功。現在，國家正在對整個金融體系啟動新一輪改革，因此在保險、銀行、投資、證券、期貨等方面都提供了機會。但是，我到底能不能做好，還有兩個因素要考慮，一個是努力，再一個是時代，我認為金融改革就是這個時代的機會。過去，全國性的商業銀行、全國性的保險公司，民營企業是不可能做的，到現在政策也僅僅是開了一個縫，但這會形成一個趨勢，未來還會放大。

我做金融，還有一個原因是，過去我們一直是乙方，為找金融服務，經常要看甲方的臉色和揣摩他們的思維，現在我有機會能進入到甲方領域，希望能通過用金字塔頂端的資源，去幫助大量中小企業融資和發展，同時也整合好大量社會資產和資源。我想，「新常態」不僅是我，也是更多中國企業的一輪鳳凰涅槃。

做中國特色的中國商社

「堅持主業」和「多元業務」，一直很矛盾，尤其是服裝行業。事實結果是，凡是「堅持主業」的服裝企業都活得不好，這是否說明現階段的服裝企業，應全部轉向「多元業務」？

鄭永剛：杉杉是從服裝起家的，並且成為國內知名品牌，規模和效益都是領軍企業。但是服裝業是競爭性領域，很難做到壟斷，品牌也只是針對目標消費群體，屬於個性化消費，跟汽車、化工、石油開採這樣的行業不同，不能做到無限大。因此一九九九年以後，我們就開始思考，全力做服裝並不合適，而且我們的財力和精力都還有剩餘。

所以，我們把優秀的專業化人才和團隊都留下做服裝，通過跟世界名牌的合資、合作，開始做一些世界名牌的代理，並且參與研發、參與運營，而且基本上我們是控股的，在中國運營。所以我們有好多世界級品牌，包括瑪珂．愛薩尼（Marco Azzali）、大公雞樂卡克（Le Coq Sportif）等，在服裝領域基礎打得比較扎實，團隊也比較專業化。像我這樣的綜合性人才就多出來，所以我就帶一部份資本，開始尋找新的產業。因為我也不懂其他產業，但那恰恰是我的強項和優勢，因為我會思考，會配置資源。

為什麼會最終挑選到鋰電池材料，作為「新常態」下的新業務？

鄭永剛：一九九九年的三月份，一個關於鋰離子電池負極材料的研發信息吸引了我，這是鞍山熱能院碳素研究所的一個「八六三」課題，國家也給了這個中國唯一的碳素研究所一筆經費做研究，而這個研究所也正在尋找產業化的出路。我當時覺得這個「新技術」、「新能源」在未來中國將會很有前景。鋰離子電池負極材料實際上就是從焦炭中提煉出來的。

於是，我們就投資了八千萬元在這個課題上，並且把科研人員和他們的家屬都請到上海，為他們在浦東安家，因為安居才能樂業嘛。也從此，杉杉開闢了第二個產業。二〇〇〇年，我們又收購了中科英華這家中科院的上市公司。我認為既然要做高科技產業，一定要跟國家的科學院、研究院所結合起來。

按照現在的話說，其實我們是預判到了一個「新常態」。我當時的看法是，石油不可能無限制用下去，不僅消耗資源，而且對生活環境也會造成危機後果，新能源的更替遲早會出現，我們早點進入、研發、生產，就會掌握先機。事實證明，我們做對了選擇。

為什麼後來又進入了金融、投資領域？

鄭永剛：開闢了第二個產業之後，我又覺得我沒什麼事做了，我這個人是要給自己找事的人。在新科技領域投資之後，我又不懂科技，也不想學那些專業知識，而且也不好學，所以就沒有進入到這個高科技行業裡面仔細研究。但是投資之後，我們就形成了兩大產業：服裝產業和高科技新能源產業，並各有一家上市公司。我後來就開始研究和投資金融，主要是金融和土地開發，但是我們不做房產，只做一級市場，就是跟政府合作，聯合開發土地一級市場，做基礎設施，為政府做規劃、做設計。

打開杉杉的官網首頁，就是醒目的四個字——中國商社。和日本商社相比，日本的綜合商社沒有實體，只做投資、貿易和各種中介業務，而杉杉則經營著兩大「實體業務」（服裝和鋰電池材料）。那麼，何謂中國商社？杉杉要做的中國商社和日本商社到底有什麼不同？

鄭永剛：實話說，什麼是中國商社，我們還在探索和實踐中，我們不想過早就定義中國商社究竟是什麼，因為還需要通過長期的實踐來提供解釋的依據，但有一點是明確的，儘管我們和日本商社之一的伊藤忠社進行深入合作，但我們不會全盤照抄，實際上就算照抄也要有基礎資格，因此，我們的做法一定是，打造一個具有中國特色的中國商社概念。

從目前階段來說，我們不會放棄自有的實體產業，依然會加大對實體產業的投入，尤其是我們認定的新能源業務鋰電池，這個產業事實上已經改變了我們——我看到很多證券分析歸類中，已經不把我們放在服裝行業類別中，而是歸入到了新能源板塊去分析。

另外，我們正在涉足金融、投資等業務，進一步探索和完善中國商社的組成要素。未來，我個人會把注意力更多集中在這一領域，通過金融手段，去整合社會產業資源。

做一家中國商社最缺的是什麼？

鄭永剛：我認為還是人才。一個商社要做什麼？裡面有金融研究和創新，還有對產業的分析、投資和判斷、整合，以及品牌打造等能力。這一切都需要頂尖人才，而且要能把他們凝聚在一起，才能打造一個航空母艦式的商社。

杉杉從早期偏隅鄉鎮的小工廠，發展到現在，一路上都是依靠人才的挖掘、引進，甚至合夥。說到合夥人概念，今天已經是一種「新常態」，最近有企業家說，創立一家公司，先不要急著去想方向、商業模式，應該花更多的時間去尋找合夥人。其實，找合夥人這種概念，早在二十多年前，我已經用過，當時的杉杉是小企業，沒有技術力量，我找了一位知名度很高的「甬幫」師傅，但我根本開不出高價工資去聘用他，於是我想了辦法，就是和他一起再成立一家公司，這其實就是今天說的合夥人。再後來，我們要進入鋰電池業務領域，首先就是併購一家科研所，把人才抓到手裡，進而催生了杉杉在今天的另一項主營業務。因此，我們要做中國商社，下一步的賭注，其實不是商業計劃，也不是進入的金融領域，我更看重的是，我們手裡有沒有超強能力的頂尖人才團隊。

融入新常態就要大調整

杉杉目標是規模做到千億。那麼，要達到這個目標，從現實角度，機會和賭注在哪裡？

鄭永剛：這是針對杉杉實體產業而言，但未來如果算上金融、投資產業就不是這個規模，一千億還只是一個門檻。

我們一個保險公司（正德人壽），目前規模已經有三百多億，兩年後估計會有六百多億，五年之後上千億也指日可待。一個保險公司就上這樣的規模了。

但實話說，從杉杉實體產業來說，如果沒有鋰電池新能源業務，僅僅期望服裝業務要做到一千億難度很大。我們提出過二〇一八年杉杉實體產業要做到千億目標，最大希望其實是在鋰電池業務。當然，從更大範圍來說，我們保險公司目前每天保費進賬就要五千萬以上，因此，從集團角度來說，金融則是最大的助力器。

儘管杉杉的行業歸屬，已在新能源類別中，但主營業務中還有近百分之三十的收入為原有的服裝業務，那麼從服裝業的角度，你認為困境中的企業應該如何調整經營思維、行為？

鄭永剛：實話說，能夠在這麼多年的市場浪潮中，挺立到現在的服裝品牌，都應該說是好的品牌，企業家也值得稱道。但是，我們的時代已經改變，我們不僅面對的主流消費群成了八五、九〇後一代，而且原來的那種以我為中心、產品為中心、質量為中心的做法，現在全部被否定。過去只要做產業，贏多輸少，這是因為信息不對稱，比如一款服裝出來，不是所有競爭者都能第一時間知道，但在互聯網或者移動互聯網起來後，可以通過電商渠道或者其他頁面立刻知道，各企業的競爭就會加劇，與此同時，消費者的選擇餘地加大，成為市場的主宰者。

因此，我的看法是，服裝企業首先要調整思路——要以消費者為中心，以服務為中心。這就是我們現在經常提到的互聯網思維。怎麼做？我看見有些企業很聰明，用大數據分析結果來經營，比如從大數據中，分析出當季消費者喜歡什麼顏色、什麼款式、什麼尺寸等，通過這種互聯網數據手段，反過來要求設計、生產量次，這樣既符合市場需求，也同時控制住自己的成本。服裝企業必須承認和融入這種「新常態」，否則今後的日子一定比今天更難。

早期依靠服裝起家的杉杉，今天面臨的問題是，如何對起家的服裝業務進行資源整合，這說起來，的確很痛苦，比如新明達、明達針織（轉讓後杉杉分別持有百分之十五、百分之十五股權），一直拖累公司業績，為什麼直到去年年底前才開始決定對部份服裝資產進行剝離？

鄭永剛：產能過剩，幾乎是所有服裝企業不得不面對的「新常態」的衝突課題。儘管這些產能過剩的資產，能提高或者維繫公司的營業收入，但卻不能帶來利潤，甚至還會虧損，影響整體利潤。我們決定對這兩項資產剝離，是很糾結的。因為在過去，它們都屬於優質資產，幫助了企業成長，但時代改變了，昔日的「姑娘」成了老態龍鍾的「老太太」，我們不得不在感情和理智中做出最後選擇。

實際上，剝離這些有數千員工的資產，看似很簡單，但對我個人而言，是經過很長時間思考的，但是為了顧全大局，適應形勢，最後在去年終於下定決心，送走它們，並給它們一個歸宿。反過來說，這些資產剝離之後，杉杉股份的業績將不再受到影響，公司也可以輕裝上陣，更會受到資本市場的喜歡。

除了剝離新明達、明達針織之外，杉杉還對旗下多品牌業務中的合資公司「魯彼昂姆」（LUBIAM）進行了關停。這些動作之後，是否意味著杉杉對服裝資產的整合已經完成？

鄭永剛：魯彼昂姆是一個意大利頂級品牌，它的定位是貴族成衣，比市面上的阿瑪尼（Armani）、傑尼亞（Zegna）都要高端。我們當初是從伊籐忠社手中，拿到大陸生產和銷售權的。但是，在實際經營中，我們還是發現，這樣一個頂端品牌在中國很難落地，中國的消費者還很難瞭解它，甚至在接受它時，還需要很長時間，因此我們決定暫時對其進行調整。

的確，去年底之前的這輪對服裝業務的整合、清理，已經告一段落，也基本把虧損或者發展停滯的業務調整完畢，這樣可以保證在上市公司內的服裝業務健康和贏利性運營。

需要解釋的是，近期對服裝業務的運營調整，都是上市公司團隊的決策、運作，我基本沒有參與，我相信他們的判斷，至於我，更關注的是我們鋰電池業務的前景，還有就是涉足金融的戰略把握。

為工業4.0配套新能源

實際上，在杉杉轉向鋰電池業務後的前十年，該業務一直風雨飄搖，但為什麼現在它成了香餑餑，是否和時下新能源大趨勢有關？

鄭永剛：在我們之前，中國還沒有這個行業，是我們培育出這個行業，但是我們一直在虧損，市場打不開的原因是技術不行，於是我們不斷投入進行研發和創新。

我們鋰電池業務真正跑起來的時機，卻是蘋果的喬布斯時代，當時他們的手機電池全球招標，我們被選中了。然後，我們的鋰電池業務一下就騰飛起來。很多手機廠商看到我們能被蘋果選定為供應商，就紛紛找我們合作。現在，每三台手機中，必然有一台手機的電池材料就是我們的產品。但是，我對之並不興奮，因為我當初搞鋰電池項目，初衷並不是要做配套手機，而是想給汽車配套，希望用鋰電池能源動力，顛覆掉傳統的汽車能源動力。

我們等了十多年了，現在看起來終於等到時機了，不僅美國、歐洲，也包括中國現在都在推出補貼政策，積極推動電動汽車，這就給我們的鋰電池業務帶來了前所未有的機遇。由於大家已經看到新能源動力的趨勢，很多企業、投資就開始大量集中，目前處於群雄逐鹿的時候，我們現在是中國第一、世界第二，但是後面的競爭者也會追趕，因此我們會繼續加大投資和創新力度，爭取奪取世界第一。

在鋰電池業務上，杉杉最值得一提的是，擁有從礦產資源，一直到正極、負極和電解液等完整的產業鏈，但為什麼去年又要剝離正極業務中的前驅體？

鄭永剛：企業為什麼要做一條完整的產業鏈，無非就是從技術上對接、成本上進行控制，尤其是後者的意圖會更明顯。但是，在佈局產業鏈的同時，也必須密切注意競爭環境。我們發現在這條產業鏈中，正極前驅體業務，生產廠家很多，而且供應價格也較便宜，如果我們再投資，再投入技術，不一定會有效壓低成本，而如果通過第三方採購，不僅避免浪費，而且還能有更好的市場選擇，於是我們決定剝離正極前驅體業務。

既然杉杉主營業務百分之六十以上已經是鋰電池業務，為什麼不改變上市公司杉杉這個原有的服裝名稱？

鄭永剛：杉杉早期的時候是服裝品牌，上市之後，就升級到企業品牌。後來我們儘管做了鋰電池業務，但服裝還是保留的，而正因為服裝業務存在，這就和我有莫大關聯，因為杉杉服裝好不好，外部就看我在不在公司體系內，我在的話，我們的合作者、投資界就會看好，我不在，就會擔心。

那麼我怎麼看這兩個實體產業的關係呢？以一件衣服為例，鋰電池是我們的裡，服裝是我們的面，他們是面子和裡子的關係，暫時我們還不想改變。

二〇一四年十二月，通過一家新成立的投資公司，你收購和控制了上市公司艾迪西，這家公司和杉杉沒有任何業務關係，這一行為意圖是什麼？另外，相比另外二家小股東的收購價格，你的收購價格為什麼要溢價百分之四十？

鄭永剛：的確如此，艾迪西和杉杉沒有任何業務關聯。我說過，我們一直在探索如何使得中國商社真正成型問題，這次通過收購和控制上市公司艾迪西，就是想達到這樣的目的。

從艾迪西角度，這家公司上市時間不久，創始人也想退出，這剛好給了我們進入的機會，這家公司是做衛浴配件的，其所處的行業中，大概有三千多家類似的公司，但優質資產和品牌不多，我們發現艾迪西這個公司，如果能通過有效資產整合，會比現在更有價值，因此我們決定進入。當然，我們也希望利用自己的產業經驗，以及將優質技術和資產注入，幫助艾迪西實現產業升級的同時，對該企業、對行業、對投資者、對我們自己，都能帶來多方共贏。

從二〇一四年上半年財報上看，投資和金融的主要貢獻來源是寧波銀行和稠州銀行兩家城商行，而類金融業務的歸屬股東淨利潤卻是負的，這是為什麼？

鄭永剛：的確如此，兩家城商行給我們投資和金融業務帶來豐厚的收益，但這樣的利好，不會長期，因為前期的時候，銀行的價值被低估了，而我們恰好有機會進入，但現在牌照逐漸放開後，這種高收益，就會逐漸減弱。至於我們的類金融業務，目前只是嘗試，還是培育期，需要一定成長期。

相比之下，我認為我們進入保險領域，會創造新的收益，因為國家現在鼓勵民營資本進入，同時又放開了保險資金投資上限，這樣我們就有可能獲得資金渠道，同時又能進行資本經營。由於保險業務不在上市公司範圍內，這裡就不方便進一步解釋。

中搜首席執行長陳沛：打造「中國好搜索」

北京中搜網絡技術股份有限公司（簡稱中搜網絡）是一家高速成長的互聯網公司，致力於讓網絡搜索更簡單。成立於二〇〇二年，擁有獨立知識產權的第三代搜索引擎與個性化微件兩大互聯網技術，構築國內首家行業應用的雲服務平台，以獨創的「合作經營」模式，充分結合傳統產業的優勢和資源，締造全球領先的中文行業網站集群。

誰是中國互聯網搜索市場的老大？當然是百度，而且有第三方數據證實。按照易觀智庫產業數據庫發佈的《中國搜索引擎市場季度監測報告二〇一四第四季度》數據排名，第一名是佔百分之七十九．四八市場收入份額的百度，其次是谷歌中國、搜狗，以及所謂的「其他」。而「其他」意味著什麼？就是只佔整個市場收入份額的百分之三．〇七的絕小份額中再分食更為微小的市場蛋糕。

有一個人和他領導的公司，似乎對這個市場排名不滿意，甚至表現出非常不屑的態度。中搜網絡現任當家人陳沛及其領導的中搜網絡，也許對大多

數人來說，都是陌生的，但對於百度的李彥宏、奇虎的周鴻禕、搜狗的王小川這三個搜索巨頭來說，就不是那麼輕鬆，在他們看來，只要陳沛仍然在搜索領域，就意味著威脅會隨時到來。

除了商業身份為中搜網絡總裁之外，陳沛還有另外四個個人標籤，分別為：中國網絡搜索之父、中國搜索聯盟發起人、第三代智能中文搜索引擎的主設計師、個人門戶倡導者。由於其中第一個稱號，使得業界經常將陳沛和李彥宏作對比，稱他們兩人為「既生瑜，何生亮」的關係，但到底誰是周瑜，誰是諸葛亮呢，在PC互聯網時代，結論是毋庸置疑的，就連陳沛也承認，自己缺位了PC互聯網時代的盛宴。

實際上，進入互聯網搜索領域，陳沛足足比李彥宏早了五年。根據公開資料，陳沛十六歲以神童身份，從安徽蚌埠越級考入浙江大學數學系，畢業後在總參三部計算中心從事大容量信息處理工作，其間獲全軍科技成果二等獎兩次、三等獎三次；研究領域涉及信息處理、人工智能、專家系統、機器翻譯等，一九九四年開始中文全文檢索技術的研究，第二年將人工智能技術引進中文全文檢索領域，推出智能中文全文檢索系統「ISearch」，第三年正式發明中文全文檢索與大型數據庫無縫對接技術。相比之下，李彥宏到了一九九九年，才開始通過創立百度正式介入互聯網搜索領域。儘管在技術和研究上，陳沛代表了整個中國互聯網搜索領域的最高水平，但在個人商業運作上，卻因為波折過多，失去了成就霸業的最佳機會。

就在李彥宏創立百度的同一年，陳沛受邀加入郭凡生領導的慧聰國際擔任首席技術長（CTO），並同時在內部創立中搜網絡。根據陳沛的描述，其當時進入慧聰國際，就是希望幫助其在納斯達克（NASDAQ）成功上市，但很不幸，隨著二〇〇一年互聯網行業的全面崩盤，一切計劃灰飛煙滅。此後，由於中搜的整體經營陷入困境，且慧聰國際自己也力所不逮，於是在經過一段悄無聲息的沉悶與壓抑後，中搜網絡最終被富達基金（Fidelity）、ＩＤＧ（IDGVC Partners，ＩＤＧ技術創業投資基金）和聯想投資聯合接手，三家公司同時將一千三百五十萬美元的風險資金注入中搜網絡，而慧聰國際也因此失去對中搜網絡的控股地位，所佔股份僅為百分之十八．四四，而以陳沛為代表的中搜管理層控制的宇聯投資所佔股份上升為百分之二十七．四六，並成為中搜網絡最大的單一股東，而富達、ＩＤＧ和聯想投資三家風投共佔有中搜百分之四十六．五七的股份（分別為百分之十四．二七、百分之二十一．五三、百分之十．七七）。

中搜網絡成為獨立公司運營之後，二〇〇三年開始，陳沛就將其搜索引擎服務，連續簽約了當時的新浪、搜狐、網易、ＴＯＭ、二六三、中華網、騰訊網等七大門戶網站。但是眾所周知，一家互聯網公司要想做大、做強，僅有投資遠遠不夠，還必須通過上市這種最快捷的手段，和資本市場做更深入的合作。陳沛原本希望在美國或者香港ＩＰＯ，但二〇〇八年之後，由於金融危機爆發，又一次阻擋了其前進的步伐。不得已，直到二〇一三年十一月八日，中搜網絡才最終覓得在國內新三板掛牌，由此創下中國網絡第一股的新紀錄。也是從這一天，陳沛給自己立下了一個新的目標，希望能在當今的移動互聯網時代，重新坐實自己的搜索之夢。

十年，只為等待移動時代

實際上，在ＰＣ互聯網時代，百度已經一統天下，為什麼你還是不願意繳械，並決定從現在起捲土重來？

陳沛：我希望未來的互聯網是這樣的——一個普通用戶，當他打開自己電腦的時候，他看到了他要的所有東西，而他不需要的不出現，他不關心它們來自哪裡，因為他只關心內容本身，他不關心它們是怎樣來的，是收藏夾、是朋友推薦，還是搜索引擎，因為它們已經來了。

這是我在一九九九年提出來的，當時的門戶網站如日中天，而我認為對用戶應該有更好的服務模式，以上的這段話，是我的理想。到了今天，我繼續堅持這個理想並為之實施，雖然我個人領導中搜網絡經歷了各種磨難，甚至在今天的中國搜索市場上，遇到的競爭對手也異常強大，但我的初衷從沒有被忘卻和動搖。

為了實現理想，我把中搜網絡打造成一個搜索引擎，因為要為每一個用戶提供真正需要的內容，首先就是要成為一個搜索引擎。

最初做搜索引擎的時候，沒覺得有什麼困難。我是一九九五年開始創業做企業搜索，那時我們的客戶是新華社等各種媒體；一九九九後，我又在PC上做搜索，為聯想公司的用戶提供數據搜索服務；二〇〇三年，我進入了互聯網搜索領域，開始為各大門戶提供服務，值得一提的是，那時我們替代了百度，成為搜狐和網易等幾個主要門戶搜索引擎的供應商。儘管如此，我還是很不滿意：當用戶輸入一個關鍵詞，我們的搜索引擎根本不管用戶是否需要，而把互聯網上所有東西都給出來，使用戶不得不一屏一屏的去找信息，我認為那是浪費用戶的時間。

我的理想是：用戶找任何信息，都可以通過中搜網絡的產品獲得，但我更希望用戶看到的是真正需要的，而不是讓他到一大堆信息中去二度尋找。這是一個最廣闊信息獲取和最個性化信息獲取之間的博弈，做出平衡非常困難，所以我們摸索了十年去思考和研究平衡問題。十年意味著什麼，原來在我們身後的百度，現在成了中國搜索領域的老大。

現在，我由衷感謝移動互聯網，因為移動互聯網的到來，讓我看到反超強大對手的機會。

實際上，在二〇一二年中搜網絡已經較早地推出了移動端的「搜悅1.0」，但為什麼沒有投入更多資源去規模化宣傳，並迅速抓取移動用戶？

陳沛：第一個版本出來後，我認為還不夠好，不過最新的「搜悅4.0」，基本上表達了我們的想法，也到了向用戶廣泛推動的時候了。

「搜悅」是什麼？很多用戶都很關心，為什麼關心呢？因為在他們的手機裡已經有無數個APP（行動應用程式），為了獲取服務，必須在各個APP裡跳來跳去地選擇，事實上，很多APP的功能同質化非常嚴重，對用戶來說，有些APP像雞肋那樣「食之無味，棄之可惜」。如果統計現在所有的APP，少說也有百萬個，但到底有幾個是用戶真正喜歡的，並且能夠滿足用戶大部份的需求呢？也許大家都會說是微信。

我承認，我本人也在經常使用，微信在我個人的社交中發揮了很大作用。但它也有明顯的缺點：一開始，微信「朋友圈」本來是朋友之間交流的，但現在「朋友圈」似乎很難達到朋友交流的功能。比如，用戶想發一條中午吃了什麼，但會產生顧忌，因為「朋友圈」裡他的合作夥伴、投資人，甚至還有領導、老師、長輩，這些人恐怕對他所發的信息並不喜歡，但是，發什麼是用戶的權力，APP本身不可以限制，於是我們在「搜悅」裡提供了不同的「興趣圈」，在這些不同「興趣圈」中，用戶有不同身份，比如我和互聯網朋友在一個圈子時，我就用真實的資料和頭像，如果換一個興趣圈，比如美女圈，不想讓別人看到自己的真實身份，可以換另外一個身份在這個圈中交流。人們在「搜悅」可以用不同的身份參與不同的興趣圈，每個身份都是自動與每個圈子匹配的。另外，我們還提供私密社交的空間，比如我在清華的MBA班是一個私密圈，我們可以分享不同的內容，這些信息和內容其他人肯定都看不到。

「搜悅」和微信的最大不同就是，微信解決的是人與人的關係，而「搜悅」解決的是人與信息的關係，我很期待它成為第二個超級APP。

當然，除了達到真正的私密之外，「搜悅」還集內容、技術、資源和商業化平台化於一身。說白了，用戶現在根本不需要安裝那麼多APP，一個「搜悅」就幫個人用戶滿足新聞、圖片、視頻、百科、微博、論壇、博客、社交等需求，而商業用戶，更可以通過「搜悅」完成技術分享、資源共享，甚至開展支付金融等。

為了淨化用戶環境，創造出個人專屬的互聯網環境，在PC時代，儘管我一直在努力，但始終沒能如願，也沒有做大公司，但今天不同了，移動互聯端之爭的核心就在用戶的環境之爭。這恰恰是我們前十年積累起來的強項。未來五年的競爭，中搜會直接挑戰現有的百度模式。

搜索壟斷，已到打破的時候

你確信自己真能在移動互聯網時代的某一天擊敗百度嗎？

陳沛：這和我的天性有關，有朋友說我是對搜索的偏執，確實，在我的性格中，我認為應該改變的事情我就會努力去改變，哪怕創新路上遇到的困難再多，我也會堅持。

搜索是我的一個理想，我認為現在的搜索必須要被改變，改成每個人都只看到自己想看到的，不想看到的就不應該出現，這是我在一九九九年提出來的，今天我繼續在堅持。

百度在PC搜索上的商業成功，我是尊重的，但這不代表我認同他們的模式。尤其是在今天的移動互聯網時代，用戶個性化的需求會日益突出，如果還是和PC互聯網那樣，搜索一個信息時，給出一大堆內容，用戶會很痛苦，因為現在的屏幕只有手掌大小，用戶怎麼忍受去不斷翻屏？因此，我在一九九九年提出的「理想」，很適合現在的移動用戶。由於理想和現實已經沒有差距，我認為現在是中搜的最好時機。

另外，我們在移動端的產品，現在基本都以周的速度在更新，這無論是對自己的成長，還是直面競爭，都會產生一種優勢。

中搜二〇一三年度財報中，用了多達六頁的版面引用了艾瑞（iResearch）的分析報告，主要是為了解釋移動搜索領域的用戶、市場規模的增量趨勢，並明確中搜的移動戰略選擇。但是樂博資本的楊寧卻認為，「五年後手機會消失，移動互聯網創業風口將衰竭」。如果楊寧的觀點被坐實，中搜現在的移動戰略是否存在巨大風險？

陳沛：對於這個「五年」的論斷，我持保留意見。但是，五年足以發展出一個新互聯網巨頭，也足以使一個互聯網巨頭倒閉。現在，大家在移動互聯上的投入其實是佔領一個入口，但移動搜索的市場格局未定，這對於中搜而言是機會，並且中搜三年前就已經準備好移動搜索的技術底層、內容底層、產品形態，現在只是發力搶佔用戶市場。

我們的移動搜索產品和現在市面上的產品有很大不同，我們的產品其實是一個個人門戶，這個產品我們起名叫「搜悅」，通過這個產品，能讓每個人可以使用屬於自己的機制個性化搜索、訂閱、閱讀及生活服務等。我認為這些其實是搜索的最佳表現形式。

比如你想看看王菲的內容，「搜悅」首先會告訴你，有不同的王菲，問你想要的是哪個王菲，選擇之後，跟她相關的各種內容就都呈現出來。如果關心她和其他娛樂人的關係，可以點開相關人物看看，王菲所有的關係，不管是朋友關係，還是娛樂圈的各種關係都被清晰地表達出來。王菲和謝霆鋒之間的關係最近比較火，所以成為她所有關係中最重要的。在「搜悅」，你可以從王菲點擊到謝霆鋒，再點擊到張柏芝，再跳轉到陳小春……直到再回到王菲，形成一個很有意思的關係網閉環。大家可以看到，這樣的搜索跟現在的搜索有什麼不同嗎？其實是現實生活中的很多知識被融入其中。

我們以前看到的搜索是由技術驅動的，未來的搜索則是以知識驅動。「搜悅」是全球第一個開放的搜索引擎平台，所以在「搜悅」中可以看到其他搜索看不到的內容。

公司財報中，一方面認為自己在移動端產品具有獨創性，另一方面又表示可能存在技術方向失誤或者開放合作業務模式不成熟，造成市場份額降低，這種風險衝突如何避免？

陳沛：儘管BAT（百度、阿里巴巴、騰訊）三巨頭目前都在會戰移動端，但實話說，沒有一款APP足夠讓用戶滿意，用戶的手機屏幕被各種APP搶佔，他們做不了自己的主。我們正在做的是一場整合APP的革命，這是沒有先例的。我們所爭取的讓用戶只用「一個APP」的做法，會直接挑戰BAT的地盤，因此會存在風險，我們必須向投資者說明事實。

但是，我也說過中搜是一家有理想的企業，我們會懷抱夢想繼續往前走。我們可以看到近十年來，搜索的變化是緩慢的，而其他互聯網領域的產品基本都是呈現多元化的發展，諸如社交，你很難想像在今天再用十年前的社區產品去獲得信息。所以，我們正是看到搜索壟斷、搜索技術難以裂變而造成搜索產品的單一、重複多次檢索可能都找不到自己想要的等問題，用戶對搜索的公正性、精準性也變得愈來愈有抱怨，我們才發現應該用新的搜索技術改變人們對搜索的習慣，用戶應該要使用一個「打開即為所得」的搜索，而不是多次檢索都找不到自己想要信息的搜索，為此我們推出了第三代搜索服務。同時我們也發現PC搜索要想在短時間內挑戰既有的壟斷模式會非常困難，我們則把目標更聚焦在移動搜索領域，推出的「搜悅」其實就是一個個性化的搜索，裡面也不僅僅有搜索，更集成了以個性化信息服務、電子商務、社交為核心的整體「搜悅」生態鏈，提供一個全面的個人門戶服務。

產品好不好，讓用戶決定

在中搜財報中，提到去年（二〇一三年）營業收入下降主要原因是「公司在移動互聯網業務上尋找到規模化的營收模式的時間較晚」。那麼，中搜為什麼直到去年才發佈移動端的產品？

陳沛：我們其實從二〇一一至二〇一二年就已經推出了APP搜悅（個人門戶）、移動船票（商業服務）、V商（移動微博產品）等移動端的產品，但在那個階段，我們主力是在企業類市場中進行推廣，在用戶市場稍微保守了些。我們認為應該有更好的、更個性化的產品升級，為此我們從二〇一三年開始大力推進用戶級市場的APP「搜悅」。

作為中搜主張的第三代搜索引擎的核心武器——「搜悅」，對百度、360等搜索對手，乃至行業來說，到底有什麼特別的創新和競爭價值？

陳沛：我想解釋一下「搜悅」，它是一個整合多種用戶需求的多用途的APP，而不是僅僅提供簡單的搜索功能。其主要體現在四個方面。一、中搜第三代搜索讓人的知識融入算法，使得搜索質量更加精準、全面；二、競爭層面不太一樣，百度等搜索企業基本是一家公司的服務，而中搜第三代搜索引入眾多合作夥伴和用戶共建搜索，是一個開放平台；三、中搜在個性化搜索、推薦、訂閱方面，做到每條信息都是切近用戶所需；四、知識圖譜式搜索結果服務。

現在主力推動「搜悅」這一移動端產品，如何才能實現用戶規模化？

陳沛：現在我們正在強化生活信息服務功能，我們有一個移動支付工具，叫做「中搜幣」，今年九月份和友寶公司合作，借助這個支付工具開展移動購飲料活動，僅合作一個月，友寶公司通過「中搜幣」的飲料銷量就達到創紀錄的八十三萬瓶。目前，「搜悅」用戶已逼近億級規模，破億是必然的事情。

中搜過去的主要收入來自向客戶提供互聯網技術服務，移動業務上來之後，公司整體收入結構將出現什麼樣的變局？

陳沛：向客戶提供互聯網技術服務的業務，我們仍然會繼續，這是我們過去業務的核心，但是我個人更希望看到移動業務創造的收入能成為主要收入來源，這是決定公司下一輪成長，甚至成敗的關鍵。如果說過去的業務模式主要通過B2B實現，現在以「搜悅」主力推動的移動業務，將混合B2C、B2B2C等多種業務模式，這樣就徹底打開了我們收入來源的邊界。我想，只要一到兩年，我們的業務結構就會出現很大的排序變化。

張小龍（微信創立者）一直強調產品要簡單化，他把很多功能隱藏起來，讓用戶自己去發現。而「搜悅」卻是把所有功能呈現出來，對比之下，是否會引發用戶體驗問題？

陳沛：其實這是蒙的，用戶需要被引導和推薦。「搜悅」在第一步就給了用戶很好的引導和推薦，告訴他如何選擇自己想要的，尤其是當他做了一些選項之後，到了第二次登錄，他會發現已經擁有自己的空間。

我們現在要做的事情，就是再拼一年，爭取讓所有的用戶都熟悉搜悅，習慣打開搜悅，我想，用戶自己會去做產品比較，並做出最終的選擇。

羅萊董事長薛偉成：用十五年做全球五百強

一九九二年，薛偉成正式創立羅萊品牌，並在行業內率先實施品牌經營理念，使羅萊成為一個家喻戶曉的家紡品牌。自二〇〇五年開始，羅萊連續位居國內家紡市場佔有率第一；二〇〇九年，羅萊在A股成功發行，成為國內首家床上用品上市企業。近年來，作為最早實施多品牌運作的家紡企業，羅萊從二〇〇四年開始將Sheridan、Disney、Zucchi、Yolanna、尚瑪可（SAINTMARC）、Millefiori等眾多國際知名家紡、家居用品品牌引入國內，形成以羅萊品牌為首的多品牌矩陣。

二〇一五年六月十日，隨著多喜愛家紡（SZ.002761）的上市，A股家紡類公司中，終於從此前的羅萊（SZ.002293）、富安娜（SZ.002327）、夢潔（SZ.002397）之間的「三國殺」，轉變成了如今的「四國殺」。然而，無論是資產規模還是主營收入，羅萊依然是行業中的老大，對手中，除了富安娜略可匹敵之外，夢潔、多喜愛要和羅萊競爭尚需找到新的招式。

形勢在變，競爭方式也在改變。自羅萊宣佈從原有的床上用品，轉型為多元的整體家居企業及智能家居企業的戰略之後，除了新晉者多喜愛未明確自己下一步戰略之外，富安娜和夢潔均採取了相似的戰略跟進，這一方面使得未來幾年的家紡行業有了新的命題，同時也推動各企業之間的競爭——將從價格戰，引向全家居產業以及現代智能化的戰場。

從研究角度，作為連續十年在國內同類市場佔有率第一的羅萊，在新形勢下的變革行動，將直接影響到行業內的競爭，以及整個行業的未來。「行業集中度會進一步提升。主要集中在有規模、有創新、有自立能力、有優質的多品牌、有多渠道、有資本優勢的企業。」羅萊董事長薛偉成提出的這「六有」門檻，實際是衡量一個家紡企業在下一輪生存的標準，也是能否參與競爭的基礎。在薛偉成看來，但凡不具備這「六有」能力的企業，將逐漸退出市場，而市場權力將逐漸向優勢企業集中。

二〇〇九年的七月炎夏，當我第一次訪談薛偉成的時候，時值羅萊圈下了一塊位於上海虹橋機場附近的地皮，不巧正在準備總部搬遷。搬遷運動顯示了羅萊要繼續做大、做強的態度。「領先半步就能贏」——這是薛偉成在二〇〇九年對我所說的羅萊戰略思想。

領先半步，曾經是羅萊的市場基本打法：一九九四年，在公司尚未形成規模時，就下大賭注，斥資三十八萬元，請廣告公司為羅萊設計了品牌標識，這在當時，是非常超前之舉，使得羅萊與眾多家紡企業首先在視覺上一下拉開了檔次；二〇〇三年，為謀求品牌定位，汲取了意大利設計思維，對品牌進行歐化；二〇〇四年，聘請李嘉欣為形象代言人，出演羅萊的品牌故事主角「阿拉克涅女神」（Arachne），這使得羅萊知名度和美譽度得到攀升；此後，對公司品牌和產品進行系統化改造，最終在國內確立高端形象。

前二十年中，羅萊實際完成和構築了大半個「六有」門檻，而現在正在通過補充資本能力，來收攏自己的市場權力。薛偉成現在提出了一個更大膽的想法：「一個家紡企業要做世界五百強，如果僅做床上用品，是根本不可能實現的，但如果能做整體家居，能成為一家智能家居企業，同時也能國際化，那麼還是可期的。羅萊的想法是，花十五年的時間來完成這個目標。」

薛偉成現在提出的新戰略包括兩大部份：一方面從過去家紡用品的企業，轉型為整體家居企業，也就是像宜家（IKEA）那樣整體複合的企業，而智能家居將是其中一個重要的發展方向；另一方面將從產業型企業升級為「產業＋資本」雙輪驅動型控股集團。

十五年，是薛偉成給羅萊定下的戰略實現時間，沒有人能預判十五年內將發生什麼事情，但對於薛偉成來說，或是他人生中最艱難的時期。

用十五年倒逼自己

中研網認為，我國家紡行業存在兩千億至三千億人民幣的市場規模，但從現有主要的家紡類上市公司的業績總和來看，連三十分之一都不到，這是為什麼？

薛偉成：我不知道這是如何統計出來的，根據我在行業中的經驗看，對家紡行業很難統計出準確的數據。首先是對家紡行業範圍的認定，這個行業其實不僅僅指的是床上用品，還包括了毛巾、窗簾、地毯等家用紡織品，現在能公開的數據都是家紡類上市公司的數據，但這些公司都屬床上用品類的公司，在向全家紡類轉型過程中，多處在起步階段；其次就是家紡行業的集中度不高，大多數品牌知名度偏低或無品牌，甚至還在低端的輕紡市場中流通，因此，整個行業到底是否存在兩千億至三千億人民幣的市場規模，這有待商榷。

另一個問題是，假如家紡行業存在兩千億至三千億人民幣市場規模，即使將目前所有家紡類上市公司的業績加起來，距離兩千億的底數還遠遠不到，也就是說，我們的行業的天花板還很遠，我們還有很大的增長空間，但事實上並非如此——在所有家紡類上市公司中，營業收入增長率沒有一家超過百分之三十。於是，我們就需要思考：家紡類企業到底應該怎樣規劃自己的下一步？

羅萊在中國已連續十年執掌行業龍頭，為什麼還要提出二次創業？

薛偉成：做行業龍頭，不是我們的終極目標。必須看到，在新形勢下，本土品牌將不僅僅面臨現在的競爭對手，由於關稅持續降低，無數優質的國際大牌將和我們的價格不相上下，而且他們會發揮出整體家居的競爭優勢，因此，包括羅萊在內的本土品牌都需要二次創業。

我們現在的戰略是，一方面從過去家紡用品的企業，轉型為整體家居企業，也就是像宜家那樣整體複合的企業，而智能家居將是其中一個重要的發展方向；另一方面將從產業型企業升級為「產業＋資本」雙輪驅動型控股集團。

整體家居這個概念，是基於我們對海外市場的研究總結出來的。國際大牌為什麼比我們優秀，優秀在哪裡？為了弄清這一問題，我去了日韓、歐美考察，結果發現，就產品而言，我們國內的生產技術和產品未必遜於國際大牌，但在整體配套上卻非常缺失。國際大牌的核心競爭力不在於售賣某件高檔次的產品，而是為客戶做整體方案設計，賣的是效果和場景，比我們領先二十多年。按照這個邏輯，相比我們只賣出一條被單、一個枕頭，國際大牌就可能賣出整整一個臥室，因此他們就能獲得很高的收益。

另外，現在國內的消費者，也正在向我們提出這樣的訴求。為了快速適應新形勢和應對市場需求，接下來，我們會通過資本手段來整合全球的資源，其中就包括整體產品設計和人才資源，以加快實現戰略轉型。

公司提出，用十五年時間來完成做一家世界五百強企業的夙願，戰略路徑是什麼？

薛偉成：考察了發達國家的同行企業後，我發現世界上沒有一個家紡企業能做到五百強，這促使我進行了反思。得出的結論是，因為家紡行業的產業鏈很長，而多數有品牌的家紡企業卻大多集中在床上用品這一細分領域，因此，即使在這一細分領域奪得頭牌地位，也僅僅是搶到競爭中的身位，但是永遠也不可能獨吞天下，尤其是在今天的互聯網時代，所有床上用品都將公平、透明地陳列於網上，這給消費者在做選購時，有了信息獲取、價格比較、產品比較等自由選擇。

為了做一家世界五百強企業，我們結合當下互聯網智能時代，提出了「健康、舒適、美」的新使命。在這個使命下，我們將進入到智能健康監測產品領域。其間，我們會通過資本投資併購手段，把國內外在智能健康監測產品領域中具有創新技術、創新產品的資源，疊加到我們整體家居中，通過大數據分析、診斷等手段，給消費者居家以健康關懷。可以看到，未來的居家生活，還將包括家庭機器人、家庭管家等，而這些和整體家居戰略是一致的，這會讓消費者生活變得更有意思。當然，互聯網智能時代本身就是對傳統居家生活的跨越，而我們設想的是，將我們的產品通過互聯網化、智能化、數據化，形成不斷迭代。

在戰略驅動中，資本將在其中扮演重要的價值作用。我們希望通過資本來打造一個產業鏈和生態圈。如果靠自己一點點做起來肯定做不大，一定要整合資本。把優質的品牌資源、人才資源、技術資源納入進來，同時自己也走出去銷售。

設內部合夥人制

羅萊已累積了包括羅萊在內近二十個品牌，但它們的表現差異很大。據二〇一四年財報，相比羅萊主品牌（營業收入增長百分之十一・〇四），為什麼其他品牌合計只增長百分之六・一三？二〇一五年，業務貢獻比率上，會有怎樣的變動？

薛偉成：為了針對不同的目標群體，我們前幾年中逐漸加大了品牌陣營，這近二十個品牌就是在整個過程中形成的，每一個都對準了自己的用戶群。

但是，由於我們發展速度太快，在人才架構、制度管理上，還存在一些問題，我們需要時間去調整。另一個原因是，在整體經濟和消費信心下行中，相比主品牌而言，小品牌的優勢會弱一些。

目前，我們正加大人才培養和引進，以及制度的變革，尤其在針對後者，我們正在部份品牌事業部中試點合夥人制度，讓原先的職業經理人，轉變為企業的投資者、部份股權的擁有者，以推動他們積極利用智慧、資源和能力來推動品牌事業部的業績提升。

關於合夥人制度，公司內部具體計劃是什麼？

薛偉成：我們現在有很多子公司、孫公司以及品牌事業部，每一個業務板塊都需要員工盡心盡力。儘管我們希望合夥人制度能在各個部門推行，但也不能盲目。我們之前是一家傳統企業，有些員工在公司工作了很多年，現在公司拿出股份，讓他們拿錢認購，員工會有各種想法，我們需要深入溝通，只有雙方一致，我們才能推行。

至於合夥人制度是什麼？最核心的就是股權問題，我們的方法是拿出百分之三十的股權份額給員工認購。我們希望通過這樣的制度變革，形成雙贏關係。一方面鼓勵員工做強自己的事業，到一定規模之後，或許部份資產就能獨立上市，這樣一來，不僅公司獲得價值，員工也能因此創富。

公司通過收購加盟商的部份股權，強化與加盟商業務融合，激發動力。根據公開資料，公司已和十家加盟商簽訂協議。加盟商是否都願意接受這樣的合作？實際效果如何？

薛偉成：出台這條政策之前，我們首先從加盟商自身長期發展的利益角度進行了考慮。大部份加盟商跟了我們公司十至二十年。羅萊的今天，也都是靠加盟商發展做大的。但是，在今天傳統零售下行的形勢下，如果我們還是把他們簡單當作加盟商來對待，那就變成了經銷商和廠商之間的博弈。

我們現在控股加盟商，雙方利益就形成一致，加盟商就不會採取短期的激進行動。我們希望通過資本行為，把加盟商和公司利益捆綁起來。我們和加盟商簽訂協議，就是希望他們能獲得更高的增長收益。過去，經銷商賺的是簡單利潤，現在通過股權合作，他們賺取的是市值。從事業的角度來說，由於我們和經銷商形成了你中有我，我中有你的關係，他們就會看重長期利益，這恰恰是我們願意看到的結果。

收購與資本聯動

進入二〇一五年，無論是產業合作，還是資本動作，羅萊開始加大吸睛動作，先談產業合作。和專門做智能控制的上市公司——和而泰的合作上，羅萊主要目的是什麼？另外，和而泰還與羅萊競爭對手夢潔，也實施了合作，這對羅萊和夢潔之間的競爭產生什麼影響？會不會出現智能家居競爭產品的同質化問題？

薛偉成：沒有太大的衝突，我們與和而泰簽訂了戰略性合作，但是我們簽訂的合同並沒有排他性。需要強調的是，沒有排他性，也意味著競爭變得更加透明和公開，就看雙方的推廣能力和深入思考能力。

設立資本性公司「南通羅萊商務」後，羅萊先後做了兩大動作：第一，再用五千萬設立孫公司「羅萊智能家居」；第二，出資兩千九百一十二萬，以百分之二十一．一七成為邁迪加公司第一大股東。那麼羅萊智能家居主要業務是什麼？在整個公司體系中將扮演什麼角色？

薛偉成：我們希望通過「羅萊智能家居」開展整體軟裝業務，包括一些智能硬件，比如空氣清新系統、溫控系統、音響系統等等。

至於邁迪加公司，它是一家專注睡眠健康監測產品的研發和服務公司，有很多領先全球的獨立發明專利。其產品能為用戶提供睡眠期間的生理指標監測、提供睡眠健康分析、管理和指導服務等。這家公司的產品和我們智能健康化戰略有很高的契合度，因此我們決定對其進行投資，成為其第一大股東。

目前，我們和邁迪加公司合作了一款睡眠監測的產品，該產品在全球也是屬於領先的產品。我們希望先通過睡眠的監測，再到以後解決睡眠質量問題。我們是邁迪加的第一大股東，幫助他們在我們的渠道裡銷售這個產品。

現在大家都在說智能家居智能健康，行業都處於初級階段。我們正在和硅谷、以色列等地最有研發能力的機構整合技術和產品，將來會通過我們的智能家居公司逐漸推出創新產品。

羅萊不僅和戈壁創贏成立五億產業基金，還與艾瑞資產成立三億產業基金，以及和加華裕豐設立兩億零兩百萬產業基金。這三大基金顯然都是為了併購而存在。據我們知道，家紡行業中，至今尚無出現大的併購。現在行業是否要通過併購來提高集中度？另外，羅萊和這三家資本合作者，有沒有明確的股權投資、併購的對象？

薛偉成：三大基金，雙方都有一定比例出資額。我們看中的合作方，在各自領域上有行業判斷能力和運營基金投資的能力。我認為，羅萊要將企業做大，一定要通過投資併購才能做大做強。當然我們的投資，一定是圍繞自己的產業範圍來投資。至於目前有沒有明確的投資對象，因為目前還在評估階段，從上市公司信息披露制度角度來看，還不宜對外透露具體信息，但我可以說的是，既然成立了以投資為目的的基金，我們一定會做這件事情。

在公司內部還推行了「牛人文化」。這對公司將產生什麼價值？

薛偉成：這是我們一種全新的戰略迭代方法。該方法是，通過群策群力的方式確定組織或團隊短期內需要執行和完成的關鍵任務，並形成項目；然後在組織或團隊範圍內，採取無崗位限制、無級別限制的現場PK，確定項目經理，整合組織或團隊資源組建最強大的項目組來完成挑戰任務。

我們的這個文化不玩虛套，它有「五大鼓勵行為」和認定的標準。所謂「五大鼓勵行為」包括鼓勵創新和試錯、鼓勵聚焦關鍵任務、鼓勵完成更具挑戰性的任務和勇於承擔並具備狼性、鼓勵市場需求導向、鼓勵用比自己更牛的下屬；而牛人標準是在「五大鼓勵行為」及集團價值觀基礎上，通過廣泛徵集意見提煉出來的，內容包括與集團倡導的價值觀高度吻合、極強的目標結果導向、極強的創新力和學習力、具備狼性思維和快速的行動能力、用超出常人百分之五十的時間學習和工作、有互聯網思維、極強的應對變革能力等六條。

我說過，我們準備花十五年的時間，力求把羅萊打造成一家全球五百強的公司，除了公司推行新戰略、新策略之外，人的因素才是關鍵。我相信「牛人文化」會是我們的真正利器。

浙大網新董事長史烈：做「互聯網＋」雙重身份者

浙大網新集團是以浙江大學的綜合應用學科為依託的信息技術諮詢與服務集團。自二〇〇一年六月創建以來，集團在信息技術服務、環保節能、軌道交通、城市建設服務、金融創新等業務領域取得了迅速發展，旗下擁有浙大網新（SH.600797）、眾合機電（SZ.000925）、網新蘭德（HK.8106）三家上市公司。目前，集團業務覆蓋中國絕大多數省、自治區、直轄市、香港及美國、日本、東歐、東南亞和南美等國家和地區。

A股存在以來，在各大證券分析機構的板塊架構上，迄今沒有對「高校產業」做出明確和清晰的歸類，包括北大系、清華系、復旦系、交大系、浙大系等A股公司，均散落在不同的行業類別中，但「高校產業」的集群效應，卻在整個國家經濟的產業體系中，扮演愈來愈重要的力量。

「高校產業」中的各家上市公司都無一例外的存在「產學研」的身份標籤，但這些企業的另一個重要標誌——「商業價值」，在當下全民「互聯網

＋」的時代中，正在顯示自己的肌肉感。

儘管從商業力量看，北大系、清華繫在「高校產業」的市場份額中佔據絕對的優勢地位，但不代表復旦系、交大系、浙大系等南派系失去話語權。一向專注於ＩＴ領域的浙大系代表——浙大網新科技股份有限公司（以下簡稱浙大網新），正在迎來屬於自己的「互聯網＋」時代。

浙大網新由中國智能ＣＡＤ（Computer Aided Design）和計算機美術領域的開拓者之一、中國工程院院士、原浙江大學校長潘雲鶴創建於二〇〇一年，該企業依託浙江大學綜合應用學科優勢，以「打造軟件（軟體）與網絡業航母」為遠景，進行「產學研」通往商業的開發。公司目前的掌舵者是史烈。

史烈是浙大網新初期的建造者之一。浙大網新最初的發展，實際是通過吸收合併了浙江大學的部份院系企業而成，史烈曾是早期被併入浙大網新的浙江大學圖靈信息科技有限公司的創建者和時任該公司的董事長。因此，在浙大網新十多年跌宕的進取發展中，史烈是親歷者。現在，他要帶領這家一百六十六億三千萬市值的浙大網新，在「互聯網＋」時代中，走出一條有別於其他高校的新模式。

根據ＩＤＣ（Internet Data Center）的觀點，改變世界信息產業的第一平台是二十世紀五十年代的大型計算機系統，第二平台是二十世紀八十年代的客戶機、服務器系統，而第三平台則是今天以大數據、物聯網、移動互聯網、雲計算為依託的平台。當下，互聯網正在重新定義所有的行業，這意味著以「大、物、移、雲」為核心的第三平台，將會不斷向各行業滲透，並帶動相關硬件、軟件及服務市場的高速增長，甚至顛覆與重構所有傳統行業。

對於中國經濟來說，粗放型增長方式已走到了盡頭，各行業都面臨著變革與轉型，而變革和轉型都需要ＩＴ的強力支撐。「我相信，類似我們浙大網新這樣的ＩＴ廠商，都將在第三平台的時代中，面臨前所未有的挑戰，但也需要明鑑這些調整背後所孕育著的巨大商機。」按照史烈對浙大網新的戰略設計，浙大網新不僅自己是一家「互聯網＋」的公司，同時還希望通過向客戶提供各種「互聯網＋」工具、方案，推動客戶向「互聯網＋」轉型。

起得早不等於成功

Ａ股中，一度誕生高達四十多家高校控制的公司，但頂著高校、高科技光環的這些上市公司，卻大多經營不善、負面不斷，在經歷一系列股權變更後，許多高校系公司退出，最後留下的只有寥寥幾家。為什麼中國的「高校系」公司普遍不能做強、做大？

史烈：這幾年，大部份高校系企業的成長遇到了挫折，這是一個事實。以我們的浙大網新為例，我們是國內最早提出「智慧城市」理念的企業，但我們起了個大早，卻沒有持續優異的市場表現。原因很多，比如我們原本的商業模式是打單、接工程模式，產品化的程度不高，可平台化運營的空間不大。在互聯網時代的激烈競爭下，許多機制更為靈活的互聯網公司比我們有更好的表現力。

經過反思，我們認為，我們不能再等，而是要主動地去改變自己，我們要從傳統的ＩＴ公司轉變為致力於做「互聯網＋」的新型ＩＴ全案服務商。

在機制、資金、技術、人力上，浙大網新和浙大的具體關係有什麼新的變化？

史烈：對我們來說，區別於其他高科技企業的一大優勢就是，浙大網新與浙大是「政、產、學、研」一體化平台。未來，這也依舊會是我們的核心優勢，浙大網新與浙大的關係只會更緊密。我們還將在例如國產操作系統——核高基（核心電子器件、高端通用芯片及基礎軟件產品）項目、殘疾人信息無障礙平台、智能互聯城市公共服務平台等平台成果之上，進一步推進產業孵化及財務性投資，強化與浙大以及政府、同業機構、投資銀行等的合作關係，開展有效的人才合作、項目合作、資本運營，培育互聯網金融、電子支付、網絡安全、物聯網、雲計算、大數據、人工智能等新興產業方向、新型業態。

現在是萬眾創新的時代，學生又是最具想像力、最具創新精神的一個群體，我們還要向學生們學習，同時創新合作模式，讓有想法、有能力的學生加盟我們，甚至成為我們的事業合夥人。我們在浙大搞浙大網新杯創新創業大賽，向同學們徵集智慧助殘、智慧商務方向的創意方案。

「互聯網＋」魔術師

相比二〇一二年度虧損，對二〇一四年的虧損分析中，董事會首度提出了「傳統ＩＴ分銷業務與軟件外包業務亦面臨嚴峻的市場風險」。這是否意味著過去的業務戰略存在轉型緩慢問題？而此前公司提出的「信息系統開發能力Computer+」戰略，是否錯誤？

史烈：每個階段的戰略都是根據時局背景、企業核心競爭力和企業當時的發展情況而制定的。軟件企業又是受時代迭代影響最大的企業類型。

自二〇〇五年開始，公司剝離機電總包業務單獨上市，提出以「Computer+X」作為產業選擇的基本導向，我們以自身所擅長的信息技術服務於智慧城市建設、服務於各行各業，提供整合協同的解決方案和服務。隨著時代的發展，「Computer」作為一個實體的概念已愈來愈被淡化，數據處理的大部份壓力，從終端設備上釋放並通過互聯網、移動互聯網轉移到其背後的支撐中心——雲計算及大數據。僅僅是信息系統開發和數據處理已經不夠，企業更需要有通過大數據、物聯網、移動互聯網和雲計算等多種先進技術手段而服務於一切的無形能力。

二〇一三年，我們提出了「網新雲戰略」，基於雲為客戶提供全價值鏈的增值服務，做客戶的雲服務經紀人。二〇一五年國家提出「互聯網＋」，即指以「大物移雲」為代表的新一代信息技術與現代製造業、服務業等的融合創新。這與我們一貫倡導的「Computer+X」戰略很相似。我們積累了「大物移雲」的技術儲備，積累了深耕傳統行業做信息化服務的扎實基礎，以及對客戶需求的理解。我們要做「互聯網＋」中的連接器和魔術師，能幫助客戶找到其所在行業的「互聯網＋」。

董事會特別提到「迫切」——「迫切需要對傳統業務進行整合，加大對智慧城市業務與創新業務的投入，尋求新的業務增長點，實現業務核心能力的快速提升。」實際上，二〇一一年的時候，公司已意圖在這些新業務上設想和佈局，為什麼今天會提到「迫切」？

史烈：二〇一四年，我們分銷業務的虧損很嚴重，原因是我們對互聯網衝擊下業態的變化認識不足。我們雖然有一定的前瞻，但沒有充分重視到分銷商的價值正在快速喪失，當我們想要收縮的時候，成本太大，並伴有各種風險因素。所以，公司一部份的純分銷業務必須逐漸剝離，向基於互聯網、雲計算，以客戶為核心的ＩＴ服務方向轉型。

我們目前正在探索以分銷為主業的子公司的轉型方案、可運營的「互聯網＋分銷渠道」解決方案。

比如，新興的快消品O2O解決方案、智慧社區O2O業務需要大面積推廣，SaaS服務模式全面鋪開，網新的私有雲業務也需要本地化的諮詢和客戶維護服務。這時候，我們原有的分銷渠道就能發揮價值，成為網新「雲服務」的經紀人，改善用戶體驗，提供近在身邊的IT服務能力。

整個服務外包產業困難重重，人力成本、企業運營成本不斷上升，特別是日元匯率快速貶值對我們影響更大。去年，我們在日本市場雖然業務量實現增長，但收入卻因匯率問題未實現較大增長。另外，還有回款慢、行業競爭加劇、人才流失等一系列問題。但是，危機總是伴隨機遇而來，且不說國際大背景以及中國服務外包新常態下的機遇，就我們本身來說，我們三千多人的研發團隊就是一筆寶貴財富。

「互聯網+」十條路

公司現在確定了「信息系統開放能力Computer+」戰略向「互聯網+」的轉型。但是，「互聯網+」現在幾乎是每個企業的標配，浙大網新的「互聯網+」本身的價值和含義、指向是什麼？

史烈：我們的「互聯網+」有兩層含義：一是幫客戶做，不僅僅通過IT技術，同時也通過商業模式策劃、資本運作、渠道重構、業務運營等方面，幫助客戶實現互聯網化轉型，我們做客戶的轉型顧問；另一層意思是，我們自身也要從組織架構、業務佈局、運作模式、思維方式、技術儲備、人才引進等方面進行互聯網化的轉型與重構。

浙大網新「互聯網＋」業態有五種。請從經營策略、技術能力、商業回報等三維度，詳細介紹一下「互聯網＋交通」、「互聯網＋會展」、「互聯網＋園區」、「互聯網＋健康」、「互聯網＋人社」業務？

史烈：我們的「互聯網＋」業務不止五種，還擁有「互聯網＋社區」「互聯網＋金融」「互聯網＋零售」、「互聯網＋公益」及「互聯網＋城管」等多種案例。

「互聯網＋X」業態需要具備三大要素，一是技術要素，這是我們最擅長的，「大物移雲」的技術現在到哪裡都是基礎、是標配，而我們能夠給各類行業客戶做定製開發，這就是我們「互聯網＋」連接器的作用；二是行業要素，這是我們的客戶所擅長的，沒有在垂直行業領域摸爬滾打過若干年，是體會不到行業的痛點的；三是互聯網化運營的要素，如何通過創新的商業模式、通過運營帶來流量、加強用戶黏性、引爆熱點應用，如果沒有這個要素，我們還是一家IT外包公司，只有具備這個要素，我們才稱得上是「互聯網＋」的魔術師。

以我們涉及的「互聯網＋X」為例，這裡面有我們純粹提供技術要素，幫助客戶實現「互聯網＋」的案例，也有我們投身互聯網化運營的業務案例：

「互聯網＋人社」。「智慧人社」是「智慧城市」中最核心的基礎部份之一。網新恩普長期致力於人力資源社會保障和電子政務行業信息化建設和服務，經過十多年發展，已成為業界領先的行業整體解決方案供應商、開發商和服務商。隨著雲計算等信息技術的成熟，公司的人社業務也由原來的數據存儲中心向資源利用中心轉變，使人社信息系統更具感知、主動、精確、海量等「智慧」的特徵，使民眾和企業享受到政府更便捷、及時、人性化的人社服務，並有效促進政府職能轉變、加快服務型政府建設。

「互聯網＋交通」。網新電氣致力於成為綠色智慧交通行業裡的領軍者，以國家重點發展的高鐵業務為核心主業，向鐵路交通、城市交通等行業用戶提供智能化系統工程及服務。優勢業務包括高鐵信號系統、高鐵客服系統、高鐵綜合監控系統等。目前公司正積極探索「互聯網＋交通」，推動移動互聯網、雲計算、大數據、物聯網在交通運輸領域的推廣應用，利用大數據和智能化分析技術，為交通領域的客戶提升運營管理和決策水平，為民眾提供更人性化的服務。

「互聯網＋會展」。網新信息的智慧會展包括智能應用、智慧管理、智慧營銷、智慧布展和智慧服務五大方面。通過物聯網、大數據、移動互聯網等信息技術實現會展業的智能應用和智慧管理，同時通過與交通、公安、工商、衛生、質監等相關職能部門的信息共享和業務協同，根據智能化信息網絡掌握展位佈置、人群分佈、配套需求，科學監測和處理會展區域的觀眾數量、交通狀況、安保狀況等情況。

「互聯網＋園區」。我們結合利用物聯網、雲計算等新一代信息技術全面感知並整合全區的運行狀態，通過搭建數字化技術應用綜合信息集成平台，建立一套集網絡化、信息化和智能化為一體，以為人服務為中心，高效、節能的智慧園區。公司提供的智慧園區解決方案涉及物流園區基地、住宅綜合體、製造生產基地等多個不同業務領域，提供設計及實施等不同方面的服務。

「互聯網＋健康」。智慧健康是我們涉足的新興市場，公司致力於提供完整的智慧養老解決方案，包括移動醫療設備儀器、智慧健康管理雲平台和物聯網絡，其中智慧健康管理雲平台通過智能穿戴設備等各類終端系統採集使用者的人體生理參數、地理位置及環境信息，由雲平台實時監控並提供個性化的管理方案。公司還與地產機構洽談合作，運用網新的雲計算和健康運營平台能力，提供社區、居家、養老院和養老地產的全系列健康管理服務體系。

「互聯網＋社區」。我們的智慧雲社區「民情E點通」手機APP服務平台今年已經在杭州市上城區全面推廣，通過移動互聯網創新基層政府的工作方式和服務理念，搭建了一個集社區辦事、信息推送、鄰里交流、便民應用為一體的線上社區管理和服務平台，讓政府實時收集和掌握社情民意，讓市民隨時隨地享受各種服務。

「互聯網＋金融」。我們為昆明微交所量身定製了面向PC端以及移動端的互聯網金融（P2P）解決方案，為小微金融主體構建安全高效的投融資交易服務平台。

「互聯網＋零售」。我們為農夫山泉定製了桶裝水O2O在線銷售平台，助其業務升級轉型，實現更優化的客戶服務，提升競爭力、提升業務利潤；網新與中國煙草合作打造服務於全國五百萬家零售商戶的「中煙新商盟電商平台」，為街邊、社區的煙酒小店配送食品、日用品，打通服務居民的「最後兩百米」。

「互聯網＋公益」。我們聯合中國殘聯、浙江大學建立了面向殘疾人社會保障體系和服務體系的「中國殘疾人服務網」，服務網搭建涵蓋殘疾人就業、教育、維權、愛心捐助等的網上互動平台，還通過與淘寶開展「雲客服」項目合作，利用互聯網模式實現殘疾人網上居家就業。

「互聯網＋城管」。我們通過「貼心城管」APP平台，為杭州市城管委搭建第一座移動互聯網溝通橋樑，實現「全民共管」的城管新格局。

公司決定出資五億五千萬，分別購買網新電氣、網新信息、網新恩普、普吉投資四家公司的股權。從股權上看，浙大網新是對這四家公司實施了控制。從控制目的看，對前三家公司的用意是為了實施「互聯網＋」目的。不過，在對前三家公司業務歸類上看，實際也是此前公司一直在做的智慧城市業務與創新業務等，那麼，為什麼不將這些業務繼續在自己原有的十一家子公司、參股公司做，而需通過購置外部公司？

史烈：併購目的是實現業務的整合升級，完善我們ＩＴ全案服務商的產業佈局，通過併購協同效應，提升網新的贏利能力，同時也通過定向增發、募投為公司核心技術的研發與升級提供資金支持。這些公司的業務都具備通過物聯網採集數據和分析的內容，這樣一來，我們跟市民、跟每一個個體的聯結，就有了更豐富的通道，包括市民卡、各類ＡＰＰ、可穿戴設備、傳感器……這些多元化的連接既是流量入口，也在每天沉澱大數據。併購行為，實際是在大數據方面進行立體佈局。

智慧城市的基礎建立在城市海量數據的集成與整合之上，通過大數據分析，我們能幫助政府管理部門做出科學決策，提升智慧城市管理運營水平。之所以要採用併購的方式，這是網新快速獲取核心能力、快速擴張業務版圖的需要。值得注意的是，此次併購的公司，都是大網新體系內的公司，我們非常瞭解這些公司的經營班子，認可其管理、開拓業務的能力和未來發展的前景，同時，因為都是浙大系的科技公司，在企業文化融合上也相對輕鬆。

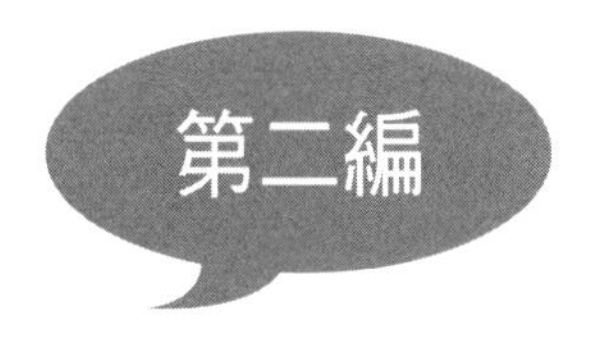

蝶變二〇一四

中國的「互聯網＋」模式或「移動互聯網＋」模式經濟，這一次成為全球最發達的產業模式。它們不僅促使部份中國製造的互聯網化，也洞開了一些全新的互聯網產業通路。儘管這一經濟模式僅僅聚焦於消費方式和消費產品，但也為下一步工業的經濟智能化打了一場前哨戰。

創維總裁楊東文：不要把互聯網想得太神秘

創維成立於一九八八年，涉及產品包括消費類電子、顯示器件、數字機頂盒、彩電、網絡通信、半導體、冰洗、3C數碼（數位）、LED照明等。經過二十多年發展，創維已躋身世界十大彩電品牌、中國顯示行業領導品牌和中國電子百強。公司現任總裁楊東文一九九八年加入創維，曾經不僅領導公司在二〇〇〇年實現香港主板上市，而且在CRT（Cathode ray tube）向平板轉型中，成功帶領創維集團彩電事業本部突出重圍，其打造的「酷開」系列家庭娛樂電視受到業內矚目，並為創維集團奠定了下一步硬件製造和「互聯網＋」模式融合的發展基礎。

二〇一四年，五十歲楊東文和二十六歲的創維集團，站在了傳統家電與互聯網的十字路口。

這一次，楊東文遇到的對手，既不是索尼，也不是海爾，而是一群以樂視、小米、愛奇藝、阿里巴巴等為代表的彩電行業門外的「野蠻人」，他們正以智能電視的角度切入家電行業。

二〇一四年是楊東文在創維的第十四個年頭。兩年前，他升任創維集團總裁，正式成為這一家電企業的掌舵人。財務出身、對數字極為敏感的楊東文發現，整個產業和對手，都發生了前所未有的變化。

根據創維在香港交易所發佈的二〇一三全年業績，創維仍然是國內彩電市場的老大。但是，儘管公司營業額和毛利分別實現增長為百分之四．四和百分之三．〇，但全年淨利潤卻同比減低百分之十六．五。楊東文很清楚，隨著樂視電視、小米電視等相繼推出，互聯網企業以黑馬之勢殺入家電領域，確切地說，這一次衝擊甚至可能毀掉包括創維等在內的傳統家電企業的老底。

過去，在彩電領域的比拚，競爭者只是在分食蛋糕的大小，但不會將整個蛋糕打碎或搬走，但跨越領域而來的革命者則不然，他們可能直接通殺所有傳統產業中的公司。

樂視、小米以「不靠硬件賺錢」的方式強勢殺進來，家電行業的老公司完全不知道這一戰會演繹到何種程度。二〇〇〇年的家電價格戰還有跡可循，有線可守，但這一次，楊東文說，他甚至想過這些互聯網企業：「下一步極有可能採取直接免費送電視機的方式。」

楊東文的擔憂，絕非聳人聞聽。只要找到足夠好的軟件和服務的商業模式，互聯網企業就敢把硬件成本無限制壓低。楊東文不想坐以待斃，而是謀求主動進攻。

二〇一三年九月十日，楊東文和創維實驗性地跨出了邁向互聯網的第一步。在與阿里巴巴聯合舉辦的發佈會上，創維攜手阿里巴巴推出了酷開系列智能電視，最低售價一九九九元。這一價格，已接近了產品成本最底線。對於一向以利潤為考核目標的創維來說，這是一個無奈的決定。

和阿里巴巴合作前，楊東文曾試圖對小米智能電視負責人王川表達過合作意願，但由於小米的模式沒有給硬件產品留下足夠的利潤空間，雙方沒能走到一起。

結果是：小米電視以兩千九百九十九元價格推出，而創維隨後把價格拉低至一九九九元。現在，創維和小米彼此成了死敵。

在接受我的訪談時，楊東文告訴我，既然那些互聯網公司只想獨食，而不願和創維合作，那麼，他倒要看看，是創維會贏，還是他們會成功？

製造要融合互聯網

一說到互聯網，大家都會認為傳統製造業會被互聯網整合掉、消滅掉，雷軍和董明珠年初（二〇一四年）的那場十億對賭，誰會贏？

楊東文：雷軍和董明珠的十億對賭，其實就是在爭論誰整合誰、誰終將滅掉誰的問題。從我的角度理解以及創維的實踐來看，我想對製造業的同行說，不要把互聯網想得太神秘，我們和互聯網的關係沒嚴重到你死我活的地步，相反，它只是我們製造業轉型升級可利用的思維、模式和渠道。

現在很多人談互聯網思維，從製造業企業角度，有沒有先去想兩個問題：所謂的互聯網思維怎麼和我們有關？它對我們到底改變了什麼？

舉一個實體型產業和互聯網結合的例子，深圳有一家叫「壹點壹客」的蛋糕店，一開始是幾個年輕人租用一個廠房搞起來的，他們銷售的方法，不是傳統的門店模式，而是搭建了一個網站，把蛋糕通過這個網站賣出去，據說去年的銷售額就做到一個億，而且蛋糕口味也不差。相比之下，那些抱著傳統門店模式不放的蛋糕店，日子一天比一天難過。舉這個例子什麼意思？可以看到，這家蛋糕店的本質還是實體，只是利用了互聯網思維、模式、渠道來做實體，但這樣的做法，難道其他傳統蛋糕店學不會嗎？

我認為，實體企業，尤其是像創維這樣的家電製造企業來說，首先是要在產業中繼續深耕，其次可以利用互聯網思維來補充企業的發展方式。這兩個戰略是相輔相成的，沒有符合用戶需求的好產品、創意產品，即使嫁接互聯網思維，也只是趕時髦，並不能真正讓企業產生現代競爭力。

去年（二〇一三年）雙十一購物節期間，創維在電商領域的新品牌「酷開」，在二十四小時之內銷量達到五萬六千兩百七十二台，並創造了電子商務網站上LED智能TV銷量的吉尼斯紀錄（Guinness World Records）。這個產品為什麼會創造這樣的業績？主要得益於兩個因素，第一是製造，我們將這個產品定義為「互聯網＋電視機」模式，而這一模式的背後，實際上蘊含了我們的顯示技術、芯片技術、外觀設計以及互聯網應用技術等製造基礎；第二是電商渠道，我們和阿里巴巴深度合作，通過淘寶平台進行互聯網渠道銷售。「酷開」的成功，證明「製造」還是製造企業之本，而引入互聯網發展方式，則是使「製造」與時俱進。

除了影響「製造」之外，引入互聯網發展方式後，這對傳統的管理方式催生改變究竟體現在何處？

楊東文：我認為主要集中在三點：價格管理、庫存管理和供應鏈體系改造。

家電製造企業最煩心的就是價格戰，各企業所掌握的技術雖然有差異，但只要將產品在市場上投放，對手很快就會學習，隨時有被超越的可能，怎麼辦，只能靠成本管理，要麼控制上游資源，要麼在內部搞成本控制。而在互聯網時代下，網上購物是消費者的重要形式，於是各企業都要去開通電商渠道，但問題是，把線下產品搬到對價格更敏感的線上，一方面要面對線上價格戰，還難以平衡線下經銷商的利益。

互聯網發展方式下，為了規避價格，最好的辦法就是為互聯網渠道開設一個品牌，創維的「酷開」就是這樣產生的，這個新品牌和我們線下渠道沒有關係，也不和傳統競爭對手去比較，它是和樂視、小米等新興的互聯網新貴對手做競爭。「酷開」好不好，去年雙十一的表現已經有了證明。

除此，還對庫存管理起到優化，並對供應鏈體系發生前所未有的挑戰。過去在線下的競爭中，儘管我們有銷售預測，但無法準確統計，現在上了互聯網之後，就不存在去庫存一說，我們可以用網上的數據分析來指揮我們的生產響應。但是，正是由於渠道互聯網化後，我們的生產模式，從內部的計劃生產變成了隨時待命模式。線上銷售有一個特點，就是可能會在某一個時點上突然出現爆發式的需求量，去年為了應對雙十一，我們實際準備了六萬台「酷開」，之前通過網上數據分析，知道了可能會發生這個量，預先加緊了供應鏈管理，但這輪下來後，我們內部深刻感受到，互聯網思維改變了我們平時的計劃生產習慣，好在，我們挺過來了，接下來在供應鏈體系的應急能力和資源配置上，創維將研究新的策略。

從黑電反攻白電

從標清到高清，再到如今的4K（超高清）和互聯網電視，電視機領域的發展幾乎每隔兩到三年都有一個顛覆變革，從創維角度，怎樣才能始終抓住變革機遇，並保持行業領先？

楊東文：我曾說過，創維是從死人堆裡爬出來的，為什麼這樣說？創維生產電視機的時候，中國差不多已有幾百家企業在生產，且有很多電視機都是名牌，比如上海的凱歌、金星、飛躍等，但最後是創維活下來了，而那些品牌卻消失了。創維活下來的關鍵是，我們一直在關注和研究產業和技術的發展趨勢，幸運的是，我們每次都很好地把握了機會。

的確如你所說，電視機產業現在每隔兩到三年都有新的發展。我記得，到液晶電視機開始流行後，一度被視為趨勢的背投式電視機還沒有站穩腳跟，就慘遭淘汰，緊接著，又從準標清一下子過渡到高清，現在又到了４Ｋ時代。創維在這一產業變革中，到底如何把握自己？我以為，主要是認清趨勢、適應趨勢。

所謂趨勢，就是即將發生的事情，不改變現狀就意味著要被淘汰。就電視機而言，目前趨勢有兩個方向，一是顯示技術，二是互聯網應用。

顯示技術就是從標清到高清，再到４Ｋ（超高清），創維是第一家通過國家４Ｋ認證的企業，也被行業內叫為「４Ｋ之父」，目前創維４Ｋ累積市場佔有率在百分之四十二·四，說明我們把握了趨勢節奏，並做到了領先。

至於互聯網應用，我們在內部建立了一支兩百多人的互聯網團隊，他們不僅搞出了「酷開」這個專注於電商渠道的子品牌，而且也將各種互聯網應用，植入到創維各系列產品中，因為現在對於電視機的理解，不僅僅是看電視，還要上網、社交、購物、遊戲和娛樂，去年雙十一的時候，我們的銷量在淘寶上創下吉尼斯紀錄，說明我們同時也把握了這一趨勢。

在你個人出版的《沉澱是金：我在創維這十年》的書上，不僅系統介紹了過去十年創維的發

展，同時也提到創維應該向海爾學習。而按照創維目前的能力和發展，未必輸給海爾，創維是否今後還會以海爾為標竿？

楊東文：提出學習海爾，並不意味著我們很差。創維有一個企業文化，就是在不同階段，就自己的短板，對標選擇標竿企業學習。我們最早提出的學習對象是韓國三星，一度提出要做中國的三星，後來發現，三星業務龐大而多元化，不適合我們創維，但是三星的技術，對產品研發的重視，以及品牌投入，給我們很多借鑑和營養。

後來，我們重點研究了海爾，提出向海爾學習，學習他們的訂單模式、產品創新、供應鏈管理，尤其是他們的相關產業多元化，啟發了我們最終決定要進軍白電（白色家電）領域。我們注意到，全球任何一個家電製造業要做五十年，甚至做一百年，都不是拘泥在一個細分產業中，肯定要進行相關多元化。

從創維戰略架構上的彩電、機頂盒和液晶模組，以及白電等四個業務板塊來看，實際是一個「3＋1」的戰略，如果說像彩電、機頂盒和液晶模組是基於創維傳統的製造資源，但切入白電市場，是否已經太晚？為什麼不像格力那樣，繼續專注一個專業領域，也能做大做強？

楊東文：首先，全球任何一個具有市場地位和優勢能力的家電企業，戰略上都是「黑白（黑電、白電）聯動」，這是規律也好，是家電企業必經之路也好，總之，創維已經想了很久，並不是拍腦門決定的。

創維為什麼不是一開始或者早一些進入白電領域呢？因為我們還沒有在黑電領域做到更好，現在我們認為時機已經成熟，公司可以試水白電。

另外，來自我們的經銷商渠道的需求，我們原來的銷售網絡是單一為彩電產品設置的，現在全國有四十一個分公司，兩百零六個辦事處，他們希望創維能夠豐富產品線，加入洗衣機、冰箱等產品，充分發揮渠道的優勢。

我們進入白電領域用什麼策略，形勢如何？我們的策略是農村包圍城市，先在縣級城市做，逐步轉戰大城市。目前，形勢對我們非常有利，以冰箱為例，我們二〇一一年初建立工廠，三月份後開始量產，當年就賣了二十七萬台，二〇一二年賣了七十七萬台，去年更是突破一百二十萬台。現在看來，發展速度不錯，既然做了這件事，創維就會下大力氣配置資源。

內生性互聯網思維

「製造＋互聯網思維」模式，是創維的產業發展戰略，解構後發現，創維實際是走了外部合作和內生性互聯網兩條路。在外部，是和阿里巴巴合作；在內部，則是推出了「直通好萊塢」的互聯網付費頻道，在這種互聯網思維導向下，創維未來還是一個生產型企業嗎？

楊東文：關於和阿里巴巴的合作，有兩個方面，第一，我們推出的「酷開」是互聯網電視，從本質上，它和當前的很多互聯網電視機的對手一樣，都基於互聯網來收看電視，並滿足消費者的各種互聯網行為；第二，這款電視機硬件上，不僅有3D功能，而且集中了內置雙頻WI-FI等創維的大部份技術優勢，在軟件上，是將我們獨立的應用系統搭配阿里雲OS系統的組合式開放平台。我想，消費者自己可以去做產品比對，創維產品好在哪裡，我不用多說。

至於創維是否改變自己的製造型企業屬性，改向軟件內容供應商，我想，外界是因為我們推出了「直通好萊塢」的互聯網付費頻道，而引發的猜測。「直通好萊塢」目前是我們的試點，消費者只要購買我們的電視機，開機就有這個頻道，我們的初衷是，希望用「傳統＋互聯網」的結合模式來創造新贏利點，還沒有想得更遠。

「直通好萊塢」的創建，是我們受美國付費頻道HBO模式啟發的結果，沒有想到，運營下來不錯，去年突破了三千萬銷售收入。我想，隨著這一新業務的繼續發展和對利潤的貢獻加大，創維未來的發展戰略也一定會有新鮮內容。

在創維內部有一個叫「巷戰」的項目組，它是鼓勵小微經銷商開設社區門店的特色營銷部門，這是否模擬了格力的做法？目前這一模式的門店全國有多少？這些「巷戰」門店，每年為創維貢獻多少收入？

楊東文：互聯網行業的人會認為，線上會滅掉傳統零售，社會零售將全部變更為線上，但我認為，人的消費行為是多姿多彩的，不可能所有消費行為都發生在網上或者網下，也正因如此，會產生不同的終端和渠道。比如按消費距離劃分，人們也會就近到樓下的社區零售店；按體驗劃分，也會專門到遠處的商店。

我們在開發電商、互聯網渠道的同時，也同時發現，社區門店對於家電零售來說，還是一個很大的市場空白。因此，我們以社區的街巷為單位，開闢了新的渠道，這和格力自建門店模式有本質區別。這些門店，有些是家電維修店或者小家電的小型售賣店，我們整合了這一社會資源，向他們開出加盟邀請和牌照。

截至去年底，創維的社區店在全國已經有三千七百多家，從回報上看，還是比較滿意的，二〇一二年銷售額為二十五億，佔整體銷售額百分之八，而二〇一三年為三十五億，約佔整體銷售額的百分之九。

現在，很多電器公司找我們合作，要求銷售和代理他們的產品。我們正在考慮升級這種社區店，朝社會化、開放化，甚至獨立零售品牌的模式轉移。其實，社區店模式和當今的互聯網碎片化模式很接近，它滿足了消費者隨時隨地的消費和服務的需求。

關於創維A股上市。此前創維準備借殼華潤錦華，但遭否決，原因是和公司創始人黃宏生經歷有關。那麼接下來，創維是否會繼續堅持上市征程？

楊東文：關於A股上市，我們做了五至十年規劃。我們是一家香港的上市公司，但國內市盈率倍數、融資能力都很有優勢，同時創維又有良好的資產，我們希望是分拆上市，最早想走IPO，但很困難，只能借殼。正好上市公司華潤錦華要退出紡織行業，我們希望通過對華潤錦華資產重組，實現借道上市，但因為在公司實際控制人的認定上，存在意見，我們暫時被否，但是我們進入資本市場的大門並沒有關掉，我們現在正在和股東、華潤錦華、會計和律師事務所等相關利益單位進行溝通，研究新的方案，選擇適當時機，再爭取上市機會。

上海華誼董事長劉訓峰：做產業組織者

上海華誼（集團）公司前身是上海市化學工業局，一九九五年十二月二十八日改制為上海化工控股（集團）公司，一九九六年十一月再與上海醫藥局聯合重組改制為上海華誼（集團）公司。其所屬全資和控股企業有雙錢股份、華誼能源化工、上海氯鹼化工、華誼精細化工、華誼丙烯酸、上海天原等二十多個子公司，其中雙錢、氯鹼、三愛富三家單位為上市公司。

新的歷史階段，要求新的思維方式、方法和系統，而那些過時的機制很少再能沿用下去，大多數需要更換新的理念。

中國的企業，尤其是國企，已進入再次變革的新時期。從新一輪國企改革中包括的分類監管、層次監管、投資經營體制改革、放寬市場准入、發展混合所有制經濟、股權激勵，以及市場化聘用制度、薪酬、員工持股等內容看，都涉及對原有思維方式、方法和系統的顛覆。

自二〇一三年十二月十七日發佈國資國企改革意見「二十條」以來，上海市的國資改革在二

〇一四年明確提出國企公司制改革時間表。其中，由董事長劉訓峰領銜的上海華誼，位列上海國資改革的六大試點集團之一。上海華誼是一家擁有五百多億資產規模的上海國企，接下來朝什麼方向變、怎麼變，不僅牽動整個上海化工的發展，也影響到上海國資改革。

事實上，對於上海華誼來說，市場化並不陌生。上海華誼的前身是上海化學工業局，一九九五年改制為上海化工控股（集團）公司，也就是從這一年開始，行政事業屬性徹底轉向了企業制，第二年，又和上海醫藥局聯合重組成上海華誼（集團）公司，「華誼」二字也由此得名。但是，從「凱恩斯模式」轉向了市場化的整個過程，上海華誼卻付出了二十年的時間成本。這二十年意味著什麼？意味著巴斯夫（BASF SE）、杜邦（DuPont）等跨國公司，在中國已深耕扎地，也意味著像方大化工、盤錦和運等民營化工由零崛起，再到如今成為「一方權威」。

現在，劉訓峰希望借助新一輪國企改革，能將企業完全市場化、管理信息化、資產證券化，以期上能挑戰跨國公司、下能應對民營發起的競爭，並提出將上海華誼的戰略佈局從上海拓展至全國，同時開闢出國際化路徑。

但，這家上海化工航母，是下轄三愛富、氯鹼化工、雙錢股份等三家上市公司，業務領域涵蓋煤化工、丙烯酸、塗料、輪胎，甚至還有鞋業、製皂等多個化工相關業務的龐大集團公司，在整體性推進變革中，究竟如何顛覆傳統思維，並實施有效改革？

在二〇一四年初接受我拜訪時，劉訓峰向我表示了他的策略：上海華誼將加快從上海移向全國，同時實施「製造＋服務」的雙核驅動策略。按照他的說法，上海華誼今後不僅生產，而且會滲透到化工行業中的每個服務鏈環節。看起來，上海華誼要走微笑曲線之路。

「製造＋服務」雙軌模式

在國家啟動新一輪國資國企改革之前，上海華誼作為身處完全競爭性行業的企業，早在二〇一〇年就被上海國資委列為第二批改革試點企業集團之一，進行過市場化探索和推進。其主要改革方向是什麼？

劉訓峰：總結起來，一是重新規劃和部署公司新的戰略和策略，二是在集團內部實施多種混合所有制模式的市場化。

戰略思維上，我們打破地域思維，提出和構建了「一個華誼，全國業務」的發展格局，在有資源、有勞動力、有市場優勢的外省市佈局，建立大型、一體化生產基地，不僅使位於上海的集團總部集中精力於微笑曲線的兩端——技術和營銷，同時也幫助外省解決當地就業、創造當地稅收；在戰略對象上，我們打破過去僅把業務停留在「製造」這一傳統思維，首次把戰略切入到化工服務，提出立足於化工產業的「製造＋服務」的「雙核驅動」業務發展模式。

二〇一三年底，上海出台國資改革的新二十條《意見》，我覺得重大價值在於，第一次對國資系統內的企業進行三大分類，如競爭類、功能類、公共服務類，從戰略管理角度，這就是給企業進行市場定位，明確自己到底做什麼，實現什麼樣的目標。上海華誼歸於競爭類，那麼，我們的目標就是，以企業經濟效益為最大目標，兼顧社會效益，成為國際國內有競爭力和影響力的企業。

這輪國資國企改革最大亮點就是發展混合所有制經濟。上海華誼改革到什麼程度？

劉訓峰：我們這幾年早就在做這件事。我們內部幾乎各種所有制經濟模式都有，比如有員工持股的企業、中外合資合作的公司、民營參股的公司、央企持股的公司，也有我們向民營收購和兼併的公司，接下來，這種混合所有制模式還會繼續推進。

我認為，上海華誼要做強做大，乃至實現國際化和進入全球五百強，需要開放的心態，讓有能力、有資源的合作者進來，吸收先進技術和共同發展市場。

舉一個例子，很多人質疑我們好不容易把回力從米其林手裡要回來，為什麼現在又和米其林合資？不合資，我們也可以做，只是我們十年沒有涉足過轎車輪胎，我們需要重建生產線、重搞技術研發、重建營銷網絡，但這些「工程」的時間成本、市場成本都是巨大的，現在我們和米其林是合資，我們控股，這樣解決了過去困擾已久的糾葛，變成雙方資源、技術、市場的整合。試問，沒有開放的心態，回力即使被我們要回來，何年才能重新出山？

這輪國企改革中，很多國企將直接市場化，過去向政府要政策、要資金的做法不可能再有，因此，競爭性企業到底能不能生存和發展，一定是市場說了算。

從上海華誼角度，我在集團內部說，把上海新二十條《意見》中提到的「上海要出五到八家具有國際競爭力和品牌影響力的跨國集團」作為目標，如今我們處於第二梯隊，我們生存在一個夾心競爭市場中，我們上面是央企、跨國公司，下面是民營企業，唯一的競爭策略就是，要用成本和服務能力應對央企和跨國公司，要用核心技術能力應對民營，同時也要加強與他們的戰略合作。

切入產業相關服務鏈

上海華誼把企業戰略從上海移向全國，最大亮點就是提出了「製造＋服務」的雙核驅動策略。那麼，何謂上海華誼的化工服務？

劉訓峰：「雙核驅動」模式是我們在二〇一〇年提出並實施的發展策略。先談製造驅動。需要強調的是，上海華誼的雙核驅動是平行的驅動，不是「切入到服務，製造就不重要了」，製造仍然是上海華誼之本。

現在一談到化工業轉型，總是喜歡提到新型化工，但什麼是新型化工？以甲醇為例，這個化工產品其實一直在傳統化工製造業中生產，但它現在又是一種新型能源，我們不能把生產甲醇的企業都叫做新型製造，要看企業是否用了先進的技術、流程和管理在生產。基於這種認識，我認為上海華誼的製造驅動，既有從上海到全國的市場地理位置的轉變，也有流程、技術和管理的更新優化和升級。

再談服務驅動。我們實施的是與化工領域相關的服務業務的驅動，和化工業務沒有關聯的服務，我們不做。我們這幾年打造了九大基於化工產業的服務平台公司，涉及化工貿易、物流、工程、金融、信息等領域。

另外，我們研究了包括巴斯夫、杜邦等跨國公司的成長規律，發現一個化工企業要做大做強，業務上一定不會侷限在製造，肯定會構建貿易、物流等相關服務鏈。上海華誼要發展，就要遵從市場規律。

基於化工產業的服務平台，如何為集團創造價值？它們將來如何走向？

劉訓峰：雙核驅動策略的本質，是將上海華誼完全導向市場化。比如在貿易上，我們打破了過去只銷售自己產品的傳統做法，把貿易推向了市場化，我們不僅賣自己的產品，還通過在國際、國內兩個市場組織資源，銷售非自產產品。截至去年，這方面的業務收入已佔整個集團收入的百分之三十。同樣，我們在工程、信息服務上，也和貿易一樣的市場化，現在工程業務每年為集團創造十五億銷售收入，而信息業務也有百分之五十的銷售收入來自外部市場。

九大服務平台公司如能繼續做大規模、做強市場，不排除會將他們從集團分拆出去，並進行完全獨立化運營。

作為集團內「製造＋服務」的雙核驅動的載體，為什麼是天原化工公司，這家子公司對集團價值如何體現？

劉訓峰：天原化工是上海本地傳統的民族企業，也是中國第一個氯鹼廠，迄今有八十多年歷史。為了資源優化，我們對天原化工實施了重組，轉型為現在的「新天原」，策略就是「物流＋貿易」的物貿聯動模式，使傳統的民族品牌煥發了新活力。

從目前的結果來看，「新天原」為集團打開了市場化的前景。沒有實施轉型和重組之前，它的銷售收入一直徘徊在十五億元左右，而到二〇一三年已超過一百億元收入，而且其收入並非來自集團內部，完全是市場化獨立運營所致。作為我們的最大試點，「新天原」的成功，說明我們實施雙核驅動的市場化之路走對了。

統一企業內部語言

上海國資委二十條改革《意見》中，第十五條特別提到了「提升企業管理水平」，上海華誼在「提升企業管理水平」中，主要變革是什麼？

劉訓峰：進入改革大名單的國企都具規模化，管理改革首先要解決的是管控，而管控主要來自信息化語言。我們這幾年推得最多的就是以信息化水平來拉動集團管控水平。具體來說，有兩條原則。

第一個原則，集團內部要講同一種語言。我們平時一直說要管理制度化、制度流程化、流程信息化，可我們為什麼還是難以管控？因為每一個企業講的是方言，包括自己的財務系統、自己的採購系統。

我和一些跨國公司領導人在溝通的時候，對企業信息化管控感觸最深。為什麼跨國公司運營能夠高效，為什麼一旦實施兼併收購時，能夠有條不紊，並且鮮見失敗？原因就是，他們能把信息完全連在一起，講一種語言。

比如財務管控，上海華誼旗下公司有上百家，過去在財務數據對接中，很多分公司、子公司不能同步、同接口，他們使用的財務語言中有用友、有浪潮，信息接口完全不對稱，使得集團管控根本無法實施，現在我們全部用ＳＡＰ，把語言系統完全統一起來，讓大家說一種語言，提高了集團的管控能力。

第二個原則，企業做任何事情都要有痕跡。過去，我們很多企業的決策行為沒有痕跡可查，出了問題也不知道在哪裡，但信息化可以保證任何決策都可追溯。

除統一財務語言之外，管理信息化還包括哪些內容？

劉訓峰：比如辦公自動化系統，我們現在用的是OA（Office Automation）加E-mail的系統，保證我們即使在出差的時候，所有文件都可以看到，提高了管理時效。

我們還啟動了人力資源管理系統，把旗下公司所有的人才招聘、錄用、培訓、資料、績效薪酬等管理環節，全部放到一個平台上，確保人力資源管理的科學化、精細化。還有，我們從去年開始啟動了集團的ERP（Enterprise Resource Planning）項目，定義了兩百五十八個標準業務和管理流程，通過這一系統，旗下的氯鹼、焦化、天原公司的業務標準化率分別達到百分之九十五、百分之九十三、百分之八十七，可以說，這一體系開通後，我們的管理才算真正走上新的台階。

這輪國企改革，特別強調的是釋放國企的活力。而活力來源，首先是釋放人的活力，上海華誼有一個叫「1＋X＋Y」的激勵機制，具體如何運行？

劉訓峰：國企很大的問題就是動力問題，怎樣使國企的領導和員工都有動力，也未必只有給股份這樣的方法，我們這兩年推動的就是下屬企業經營團隊「1＋X＋Y」考核激勵機制，其中，1就是基本薪，X是考核薪，Y是激勵薪，就是創造業績的增量。

「1＋X＋Y」激勵機制的本質是，鼓勵經營團隊為企業創造價值的同時，也獲得相應的回報。我想，這種激勵方式由於目標明確，獎罰分明，就能激發企業內在活力和動力。

盤活資產再謀上市

在上海改革《意見》中第五條，特別提到推進國企整體上市。上海華誼其實一直在朝這個方向努力，最早的時候是在二〇〇八年，當時是試圖通過旗下上市公司三愛富買入上海焦化，但未被證監會通過，現在回頭看，到底為什麼沒有成功？

劉訓峰：當時通過上市公司三愛富買入上海焦化，主要是為了把三愛富的主業從單一的氟化工，轉變為大型煤化工、氟化工企業，並成為上海華誼煤基多聯產業務上市平台，走出整體上市第一步。但是，由於正好同時遇到金融危機和行業週期，上海焦化業績出現了大幅下滑，另外也涉及關聯交易過大，因此被否決。

在接下來的集團改革中，是否還是依然通過三愛富併入資產，還是將旗下另外五家非上市公司資產合併，爭取整體上市？

劉訓峰：目前不會這樣考慮。我始終認為，上市是末，經營是本，其實資本市場接受的是有盈利和有成長動力的資產。

現在，很多企業都在朝上市方向努力，大家都希望到證券市場馬上把錢拿回來，也出現了一些違規事件。我們認為，與其花費大量時間研究上市，還不如把企業弄好，只要企業持續盈利，有好的資產，並且誠信，資本市場自然會接受你、自然會搶你。

五家非上市公司儘管合計淨資產超過一百億，但彼此贏利能力差異很大，接下來，哪些會賣出、哪些會混合股權、哪些會繼續自己持有？

劉訓峰：通過資產梳理，我們要把優質資產和贏利的資產，逐步歸起來，可能會組建一個「華誼股份」。至於無效和不良資產，我們會實施清算和重組，比如有些會直接剝離，有些會引進戰略投資進行重組或者合資、合作。我們希望把那些優勢資產培育好，最後才會考慮走到資本市場中去。現在，我們需要的是時間。

華住董事長季琦：以O2O2O修訂O2O

華住酒店集團前身為漢庭酒店集團，由季琦在二〇〇五年創立，是國內第一家多品牌的連鎖酒店管理集團。公司於二〇一〇年在美國納斯達克成功上市後，得到迅速發展，通過旗下七個酒店品牌，在中國超過兩百八十個城市中擁有一千八百多家酒店和四萬多名員工，目前，該公司位列全球酒店排名第十三位，BrandZ中國品牌一百強。

整整一個二〇一四年，無論是互聯網，還是傳統製造、貿易、金融、交易、零售，幾乎所有的行業、企業都試圖O2O。有趣的是，有些企業甚至連O2O的概念都沒有弄清楚，就被這股潮流席捲而前。

如同C2B、B2B、B2C、C2C概念一樣，O2O的概念也不是中國人提出，還是來源於美國，並不是有些國內專家提出的——源自「中國互聯網企業的自發明」。二〇一一年八月，一個叫Alex Rampell的美國企業家在分析美國Groupon、OpenTable、Restaurant.com和SpaFinder公司時，發現了他們有一個共同點，就是四家公司的商業模式，既不是單一的線上，也不是單一的線

下，而是整合線上線下的商業發展。於是，Alex Rampel將這種商業模式定義為「線上—線下」（Online to Offline）商務，並簡稱為O2O，這樣就可以和B2B、B2C等商業概念一起，說得清、道得明。

三年之後，這個概念卻在中國被完全消化，並得到實踐。但實際上，O2O在中國被廣泛運用開來，是在消費領域，互聯網企業和線下傳統企業為了彼此減少商業衝突，在優勢互補中謀求共贏所致。

現在，O2O對於過去單一的「線上—線下」（Online to Offline）有一個新破解，其增加了「線下—線上」（Offline to Online）、「線下—線上—線下」（Offline to Online to Offline）、「線上—線下—線上」（Online to Offline to Online）三個新的方向。另外，由於移動互聯網完全進入大眾生活消費，因此O2O將直接改變每個人作為消費者對生活服務類商品的消費行為，從而使作為消費者的每個人的生活理念從「為產品而消費」改變至「為生活而消費」。

O2O是移動互聯網經濟下的產物，但不會是一個終止符號，在時代變遷以從未有的節奏加速，並成為一種新常態下，有「創業教父」之稱的季琦，如何帶領華住酒店集團適應新的需求和競爭，將是其下一輪大考。

季琦有一個夢想，就是要讓華住酒店集團成為一家「世界級的住宿業領先品牌集團」。但是，面對包括O2O在內的各種商業思維的更替，以及中國經濟進入低增長的趨勢，已經人到中年的季琦，路並不好走。

從百度、阿里巴巴、騰訊三家公司做大做強的角度，季琦告訴我，「中國製造」轉型方向是在「中國服務」，因為過去的「中國製造」是低工資的中國人為全世界製造廉價產品，而「中國服務」恰恰是富裕起來的中國人讓自己的生活更美好，而且能培育出強競爭力的公司。另外，在就當下O2O路徑上，季琦提出了另一個像數學等邊三角形模型的概念——O2O2O。

一個明確的現實是，不管用什麼戰略思維、策略動作，華住酒店集團要想成為一家世界級別的酒店，季琦必須先勝過自己創立的第一家經濟型酒店集團如家，根據二〇一三年財報，儘管從營業收入和淨利潤的絕對值上，華住酒店集團分別以七億三千零三十萬美元和五千一百三十萬美元次於如家，但兩者的增幅，則分別以百分之二十九．三和百分之五十八．六，遠超如家。但是，如家在二〇一四年後，啟用了新標誌，並在推出「網上自助選房」這一全新的移動服務基礎上，意圖打造「互聯網化＋年輕化」的戰略。因此，整個經濟型酒店產業，已經進入到一場新的競爭。

鎖定中下層消費人群

作為連環創業者，你曾經締造過三家納斯達克過百億市值的上市公司，究竟是個人努力的結果，還是時代賦予的運氣？另外，下一步的商業方向是什麼？

季琦：我創立過三家市值過百億的納斯達克上市公司，媒體稱我為「創業教父」。對於這個名稱，我真是誠惶誠恐。我經常調侃自己是「運氣好」，但這種運氣是由於時代賦予的三大「紅利」所創造的。

每一個時代都有自己的主旋律。改革開放初期，中國的各項生產要素由於受制於長期限制和束縛，產品、商品和服務幾乎都是空白。企業家就像在一片原始的土地上開墾，資源豐富。這就是「制度紅利」。

另一個推手是「全球化紅利」。隨著互聯網的發展、冷戰思維的結束，全球經濟實現一體化。技術、人才、資金、品牌等關鍵生產要素，不再侷限在某個國家、某個地區，而向發展更快、機會更多、利潤更高的地方流動。無疑，中國是其中最大受益者。我創立的三家上市公司，都是靠國際資本來完成初始投資。IDG、鼎輝等VC、PE與天使投資人的資金都來源於全球各地。我們選擇上市也是在美國的納斯達克。

最後，就是「人口紅利」。它滋養出了「中國製造」的盛況，不過它卻受到詬病。「中國製造」雖然解決就業、帶來外匯儲備和造就富裕的企業主，但是廉價勞動力、低廉土地、稅收優惠等低成本優勢難以維繫；同時，粗獷的發展模式給環境帶來極大破壞。因此，我們這幾年一直在談「中國製造」要升級轉型，方向在哪裡？

我第一個提出「中國服務」的概念，主張「中國製造」轉型方向是「中國服務」。價值何在？

首先，基於人口基數。目前城市化人口超過三億，跟美國的總人口差不多。未來中國城市化達到百分之五十以上，城市人口將會超過六億。我們會形成一個全球最大的消費大國。這會帶動世界上最大的服務業產業鏈。

其次，從業主體會多元。有酒店的服務人員，也有寫字樓裡西裝革履的律師；有開網店、開餐館的小企業主，也會有創業公司的CEO和投資人。「中國服務」會給社會各階層帶來相適應的新收入。

再次，對環境友好。對於能源、土地等資源性生產要素消耗不大，緩解製造業對環境的影響。有一天，我們也許可以像歐洲、像美國一樣，青山綠水，空氣散發著甜甜的味道。

最後，避免貿易摩擦。「中國服務」成為新經濟後，不用看美國人的眼色，不隨歐洲的潮流，不擔心關貿壁壘和人民幣升值問題。

實際上，過去的「中國製造」是低工資的中國人為全世界製造廉價產品，而「中國服務」恰恰是富裕起來的中國人讓自己的生活更美好。因此，「中國服務」釋放出的價值遠大於「中國製造」。

在中國經濟進入低增長、緩增長的趨勢後，服務型企業要想成為世界級的企業，基礎何在？

季琦：在「中國製造」進入低增長、緩增長拐點後，服務型企業卻有機會成為世界級的企業。比如騰訊、阿里巴巴、中國移動和中國工商銀行等，都是此類榜樣。

現在問題是，服務業怎麼做大？我認為，重點是大眾消費。根據陸學藝《當代中國社會階層研究報告》，我整理過一張中國各階層的比例圖表，在「金字塔」中，居於百分之七十二的中下層是中國的消費主體，如果算入上下移動的百分之三至百分之四的高層，這部份人群就是我們服務的對象。

該結論讓我想到自己的酒店行業，漢庭的主要消費對象不僅涵蓋了工人、農民，也包括大學生、公司中等管理層等商服人員。隨著最低工資的提高和一線勞動力的緊缺，未來這個人群的收入上漲還會繼續，這將進一步提高他們消費漢庭這類經濟型酒店的比例。

這樣的社會結構在未來的十年、二十年會有大的變化嗎？我相信，即使在我有生之年，都不會發生大的改變。首先，要大幅減少貧困線下的人口，就不是一件容易的事情，另外，消費升級會不會導致品牌向高端轉移？答案更加清晰：要讓百分之七十二的人過上歐洲人的富庶生活，對於像我們這樣的發展中國家，可能還要相當長的時間。

大眾消費一定是消費的主流。這群客戶對於價格非常敏感，成本領先的企業將會更有前途。有人概括「中國製造」的特點是「Good Enough」，「中國服務」的特點也是如此。在大眾市場上，速度是關鍵，市場佔有率是關鍵，基於低成本的「Good Enough」將會大行其道。

看一看馬雲的淘寶，就是抓住了大眾消費的典型特徵：一是人口基數大；二是價格敏感。另外，QQ和微信也是同樣的邏輯在起作用，基於大V和菁英的微博卻逐漸冷落下去。在中國，誰抓住了佔人口絕大多數的中下階層，誰就拿到了成功的金鑰匙。

做出讓用戶尖叫的產品

進入二〇一四年，大部份經濟型連鎖酒店都大打「年輕化」，這是否意味著，行業目標人群出現結構性變化，而誰能獲取這一人群，誰就能有更大的勝出機會？

季琦：包括酒店在內的服務業，現在面對非常明顯的特點是，八〇、九〇後消費者的崛起。我在剛剛做酒店連鎖業的時候，所設計的產品實際上是我自己的審美觀和價值觀。典型客戶原型就是我當時的形象：三十多歲，男性，大學學歷，平頭，商務休閒裝，出差拖著旅行箱、背著登山包，帶筆記本電腦。於是，酒店裝修的風格、賣價、互聯網使用和免費打印、複印等服務，都根據這樣的客戶原型設計。

十多年過去了，我已到中年，再以原來的客戶原型設計已不合適。來經濟型酒店的，二十多歲年輕人居多，看上去他們並非出差，可能是旅遊，也可能和女友浪漫，或僅僅租用一個時間段休整。這些以八〇、九〇後為主體的消費者，出行的多樣性增加，消費的衝動性增加，審美興趣、價值取向都在變化。

我還注意到一個數據，使用蘋果手機的人群，百分之七十八是八〇、九〇後。剛開始我不太相信，後來看華住的數據，大吃一驚！我們旗下酒店的客人中，八〇、九〇後客戶比例居然接近百分之七十！我想，這些人已經不是一群來自星星的客人，而是我們這個行業切切實實的消費主體。既然在我們這裡是這樣，我也相信競爭對手同樣如此。因此，研究八〇、九〇後的消費特點，為他們而改變，這是我們行業競爭的新焦點。

如何為新消費人群改變，既是行業共同應對的問題，也是每個經濟型酒店自身服務模式的創新課題。我們注意到華住打出的旗號是「用互聯網思維做智慧酒店」，並說「華住一小步，行業一大步」，那麼，華住究竟如何創新，並影響行業？

季琦：經濟型酒店本質上要具備兩大特徵，就是經濟和便捷，前者是價格要便宜，普通人消費得起，後者要能提供快速服務，其中最重要的是，給客人盡量減少辦理入住手續的時間。過去，我們的開房手續主要是客人網上或者電話下單，然後到入住酒店通過身份證和信用卡辦理，但門店會有一個信息核對的手續，所需時間平均為三分鐘，這樣的流程和星級酒店沒有區別，也無法體現便捷性。

今年二月一日起，我們在旗下全國近一百家海友酒店內，嘗試自助終端服務模式。就是客人利用手機、平板等移動互聯設備，在我們的APP應用中直接完成從選房到身份登記和支付的全部手續，客人入店時，只憑一張身份證，三十秒就可以完成入住。華住在業內第一個推出這一服務模式，也帶動了行業其他對手的競相複製。

表面上看，這一服務模式給客人提供了便捷，優化了體驗，但背後卻是我們在嘗試互聯網思維。我們將蘋果硬件設備、身份證識別模塊（通過國家信息安全工程技術研究中心的信息安全技術檢測）、會員系統、酒店PMS（Property Management System）系統等結合起來，做到無縫對接，這就要求我們的IT團隊必須熟悉酒店服務流程，瞭解消費者對於設備的使用習慣，對最新的移動互聯應用具備強大的理解和消化能力，這樣才能站在消費者的角度，開發出適合大面積推廣的酒店服務應用。

現在看來，這一服務模式的嘗試獲得了顧客的認可。二月份統計的時候，客人使用這一服務到店的平均使用率為百分之十五，三月份已升至百分之三十一，個別門店甚至出現了百分之九十的比率。接下來，我們可能會在旗下所有門店中推廣這一服務。

「互聯網思維」現在是一個很時髦的詞，似乎只要和互聯網搭上一點關係，都說自己有了「互聯網思維」，那麼，從傳統企業角度，正確的「互聯網思維」及其道路應該是什麼？

季琦：十年前，我進入傳統行業時，提出「用IT精神打造傳統業」。今天，我再進一步調整為「用互聯網精神打造傳統服務業」。

何為「互聯網思維」？相對於工業化思維而言，工業化時代的標準思維模式是「大規模生產、大規模銷售和大規模傳播」，但在互聯網時代，這個重要的三位一體被解構了。正是因為工業化的發達，產品和生產能力不僅不再稀缺，反而極大地過剩；產品更多的是以信息的方式呈現，渠道壟斷變得不可能；最根本的是，媒介壟斷被打破，消費者同時成為媒體生產者和傳播者，通過單向、廣播式製造熱門商品，誘導消費行為的模式不再行得通了。

我們正在迎來消費者主權時代。在消費者主權的時代，消費信息愈來愈對稱，價值鏈上的傳統利益集團愈來愈難以鞏固自身的利益壁壘，傳統的品牌霸權和零售霸權逐漸喪失發號施令的能力。話語權從零售商轉移出來到了消費者手中，消費者通過自媒體，建立和強化了這種自主權。

互聯網思維本質是一種用戶至上的思維。以前的企業也會講「用戶至上、產品為王」，但這種口號要麼是自我標榜，要麼是出於企業主的道德自律。但在互聯網時代，尤其是移動互聯網時代，「用戶至上」是你必須遵守的準則，你得真心討好用戶，因為用戶口碑和好評變成了有價值的資產。

移動互聯網讓我們重新思考，我們必須回歸到商業的本質，找到用戶真正的痛點，做出讓用戶尖叫的產品來。如果僅僅提供商品本身的消費價值，由於大量同質化商品的存在，粉絲是沒有動力去買你東西的。

O2O直通「中國服務」

現在盛行的O2O，可以說是對「互聯網思維」的一種變造。華住今年啟動的「自助終端服務模式」算不算是一種真正的O2O？和互聯網企業相比，傳統企業搞O2O怎麼實現價值？

季琦：首先，我們的「自助終端服務模式」本質就是一種O2O。

其次，為了區分當下流行的O2O概念，也為了更好地詮釋我們傳統產業的O2O途徑，我提出了O2O2O的概念。第一個O是線下（Offline），也就是我們的產品和服務，這是我們的基礎和根本。在這個網絡時代，我們必須借助互聯網手段（Online）來傳播、來銷售我們的線下產品和服務。這就是第一條O2O（Offline to Online）的邊。

用戶在線（Online）購買我們的產品和服務後，必須來到我們實體店（Offline）來體驗，這就是第二條O2O的邊。

下面的邊，是我們堅實的線下基礎，這也是我們賴以生存和競爭的根本。上面那個頂是我們必須善用的互聯網工具，用它提高我們的知曉度，提高我們的運營效率，提高用戶的全過程體驗。連起來就是O2O2O。我用一個三角形來表示。

用這個概念理解我們的「自助終端服務模式」，從上往下看，第一個O2O就是我們旗下的六大品牌和標準服務，以及具有專業能力和互聯網技術疊合在一起的互聯網手段；第二個O2O就是我們分佈在全國的一千四百多家實體門店。兩個O2O，再加上線下能力，形成了一套閉合的「中國服務」鏈。

傳統服務業要在新格局裡找到自己的定位和核心價值，必須具備互聯網思維。我提出的O2O2O模式（實際上也是O2O模式，只是這樣的表達更加明確和便於區分）應該適用大多數傳統服務業。

現在有些訂房APP應用，實際是一個APP平台，匯集各競爭酒店的信息，對於顧客來說極其方便，可按照自己的需求，就近訂房，但對於酒店行業來說，實際卜是和競爭對手一起在平台上比拚，那麼，在這個虛擬的決勝場上，華住如何體現實力，吸引到顧客的「拇指」？

季琦：我說過，現在是消費者主權時代，即使沒有整合型APP平台，消費者也會有自己的選擇，因此行業競爭永遠存在。

華住的理想是要成為世界第一酒店品牌，另外，我也堅信任何技術的發展，都代替不了線下的實體體驗。比如，酒店做好產品和服務，餐廳做出美味的菜品，永遠都是我們線下企業最重要的核心價值，線上平台永遠無法替代這種體驗式服務。移動互聯網提供了我們與用戶溝通和交易的更有效手段，不需要或者極少需要任何第三者插足其間。我們將自己的核心價值，直接和最終用戶對接，使得他們方便、迅捷、能消費。

儘管，服務模式因為互聯網思維而改變，但經濟型酒店現在遇到的現實問題是租金和人力成本上漲等問題。根據資料顯示，華住現有一半以上是直營租用門店，另外有三萬多名員工，這兩項屬於增長性成本，那麼華住如何應對這兩大傳統經營問題？

季琦：我們早在兩年前就未雨綢繆，做了許多努力和準備。

對於租金上漲，我們推出了中檔酒店全季和星程。只有通過推出更高RevPAR（Revenue Per Available Room，每間可借出客房產生的平均實際營業收入）的品牌，才能消化一二線城市優越位置的租金，才能將我們的品牌不斷地滲透到一二線城市。紐約的曼哈頓，幾乎找不到經濟型酒店，因為這樣的地理區域，物業成本不允許售價低廉的經濟型酒店生存。

我們的RevPAR始終是行業最高水平，但卻不是通過提高房價，而是通過高出租率實現。一方面說明華住包括「自助終端服務模式」等營銷做得好，另一個方面也說明華住品牌受用戶青睞。經濟型酒店的關鍵是「經濟」兩個字。我們不斷研發新的漢庭升級版，在投資不增加或增加不多的前提下，提高用戶滿意度。我們不能說每一家漢庭都能讓用戶興奮地尖叫，但我們會讓每一個客人都覺得物超所值。

至於人力成本問題，我們領先在行業內推出自助入住登記、〇秒退房等省工省時、方便用戶的措施和方法。行業內「人房比」（員工數量與酒店客房數量的比值）的逐步降低，實際上都是我們在引領，未來漢庭「人房比」甚至要做到百分之〇．一七以下。

一號店前董事長于剛：對沖「京東騰訊」聯盟

電商一號店，由前戴爾公司全球採購副總裁于剛和前戴爾公司中國區總裁劉峻嶺，共同創立於二〇〇八年七月。一號店以打造「網上沃爾瑪」為宗旨，在線銷售涵蓋食品飲料、酒水、生鮮、進口食品、美容化妝、家用電器、運動用品等超過四百萬種商品。經過短期迅速發展，一號店以每天近兩千萬人次的網站流量，位列電商第一陣營。

放著跨國公司高管不做，放著豐厚的年薪不要，于剛和劉峻嶺，這對前戴爾公司的資深高管，卻在二〇〇八年異想天開地創辦了以「網上沃爾瑪」為概念的一號店，在經歷了商業模式的彎路、受人冷遇和不被VC看好的創業期之後，二〇一四年的一號店已經成為和京東、亞馬遜、蘇寧易購等一線電商的分庭抗禮者。

一號店能在群雄中佔據位置是一個奇蹟。和京東、當當相比，一號店的積累期遠短於前者；和亞馬遜相比，曾在這家美國公司擔任過全球副總裁的于剛深知，亞馬遜的供應鏈和系統能力，不是一號

店短期之內就能複製的；和有著強大資金、實體店和物流能力的蘇寧相比，一號店還必須建立自己的物流系統。但是，從零開始摸索的一號店，卻憑藉此前六年的奮鬥，擁有了令對手垂涎的六千萬龐大顧客群。六千萬顧客群是一個什麼概念？就是說，中國人口中百分之四．六的人在一號店網上進行過消費。

實際上，一號店早在二〇一二年就已兌現了其初創時提出要做「網上沃爾瑪」的夙願。彼時的十月二十六日，當沃爾瑪全球總裁兼首席執行長麥克道（Mike Duke）在上海宣佈獲得一號店百分之五十一股權，並成為其第一大股東後，一號店就從一個要做「網上沃爾瑪」的企圖者，正式變身為正宗的「網上沃爾瑪」。當然，「網上沃爾瑪」也成了一號店一個專用名詞。

然而，熱鬧的背後，卻是于剛和劉峻嶺以出讓百分之五十一股權為代價的融資，而且也不是一號店唯一的一次「賣身」，此前，還有過平安集團對其的控股。為什麼接連出現股權出讓，于剛一直守口如瓶。

從電商競爭市場而言，這是一個罕見的全員虧損行業。即使一號店已經擁有六千萬顧客群，並在四十個城市設立兩百多個物流站點，以及百分之七十的商品可通過自有配送體系完成。但是，沃爾瑪成為東家後，一號店多久能實現盈利？在接受我訪談時，于剛對此做了迴避，只說「肯定會加快盈利的進程」。

就在二〇一四年九月，網上傳出一篇〈一號店準備再次賣身了？〉的文章，指出沃爾瑪接盤平安，所得到的一號店，並非是一個完整如初的一號店。一號店的總資產包括自營B2C、開放平台一號商城、物流公司，而沃爾瑪拿到手的只有自營B2C。此外，該文指出一號店二〇一三年市場投放的費用高達十個億，但給交易額帶來的幫助有限，且物流虧損更加嚴重，拖垮了沃爾瑪整體的業績，令沃爾瑪不滿意。該文還說，一號店之於沃爾瑪，只是後者通過互聯網觸達中國消費者的路徑，但是供應鏈線上線下磨合進展緩慢，加上虧損嚴重及錯綜複雜的股權關係，最終讓沃爾瑪有心無力。

儘管，該文分析得有模有樣，但涉事的企業均否認了該消息的真實性，表示這是一則假新聞。那麼，為什麼市場會有對一號店的利空消息？也許是競爭對手的惡意攻擊，也許有人出於某種目的詆毀一號店，和所有電商企業一樣，這是一號店成長路上必須經過的荊棘。

二〇一四年，電商行業最大熱點是京東上市。但是京東的背後卻隱藏著騰訊對其的支持，京東上市前，騰訊入股京東百分之十五股權，並在京東上市時再追加認購百分之五股權。這樣一來，「京東＋騰訊」的聯盟，和馬雲的淘寶，就正式形成電商雙寡頭局面。而雙寡頭也將利用行業與互聯網優勢，進一步擠壓中小電商空間。作為創業六年的一號店，儘管擁有六千萬顧客群和一百一十五億四千萬零售總額，但面對雙寡頭的市場「壓迫」，必須採取積極的「對沖」戰略：它一方面和京東宿敵——當當，互駐彼此平台，並結成合盟；另一方面也在品類、移動端、區域、商務和大數據等五大戰略上進行挖掘，尤其是，還利用自己開發出的「電商智慧＋能力」，和傳統企業進行O2O共贏合作。但是，于剛所採取的一系列策略，能否保住自己的陣地，或有所進步，這需要市場最終結果來驗證。

電商平台轉向社會化

二〇一四年，電商行業的競爭進入了新的階段，先是蘇寧宣佈整合自己的線上線下渠道，後是一號店和當當宣佈互駐對方平台，再是騰訊以兩億一千四百萬美元入股京東，似乎電商行業出現了一波新的產業發展趨勢：從過去單打獨鬥的競爭模式，演變成今天的資源整合的競合模式。為什麼產生這樣的結果？另外，競合模式真會產生「1＋1>2」的成效嗎？

于剛：從電商行業的競爭層次來說，第一輪是比拚價格，第二輪上升為比供應鏈能力，至於目前的競爭，大家也看到了，競合模式已經成為一種新的趨勢。也許有分析會認為「一號店＋當當」將ＰＫ「騰訊＋京東」，或者「騰訊＋京東」將ＰＫ淘寶，在我的理念中，不管什麼樣模式的競爭，最終都離不開在顧客體驗上的比拚。

為什麼一號店會和當當合作？我需要強調的是，一方面，我們有共同的理念，就是一切都是從顧客體驗出發；另一方面，競合是電商行業發展進程的必然結果。

先談理念。我和李國慶（當當創始人、聯合總裁）在確立雙方合作前，我們談得最多的話題，就是希望通過彼此的專業領域和核心品類，來補充和完善各自顧客群的體驗。當然，和當當之間也會繼續存在競爭，比如，同樣的商品也會在彼此的平台上出現，就看你能不能做到價格優勢，給顧客更多的選擇，另外，能不能讓顧客感受到你的系統、物流、客服能力帶來的最佳體驗。我希望通過互相學習，提高各自的運營效率。

再談競合。我認為電子商務是一個規模遊戲。初期的時候必須花巨資去開發系統、建造物流、投資人才。因此，在這一階段中，大部份電商先要建立自己的核心運營能力，接下來就要抓流量。流量意味著顧客群，只有顧客群擴大，才能帶來訂單的增大，當銷售規模化後可以攤薄運營成本、營銷成本、人力成本等。這是電商走向競合的第一個原因。

其次，電商是所有互聯網生態鏈中的重要組成部份。互聯網生態鏈包括門戶、社區、遊戲、娛樂、搜索等，這些模塊不管形態如何，最終都是為了滿足大眾的需求，比如有娛樂需求、新聞需求、社交需求和購物需求，電子商務的作用就是滿足購物需求，它的重要性體現在它對消費者的高黏性。不過，經營電子商務卻是非常難的，它涉及採購、營銷、系統、倉儲、物流、客服等多個管理和運營環節。而當前一些電商的入股或是收購，多數是無電商業務但有流量的互聯網企業為了讓自己的服務內容更完整，電商企業也可以獲取更大的流量，這是電商競合的第二個原因。

相比過去的惡性競爭，電商間的這種競合模式，對打造良性的競爭環境和生態圈，真能帶來價值嗎？

于剛：此前的競爭環境是，電商與電商之間鬥、電商與傳統零售之間鬥，結果是電商企業兩敗俱傷，而傳統零售受到電商的衝擊，對電商持敵對的態度。現在的競合，實際上是包括了兩個含義：第一，電商之間的競合；第二，電商和傳統零售的競合。前者是將線上零售的社會資源進行大整合，後者是將線上和線下零售的社會資源進行大整合，比如說我們現在大力推進的O2O（Online to Offline或Offline to Online）。

現在，幾乎所有的大型電商，都將平台開放給第三方商家，這些商家有品牌商，也有小型電商，更有傳統零售企業。從一號店角度，接下來我們還會推進和更多的傳統零售企業合作，讓他們入駐我們的平台，一號店將向他們提供電子商務解決方案，包括網絡營銷、數據分析和決策、平台化展示、供應鏈響應系統和機制等。我認為，包括一號店在內的大型電子商務平台，將不再是過去那種單打獨鬥的競爭經營模式，而是一種開放化、社會化的電商平台，我們的身份也將具備兩重性，一方面繼續扮演市場競爭參與者，另一方面也成為市場的服務提供者。

開啟競合第一個範本

一號店和當當是兩家最早宣佈聯盟的大型電商，一號店為什麼和當當聯盟，而不是選擇其他對手？

于剛：四年前，就電商行業發展趨勢，我說過有五個方向，第一是移動化，第二是平台化，第三是社交化，第四是大數據應用，最後是整合和服務集成化。目前，包括我們和當當、騰訊和京東，其實都符合我說到的第五個趨勢，這一趨勢，有行業競爭的因素，也是電商行業自身發展規律的結果。

說到我們和噹噹的聯盟，是因為機緣。去年底我和李國慶在一個零售領袖峰會上相遇，就顧客體驗交換各自意見，後來雙方共同提議，不如進駐各自網站，給各自顧客帶來更多的購物選擇，就這樣一拍即合，我們達成了合盟。

其實，我們和當當在各自的網站上，也都有第三方商家，我們的合作形式，和彼此與第三方商家的合作，基本是一樣的，當當未來也可以和其他人合作，我們也可以，我們的合作沒有排他性，我和國慶都認為，像我們這樣大流量的B2C平台，未來會更加開放，借助社會資源來發展。

既然是合作，總會有所讓，也有所圖。一號店和當當彼此進駐之後，原有的競品，會不會下架？物流方面，會不會彼此共享？

于剛：我們合作出發點是，給雙方顧客群帶來更多的購物選擇，提升顧客的體驗。因此，對於競品，非但不會下架，還會同時存在不同的價格，我們讓顧客選擇。我們的平台，既扮演了商品的提供者，也扮演了市場服務的提供者，把購買商品的權力交給顧客。

至於物流方面，當當有自己的物流體系，如果顧客在一號店下的訂單是噹噹的圖書，我們會通過系統第一時間把訂單轉給他們，反過來，他們在自己網站上接到屬於一號店的商品訂單，也在第一時間轉給我們，這樣，雙方分享流量的同時，也加大了物流配送效率。

如果說，「一號店＋當當」競合，是經營互補，那麼「騰訊＋京東」的競合，就是在移動互聯上的合盟。儘管一號店在移動端的銷售去年（二〇一三年）增加了十三倍，但相比之下，「騰訊＋京東」在移動端的優勢更加明顯，一號店和當當均沒有微信、ＱＱ這種ＩＭ產品。那麼「一號店＋當當」如何面對「騰訊＋京東」的競爭？

于剛：首先，我們對移動端的業務很重視，去年移動端的銷售佔了我們整體銷售的百分之二十，我認為，移動端業務是將來電子商務的主戰場。我將此也列入一號店在今年五大戰略重點之中。

儘管我們沒有ＩＭ產品，但不影響我們的移動端業務。比如有人擔心，微信會成為其電商業務獲取移動流量的來源，進而搶奪移動購買人群。我倒不認同這個觀點。為什麼？微信之所以是大眾喜歡的移動ＩＭ，是因為它是公立的，沒有商業偏向，如果它淪為某一個商家的壟斷資源，那麼微信就背離了它的社會屬性，而其社會價值也將大幅降低。

平台變身「運營房子」

除了電商之間的合作，一號店也在積極推動O2O合作。但是，電商一直扮演著傳統零售的「剋星」角色，那麼一號店如何與傳統零售合作？

于剛：我認為，將來是「無商不電商」。既然所有的商業都會進入電商領域，那麼我們為什麼不把這種趨勢視為機會？

我們在兩年多前推出了「SBY」（Service by Yihaodian）項目，這個項目的目的就是，面向那些希望進軍電子商務領域而又缺乏電商運營能力的傳統企業，為他們提供電子商務解決方案。

「SBY」是一號店在電子商務運營中多年積累下來的智慧和能力，我們把這一成果做成一個個管理和運營的模塊，比如物流模塊、營銷模塊、數據模塊、平台模塊，以及供應鏈金融模塊等。我們把這些基於電子商務中的智慧和能力的模塊，和傳統企業的模塊結合起來，搭建起「運營房子」，把它放在平台上運行，可以幫助傳統企業迅速進入電子商務的跑道。

目前我們正在謀求和傳統大型零售商進行O2O的共贏合作，其中有一家已經進入最後商定階段，這將是一號店全面拉開O2O戰略的重要一局。

截至二〇一三年底，一號店開放平台的商家已達一萬四千家，佔一號店集團百分之四十的份額。那麼，在品類經營中，一號店如何處理和自己的商品衝突問題？此外，一號店今年將著力發展供應鏈金融，為商家提供貸款，具體如何做？

于剛：正如我談到的和當當合作模式一樣，一號店平台上，既有一號店自身經營的商品，也有入駐商家經營的商品，我們支持同類商品在一個平台上同時展示，也允許不同的價格呈現，我們希望的是，把購買選擇權交給顧客。

比如說，在我們和這些商家合作中，發現存在著貸款需求，也因此，我們決定提供供應鏈金融服務。至於如何規避金融風險，我們具備基礎條件，首先，我們的金融服務對象是和我們合作的商家，這些商家的商品周轉、賬期情況、營業規模，以及交易的誠信記錄，在我們的平台上都有數據可查，可綜合分析，現在我們已經在逐步推進這一工作。三月十三日，我們和中國郵政儲蓄銀行正式簽署戰略合作協議，雙方將合作推出供應鏈金融產品，為我們的商家提供貸款業務，這個業務將在四月底上線，後面還會陸續推出更多服務。

對於電商來說盈利是一個繞不過去的詞，對於盈利是怎樣考慮的？

于剛：我們是非常重視這點的，因為電商不管是哪個企業它最後都是要盈利的，我們從最初設計我們的商務模式，我和我的搭檔劉峻嶺花了四個月的時間不斷去討論怎麼樣讓這個商務模式真正可行。我們希望我們是一次成熟的創業，而不是一次拍腦袋，腦袋一熱就出來的創業。商業模式裡面很多的數據，很多的財務分析我們都做過大量的工作，做了很多的市場調查，我們知道怎麼樣才能讓這個商務模式具有盈利的可能和將來具有可擴性。

比如說，我們認為電商全場免運費它是不可行的，因為它的商務模式是不對的。所以，你可以看到我們從開始到現在，不管有多麼大的內部的和外部的壓力，我們從來沒有過免運費，它並沒有減緩我們前進的步伐，這是一個。還有一個是我們精細化管理，剛才講了我們開發了大量的系統，做了大量的優化，光去年一年我們運營成本就降了百分之三十七，我們還有很多Business Improvement（業務改進）項目，讓我們的運營成本和我們的商務模式可行，運營成本下降。

一號店已經開始盈利了嗎？

于剛：一號店還沒有盈利，但是這是我們的戰略選擇。如果要盈利這個不難，因為我們知道有些品類是盈利的，有些品類是不盈利的；有些服務模式是盈利的，有些服務模式是不盈利的。我們知道，我們最早的Vision（願景）是我們一定要讓顧客可以足不出戶享受所有的商品和服務。我覺得在這條道路上我們是不會偏移的，我們不會因為短期要盈利的這種壓力或者怎麼樣來改變我們的商務模式，一定要給顧客提供豐富的商品，所有顧客想要的服務和商品我們都能提供。

大數據貫穿每道細節

從開始創業，一號店就確定要打造「網上超市」，這個概念的本質就是做網上商超。但在整個實際發展中，一號店似乎愈來愈傾向於食品領域的定位，在最近外部宣傳上，也多以食品者形象出現，但當前競爭中，幾乎所有電商都在賣百貨，那麼一號店如何改變自己的定位？

于剛：首先，我不認為需要改變，民以食為天，顧客只要有一個理由來一號店，我就很滿意了。其次，我們給顧客呈現的品類目前已達四百多萬類，年底會達六百萬至七百萬類，商品豐富度，能夠滿足大部份顧客需要。從我們自己的已銷售品類統計來看，化妝品、手機及3C產品的銷量正在上升，甚至在一些時段上，還遠遠超出食品。

至於在傳播上，我們為什麼主打「食品者形象」，因為經過市場研究和分析，食品對於消費者的吸引和黏性最大。比如我們在宣傳上，會告訴消費者，一號店的進口牛奶，佔全海關進口牛奶的百分之四十三．四，每天能銷售十五個集裝箱。這樣，通過這一切入點，引導消費者到我們網站上來，進來後，他們會發現一號店的商品不僅僅只有食品，我們的網頁設計會引導他們關注更多品類的商品。

一號店已經有六千萬的顧客，通過與噹噹的合盟、廣告推廣，以及更多商家的入駐等策略，一定會帶動更多的流量，但到底如何才能留住顧客？剛才也說到，通過網頁設計留住顧客，具體怎麼做？

于剛：顧客體驗對於任何電子商務企業來說，是一項長期的使命。我們今年在原有七個物流中心基礎上，再花巨資建設第八個物流中心，還有，我們今年要將商品品類從去年的四百多萬，提升到六百萬至七百萬，等等，都是希望給顧客創造優質的體驗。但是，這些還是遠遠不夠，因為創造顧客體驗，是一項複雜的系統工程。

客戶體驗的系統性包括很多環節，從網頁打開開始，其後是瀏覽滾動的設計、商品的擺放、促銷的信息、購買的結算、優惠制度、配送方式等。其中顧客的購物偏好是第一關，如果這個關能把握住了，就能留住顧客，進而實現購買轉化。

比如在瞭解顧客的購物偏好方面，我們採取的是大數據和科學分析相結合的策略。我們有一個UED實驗室，定期會邀請一些顧客到我們公司實驗室來完成指定的購物流程。我們利用設備跟蹤顧客的「眼睛」，記錄他們的瀏覽路徑，關注他們的每個頁面，以及在相關商品、相關促銷頁面上停留的時間等購物習慣，然後做數據分析，經過多輪測試，形成整改意見，最終優化我們的頁面陳列、購物流程等。

另外，包括我自己在內，要求所有的高管定期做一日客服、一日倉儲、一日配送，然後在做的過程中找出問題，並列出問題清單。但我覺得這還不夠系統，現在我們有一個專門的團隊每天下單，然後在下單的過程中不斷優化整個購物流程，這樣就能做到每天一點一滴地完善，以提升服務顧客的能力。

所有的電商企業都說顧客體驗度是最重要的，一號店如何在顧客體驗度上進行持續改進？

于剛：顧客體驗這個事，很容易把它喊成一個口號，很多企業都說顧客是上帝，顧客是衣食父母，我覺得這個東西一喊就變成口號了，我們不希望成為一個口號。所以說我們採取了很多具體的做法。我們找了第三方公司每個星期給我們做顧客體驗調查，它要調查數千個顧客，然後得到一個顧客體驗指標。同時，我們把這個由第三方公司調查的顧客體驗指標，和我們所有員工的薪資、獎金、提升掛鉤起來，讓每個員工都知道他做的事情是會影響到顧客體驗的，讓每個人都去關注顧客體驗。

比如說，做採購的，採購來的商品是不是顧客要的商品，做倉庫的，每個商品的質量能不能保證，進貨檢驗要看有沒有破損，出貨的時候要看有沒有灰塵，配送就更不用講了。還有很多客服在售後的處置問題，要看其能不能真正實時地解決顧客的問題，要知道，顧客打電話來投訴，並非想聽你說一聲抱歉，因為這是沒有用的，顧客要的是客服能提供解決方案。因此，我們採用了一個考核辦法，就是考核客服四個小時之內完整地解決顧客問題的比例，也就是說顧客問題解決率。

同程網總裁吳志祥：一元經濟背後的移動大財富

同程網絡科技股份有限公司（簡稱同程旅遊）是中國領先的休閒旅遊在線服務商，創立於二〇〇四年，總部設在中國蘇州，員工四千餘人，註冊資本一億一千四百二十九萬元。同程旅遊的高速成長和創新的商業模式贏得了業界的廣泛認可，先後獲得了元禾控股、騰訊科技、博裕資本等機構的數億元投資。二〇一四年四月，同程旅遊獲得行業老大攜程超過兩億美元的戰略投資。

二〇一四年九月二日，北京雨天，雷暴。

這一天，總部位於蘇州的同程旅遊，在京召開公司有史以來最大一次記者招待會。會上，公司創始人、CEO吳志祥用了近四十分鐘來講同一個主題：送出一億張景點門票，給用戶帶來「一元玩景點」的大紅包。

同程旅遊的這一動作，是不是噱頭？提供這樣的免費旅遊，近乎公司對自身利潤的一次「謀殺」，同程旅遊到底要鬧咋樣？

就同程旅遊如何在高度競爭的ＯＴＡ（Online Travel Agent，在線旅遊）行業中佔一席之地，他這樣表示：「回顧二〇〇四年創業至今，有人說同程屬於屌絲逆襲。我不否認，由於我自己曾在阿里巴巴工作過，因此我們最初創業學的就是阿里巴巴的Ｂ２Ｂ。二〇〇八年我們做酒店業務的時候，又學攜程。至少在二〇〇八年之前，我的戰略就是對標行業老大，像我們這樣的初創公司，要想存活，最好的辦法就是先模仿。當時，我們沒有資格談創新。」

吳志祥所言不虛，其早期的存在方式，就是模仿。實際呢，即使包括攜程在內的所有中國ＯＴＡ公司，誰又不是從模仿開始？只是，在行業競爭中，各家的優勢是：做競爭對手還沒有注意到，或是還沒有在短期內投入重兵的市場。

同程旅遊崛起的秘訣，就是在景區門票業務這個領域中孤注一擲，投入全公司的力量和資源。按照吳志祥的解釋，二〇〇八年之後，同程旅遊跟著攜程之後佈局了大部份ＯＴＡ業務，卻發現行業大老的注意力都在機票、酒店等商務旅行業務上，而同程旅遊要在這兩大業務中進行「虎口拔牙」，就必須和攜程、藝龍這兩個大老對攻價格戰，但對於資金侷促的同程旅遊來說，如果真幹這事，不亞於以卵擊石。

一個企業家有沒有能力，就看在這樣的階段起什麼關鍵作用。吳志祥認為，公司跟著大老攜程的模式和節奏走，看不到明天，於是開始對整個ＯＴＡ市場觸及的領域進行排查，他的目的就是想知道攜程、藝龍這兩個大老還有哪些不曾進入的領域。最後，他發現在景區門票業務板塊，大老們還沒有投入重兵，主要原因是，對比休閒旅遊而言，商務旅行是當時主流的利潤來源。於是，吳志祥決定，與其在商務旅行業務上和巨頭競爭，不如在第二戰場的休閒旅遊業務上，成為細分領域第一。

實際上，吳志祥要做的是類似於製造業的隱形冠軍，並做到絕對市場份額。同程旅遊最終做到了。

到二〇一四年第二季度，同程旅遊憑藉景區門票業務，從一家創業公司已經一躍成為僅次於攜程、藝龍的中國第三大OTA公司。但是，事實上，在同程旅遊掘金景區門票業務，並做得風生水起之時，包括攜程、藝龍，甚至其他中小對手都已經注意到，而且都實施了市場爭搶，可是由於對市場、對用戶植入「景區門票」概念最早，因此這一業務的絕大部份市場份額一直被同程旅遊控制。

作為OTA行業的老大，攜程並不想看到除了藝龍之外，再出現一個市場對抗者，於是在當年大舉殺入同程旅遊的領地，在景區門票網上銷售市場大打價格戰，由此爆發了一場「雙程大戰」，其中最激烈的戰爭，就是雙方都打出「〇元門票」。

但是，在商業競爭中，所謂沒有永遠的敵人，也沒有永遠的朋友。就在「雙程大戰」之中、之後，又分別發生兩件大事：第一，騰訊聯合其他兩家VC/PE，以五億人民幣投資同程旅遊；第二，原本激烈鏖戰的「雙程」，居然坐在一起，攜程以向同程旅遊投入兩億兩千萬美元的誠意，雙方握手言和。由此，同程旅遊的股權中，除了吳志祥團隊仍是第一大股東之外，第二大和第三大股東分別是攜程和騰訊，而又由於騰訊、攜程在OTA行業中的滲透，同程旅遊和攜程，以及攜程投資的途牛，甚至騰訊系的藝龍等OTA公司，成了競合關係。

在腰板變硬之後，同程旅遊得以繼續在自己控制的景區門票業務上深耕精做，並把此前和攜程對玩的「〇元門票」，變成了「一元門票」。當然，「一元門票」也完全是真的，其背後也一定存在更大的市場動機。

避開巨頭，開闢次戰場

只知道同程旅遊做大景區門票業務，但並不知道如何做大，這裡面有沒有秘訣？

吳志祥：二〇〇八年之後，我們決定避免在機票和酒店的業務上直接和巨頭競爭，而選擇市場最薄弱的休閒旅遊業務，進行深挖掘。我們在內部稱之為第二戰場，但是究竟採用什麼策略？我們研究認為，休閒旅遊業務核心點就在景點門票，如果能在這個入口端激發巨大流量，不但能使我們成為該業務的行業第一，而且還能帶動我們的酒店、機票等業務，從而完成對第一戰場的逆襲。

此時，我們進行了一次創新。我們原創了「點評返現」模式。用戶登錄我們網站完成訂票，並在旅遊結束，對該景點進行點評，就能獲得現金返點。此舉對我們和用戶分別帶來兩大好處：其一，通過這個活動，我們吸引了巨大用戶流量；其二，用戶實際節省了門票費用。

那麼，巨頭會不會和我們對攻？一定會，但由於同程體量不大，巨頭和我們對打，損失將遠遠超過我們，比如我們返現二十萬，按巨頭的流量，它就可能要送五十萬，甚至破億。因此，我們依靠這樣的打法，很快就完成了在整個OTA市場景點門票業務第一的既定目標。

「點評返現」模式沒有技術門檻，只要有足夠資金，很容易複製。二〇一四年初，攜程也曾經用同樣的方式，投入兩億人民幣推進了與景區的合作，當時的同程旅遊是否開始處在最危險的地步？

吳志祥：我們當時想到了一個主意，就是推出「一元玩景點」，這個策略是徹底摧毀「點評返現」

模式的必殺技，因為它是基於用戶利益上的競爭。但此招會不會殺敵一千，自損八百？

我來算一筆賬。按照我們在景點門票業務流量的能力，我們可以讓十萬人進入同一個景點，而對手或只能做到一萬人規模，假如我包下這個景點一天的費用是兩百萬，分攤到每個用戶的基本成本是二十元，而對手的每個用戶基本成本則是兩百元。我們如果貼一些錢，再加大用戶的推廣，我們的成本還將攤薄。因此「一元玩景點」很快被我們推向用戶，並在行業中掀起了一場殘酷的價格戰。

此後，攜程和我們通過股權合作，雙方形成戰略競合關係，支持和同意我們獨立發展和未來的IPO。新聞出來後，用戶其實比我們的同行更擔心，不知道「一元玩景點」是否繼續？

「一元玩景點」不會停止，還會繼續！因為，「一元玩景點」初期是打價格戰，破競爭性的「點評返現」模式，但運行以後，它的屬性和社會價值，已經超越了競爭本身。

首先，從旅遊業發展的角度，加速推進中國旅遊業的行業轉型問題，中國的旅遊景點長期存在高昂票價的痼疾，嚴重阻礙了中國旅遊業的健康發展，通過「一元玩景點」模式，讓門票收費模式轉向內容服務模式；其次，旅遊資源本身屬於公共資源，通過「一元玩景點」模式，讓更多的民眾獲得正當權利。當然，從同程自己的角度，我希望通過「一元玩景點」模式，讓中國至少三分之二的人成為我們註冊用戶，同時使我們從目前的景點門票業務第一，在下一個十年邁向休閒旅遊市場第一的新目標。特別是，我們把精力更聚焦在用戶身上，而不是和對手打消耗戰上。

一元經濟，為競爭所生

這次同程搞的「一元玩景點」已是第二輪，第一輪早在今年（二〇一四年）三月就已聯合微信平台進行，這樣一輪接著一輪，同程不擔心盈利問題嗎？

吳志祥：不能把「一元玩景點」簡單理解為燒錢行為，背後有我們的戰略思維和構架：其一，是競爭的產物；其二，我們能做到基本財務平衡；其三，滿足用戶基本權利訴求；其四，變革中國景點門票居高不下的怪圈問題；其五，符合我們從PC互聯網轉向移動互聯網的戰略。

先談第一點，為什麼「一元玩景點」是競爭產物呢？在攜程沒有入股我們之前，我們是對手，我們利用巨頭們專注於酒店、機票的機會，獨闢蹊徑，聚焦於景點門票業務，以及利用類似大眾點評網的做法，創立了一種你點評我返現的模式，從默默無聞一下子成了行業第三名，引起攜程的重視，後來攜程通過提高返現的比率，把我們壓得很慘。不得已，我們只能另想對策。

我們研究認為，儘管對手規模比我們大過十倍以上，但在景點門票用戶規模上，我們至少還是行業第一，這個優勢可以轉化成一種競爭力量，為了生存，我們推出「一元玩景點」的營銷活動。

「一元玩景點」怎麼做到基本的財務平衡？錢從哪裡來？

吳志祥：財務平衡主要是出和入的問題。我們先是在江蘇太湖溼地公園進行試點，我們出兩百萬，包下當天的所有門票，然後我們在微信平台上，告知大家通過微信一元支付，就可以享受一元門票，結果當天幾萬人進入公園，我們把兩百萬分攤出去後，結果發現我們能做到盈虧基本平衡。

我知道，大家都會問我們的錢到底從哪裡來？移動互聯網上有一句話，羊毛出在狗身上，豬來買單。誰是豬呢？通過在太湖溼地公園試點後，迄今我們已經在全國做了三千場類似的活動，其間，我們摸索出一套四方共贏的模式，用這個模式解決誰來買單的問題。

四方共贏模式的架構是遊客、景點、同程、銀行和商家。其中，遊客是最大受益者，以更低的價格，得到更多歡樂；而景點可以獲得更多二次消費。我非常高興地看到國務院最近發佈的三十一號文件，其再次提出了「景點要走出門票經濟的模式」。很多景點跟我們合作之後，不僅推動了其門票經濟向服務經濟的轉變，而且收入不僅沒有減少，綜合收入還有很大的提升。除此，同程作為拉動景點和遊客的中間人，還可以和傳統的銀行用戶、商家用戶等進行跨界的用戶交換，並將流量導入到景區，從而形成了一個四方共贏的閉環鏈。

關於滿足用戶的基本權利訴求，以及變革中國景點門票居高不下的怪圈問題，「一元玩景點」的價值具體呈現何在？

吳志祥：我要講一個故事。我們初期「一元玩景點」沒有包括動物園，有一次我在公司附近餐廳吃飯，一位女服務看我穿著同程LOGO的衣服，就問我，你們能不能推出動物園一元門票？她說自己收入不高，而動物園的門票太貴，她因此不能帶孩子去遊玩。我聽了這句話，心裡很痛。中國動物園的門票普遍都在一百五十元以上，一家三口門票上的花費就要四百五十元以上，再加上內部的消費，逛一次動物園的開銷就要高達六百元以上。

我一直在思考，旅遊資源屬於公眾，不能成為富有者的壟斷資源。當然，從景區角度，他們也有煩惱，他們需要維護、修繕、運營，甚至獲得效益等，但是如果全部按照現有的市場標準，將嚴重堵塞民眾的基本權益，也使得景區門票繼續水漲船高。

「一元玩景點」的價值，首先是沒有讓景點、動物園利益受到絲毫損害，同程通過包租形式，把風險實際轉移到了自己身上，我們的任務是努力號召更多遊客進來。同時，我們的做法也是鼓勵景區改變門票經濟的單一思維，把注意力聚焦於內部服務內容上，這樣一來，避免了和遊客之間的心理衝突，也使景區的收益模式發生變革。

在進行「一元玩景點」實際操作中，我們還發現其帶動了交叉銷售業務的增長。目前約百分之五十的出境遊客是來自同程其他產品用戶的交叉銷售，其中，有大約三千萬的周邊遊旅客貢獻了出境遊的相當大一部份生意。其實，選擇周邊遊這樣低客單價的用戶並不是沒有消費能力，而是在週末這樣的場景下的自然選擇。當有較長假期的時候，他們有足夠的消費能力選擇出境遊。同理，選擇出境遊的用戶在週末的時候也會選擇周邊遊。

移動時代，老二就是輸

為什麼說「一元玩景點」能夠帶動同程從PC互聯網向移動互聯網的戰略轉變？

吳志祥：二〇一四年初的時候，我對公司高層說，我們能不能關閉PC端，不留尾巴、全身投向移動端。但這個提議，遭大半高層反對，認為PC互聯網目前還有一定的市場空間。我說，好吧，等我們移動端用戶比PC端用戶的比例呈壓倒性優勢後，我們再來討論。我想下一次討論不會超過年底。

我為什麼有這樣的提議？我認為未來十八個月，沒有轉型移動互聯網的公司有一半會死掉，一半會重生。所以，我們不要再對以前的PC留戀，我們應該下最大的決心轉到移動上來。另外，移動互聯網時代競爭更殘酷，這個領域不可能像傳統互聯網時代，即使擠在行業前列，還可以存活，在移動互聯網時代只有第一，第二就等於零。

同程旅遊過去對巨頭進行商業模式山寨的方式，顯然在移動互聯網時代已經行不通，因為在移動互聯網的背景下，用戶對平台是有感知的。如果用戶發現你有的，別人都有，或者用戶發現你不斷在模仿其他人，用戶就會覺得你沒有價值。在PC時代用戶成本是非常低的，在移動互聯網時代，每個企業都要思考，我們怎麼樣做一點跟別人不一樣的地方。

在移動互聯網的背景之下，流量入口為主的格局正在發生改變，現在每個APP都有自己的用戶體驗和忠誠度，因此APP之間的跨界合作將更加重要，甚至在未來每個企業的跨界能力將是自己營銷能力非常重要的組成部份。

同程在移動互聯網上本來沒有出路，二〇一四年初的時候，我們的移動端業務在營收中佔比是百分之五，和攜程、去哪兒相比，差距很大。後來通過移動端的「一元玩景點」，移動業務量很快上來，最近六個月形成了百分之兩百的增長，我相信繼續搞「一元玩景點」，這個增長數量還會加大。按照這樣的用戶抓取速度，我們的目標將是成為行業內移動用戶第一規模。

從移動端戰略具體執行看，一方面是和手機QQ、微信平台合作，另一方面是自主APP。為什麼騰訊這兩個優勢平台沒有向其控股的藝龍開放，而是向你們開放？

吳志祥：首先，騰訊是藝龍的第二大股東，也是我們的第三大股東，當初他們投我們的時候，主要是看中我們的產品能力。選誰的產品放到QQ和微信上，騰訊的態度很堅決，誰的產品對用戶的體驗更好，就選誰的。

在和騰訊合作過程中，我們的團隊終於知道為什麼騰訊一直能夠優秀，就是對任何一款產品的用戶體驗重視到了苛刻的地步，這是我們和騰訊合作過程中最大的學習收穫。

在移動戰略中，同程還把「一元玩景點」的紅包，送給了京東、滴滴打車、搜狗、大眾點評、蘑菇街，以及維達紙巾、君樂寶、中國平安、招商銀行等九家線上、線下公司，這種予人玫瑰的行為，自己有什麼益處？

吳志祥：其實線上和線下鴻溝一直很大，線下企業往往不明白線上企業在幹嘛，覺得老在燒錢，線上企業覺得你們太老土了，但是這兩個行業都有非常獨特的價值點。比如說一瓶礦泉水，表面上也就兩元左右的價值，但礦泉水一年在中國就有至少五億瓶的市場需求，而被拿到五億人手中的時候，大家都會先看一下，然後擰開喝，這個過程中，就存在超強的流量價值。這個價值，以前沒人重視，也沒有把這個流量資源當回事。這次，我們是做一個嘗試，給大家一個思考，怎樣把線上企業的流量資源導向線下企業、又怎樣把線下企業的流量資源導向線上企業？

比如，我們聯合維達紙巾開展買一盒送五十元景點門票活動，只要用戶掃一下二維碼，然後在APP上註冊一下，用戶就可以獲得這份優惠。我們和維達紙巾就可以同時獲得該用戶，然後各自進行大數據分析用戶性別、年齡、消費習慣，這就是跨界合作的魅力。現在，很多傳統企業都向我們發出合作邀約。這就是移動互聯網時代獨有的商業魅力。

好人生創始人湯子歐：解決傳統醫療百年痛點

好人生集團（簡稱好人生）由湯子歐創建於二〇〇七年，是中國市場上唯一一家為健康保險業提供第三方健康風險管理支持的服務機構，除此，也為企業提供第三方健康風險管理解決方案。公司服務主要涵蓋健康維護、疾病管理、診療支持、增值服務等項目。目前，該公司已服務於逾半數的國際再保險集團和國內外保險公司，以及擁有包括阿里巴巴、騰訊、交通銀行、寶鋼、中化等知名大企業逾百萬付費會員。

二〇一四年一月二日深夜，四十七歲的中國電影公司小馬奔騰的董事長李明，因突發心肌梗塞，不幸溘然長逝，這也令小馬奔騰IPO之路蒙上陰影。

企業家英年早逝已經日漸增多，對此，作為第三方健康風險管理公司好人生創始人的湯子歐感歎不已。在湯子歐看來，心肌梗塞是冠心病的一種危重表現，特別是在發病後的二十四小時內，死亡率最高，約有三分之一至二分之一的心肌梗塞患者在

住院前死亡，但若及早發現梗塞前先兆症狀，並予以處理，至少可避免梗塞發生或使梗塞範圍縮小。

「干預」，現在是湯子歐經常提到的詞，他希望用好人生的健康風險管理，來幫助大部份患者避免病情突發或把發病範圍縮到最小空間。那麼，好人生究竟是什麼樣的公司？它到底用什麼「處方」，能解決大眾的健康和醫療問題？

根據好人生官網的介紹，公司二〇〇七年成立，兩年後開始進入市場，客戶定位於各大保險公司及包括阿里巴巴、騰訊、交通銀行在內的著名企業，目前擁有逾二十項知識產權以及包括V健康匯、員工身心健康風險管理計劃（H-EAP）、體檢通（COTS）、健康一點通（HOTS）、好人生優選服務供應商平台（V-PPO）等知名品牌與平台。

就健康產業而言，主要的鏈環包括醫療服務、健康風險管理與促進、健康保險等，而這一環節繼續細分，還有體檢、健康諮詢、醫療關懷、健康評估、診斷決策等。現在，這些細分環節上的健康公司、機構愈來愈多，彼此沒有信息共享，且多以商業利益為驅動，這就導致所謂的健康風險管理，要麼不全，要麼就是唯價格論。

舉一個例子，假如患者到某體檢中心檢查，體檢中心出於商業角度，考慮的是多賣掉高價的VIP體檢卡。然後，這位患者拿著體檢報告到醫院就診，醫院卻並不認可他的體檢報告，會繼續要求患者再檢查一遍。即使，患者再到其他的健康機構就診，也會遇到同樣的問題。

創立好人生前，湯子歐曾是上海醫保部門的公務員，因看到中國「看病難、看病貴」問題長期無法解決，決定切入健康保險領域，試圖給公眾提供一種早期健康關懷，通過各方努力，湯子歐曾手持油墨未乾的保監會「崑崙健康保險」牌照無比激動，但又因受到其他保險公司壽險產品的擠壓式低價競爭，迫使他從保險業退出。

湯子歐反思自己創業的初衷，所謂「看病難、看病貴」，實際上從人的健康角度來說，是身體出現重大疾病的時候，把需求全部集中在後端——醫療上，而中國的醫療資源（醫療財政投入、醫生、醫院）與之不能對位，最終形成了如今的醫患問題。

何不把戰略方向調整到關注健康的中前端呢？湯子歐決定，把好人生戰略定為一個整合式健康風險管理的業務模式——囊括整個健康風險管理的事前、事中和事後的干預和解決方案。湯子歐說，從整個健康產業來說，好人生想做的就是行業樞紐，以打通產業中各利益關係者之間的通路。

顛覆中式傳統醫療

好人生創立公司時間是二〇〇七年，但為什麼延遲到兩年後才開始進入市場，期間的兩年究竟在做什麼？

湯子歐：健康管理行業的公司和其他商業公司存在很大不同，後者只要一個商業點子，就可以奔向市場去賺錢，而我們不可以，我們必須要建立一個可靠的知識和技術平台。創立公司之時，我就告訴股東們，我們不能急，要留出時間和空間做基礎工作，否則從一開始就急於做市場，很可能不會給市場帶來創新體驗。

兩年的時間裡，我們沒有招聘任何一個銷售，只做IT和基礎研發，以及培訓自己的團隊。我們和國內、國際健康管理機構合作，從中獲取技術，尤其是對本土大數據做校驗，最後把中國人的健康風險分成九億三千萬種，然後，通過計算機系統進行自動干預，把診斷知識和任務與之無縫對接，就這樣建立了自己的大數據診斷平台。

我們的後台是龐大、複雜的系統，包括數據庫、人物庫、任務引擎、ERP等基礎數據，並通過項目試點、人群調研，蒐集了幾百萬人群的健康信息，然後建立起基礎數據模型。其間，我們又參考了一家美國健康管理公司的數據，發現他們是兩千多萬數據對應全美國兩億多人的健康管理，顯然我們做得還不夠，於是我們耗費時間和人力投入，再把數據往前推，做到九億三千萬大數據，這樣就可以應對十三億人口總數。

以上的這些工程，足足花費了兩年時間，之後，我們認為系統和大數據已經搭配完整，就決定進入市場和開展業務。

好人生一直說自己打造的是下一代健康管理，這個定位又是指向什麼？

湯子歐：健康管理在中國，一直被誤解至今。目前大多數的健康管理，我認為都屬於被動或者事後健康管理。無論是現在的一些健康管理機構，還是患者，往往是在病發之後，前者才提供服務，後者才尋求服務，但有些病到了事後才去做健康管理，實際上已經晚了一步。

相比過去對健康管理的理解，我們提出的下一代健康管理，就是把健康服務提到中前端，做事前干預。但這種前置的健康管理，在中國還需要很長時間的教育，尤其是還要扭轉傳統意識和傳統行為，做起來一定是任重道遠。

首先從中國醫院的角度，在醫生眼裡，來醫院的人要麼是病人，要麼就不是病人。中國醫生很容易形成這樣的職業習慣，而且朝南坐，只看病，基本不問病因。

當然，中國醫生會要求查看病人的一些健康基礎指標，然後就開始據此做「健康法官」。但卻存在兩個問題，第一，這些簡單的健康指標數據，是否完全能夠支撐最終的診斷？第二，醫生本人也是人，一天的工作負荷很大，在看完大部份病人之後，自己也會出現生理和心理疲勞，而一個疲勞的醫生在對他人的診斷中，是否會有失誤、差錯？另外，依靠這種人為拍腦袋的診斷，有沒有合理的制度、體系做監督？

也許有人會說，中國醫生，尤其是中醫是依靠豐富的臨床經驗做出的判斷，但我想提出我們多年來一直不敢，或不願意觸碰的反思——和東方講經驗、哲學昇華、思想境界、思辨相比，西方醫療講實驗、講邏輯、講循證醫學，到底哪一種選擇才是科學的、才是對病人真正負責的？我想，答案是明確的，只是我們被傳統思維和習慣捆綁了太久。

因此，以干預為先，並進行科學的循證醫學，就是好人生想主導的一場新健康管理的創新。

定位於事前的干預之後，好人生在健康風險管理中具體的運營構架是什麼？

湯子歐：我們的健康干預，是依靠線上和線下，以及內外的資源系統共同完成，準確地說，是一套整合健康風險管理。這套系統分為中前後三個層次。

在前端，則是包括保險公司、企業等業務對象；在中端，是自己的資源，包括基於ＩＴ基礎、大數據、雲管理，並結合醫療決策系統在內的整合健康風險管理技術，以及基於生理和心理結合的健康風險管理的服務項目；在後端，我們把行業中大部份健康機構及醫院當作供應商，並從它們中採購服務項目。

這一運營構架反映了我們的戰略價值。在行業中，好人生不存在與誰競爭，相反還是大部份從業機構、企業的採購商，並通過自己的整合能力，把健康和醫療服務銷售給保險公司和企業。可以說，在整個健康管理行業中，找不到和我們類似模式的公司，因為我們完全是一個新的產業環節。

從好人生業務的關係者角度，其實並不複雜，好人生似乎是在扮演一個健康中介商和顧問，是否如此？

湯子歐：我不願意用中介商的名稱，也不願意用中介顧問的名稱，因為中介就意味著自己什麼資源也沒有。我們是行業樞紐，是一個新的產業環節，歷史上沒有，我們有自己的專業和能力，比如說直接的健康干預、電話干預、現場干預，以及ＩＴ底層等。在這個基礎上，會有局部中介業務，比如採購外部的體檢服務和醫療服務。

我們即使做局部的中介，也不是簡單的中介，而是在做系統化的精準服務支持。比如，如果有來自我們合約保險公司的保單患者要就醫，他會先通過我們的私人醫生電話，或者面詢之後，才決定要不要去做體檢或去哪家醫院就醫。如果只是體檢，我們會給他一個體檢的菜單範圍，以及體檢機構的名單，除了必查範圍之外，一切都由患者自己決定。

假如沒有我們的服務，患者自己去一家體檢機構，很可能體檢機構為了利益驅使，會推薦昂貴的項目，但貴的不一定就是患者真正需要的。為什麼會出現這種和我們截然相反的現象，因為市場上百分之九十以上的體檢機構都屬於商業機構，為了贏利目的，當然會這樣做。那麼，為什麼我們能解決這個患者的痛點？

首先，在我們平台中出現的體檢機構，我們與之都有簽約協議；其次我們的平台很像開放的大眾點評網，公眾都可以看到用戶對這些體檢機構的各種意見和點評，而我們則定期對這些點評進行匯總、分析和總評，並進行末位淘汰。因此，對於體檢機構的選擇，不是我們自己決定，而是客戶說了算。

在提供服務上，好人生採取了互聯網加電話諮詢的模式，這種模式真能做到解決患者具體問題嗎？

湯子歐：我們電話坐堂的醫生均來自專業醫生，有些還是名醫院。但是從我們的理念角度，我們要求醫生一方面採用的是循證醫學程序，而不是傳統的坐堂開藥方；另一方面要求醫生橫跨生理學和心理學兩個學科，如果缺失心理學的，就進行惡補。根據我們的經驗，很多患者實際上在患有生理性疾病的同時，也同時伴隨著心理問題，這就需要我們的醫生能做一個全面的健康關懷。

除此，我們的醫生還必須學會運用計算機系統，進行人機對話。因為我們的服務是大規模化的，不可能只針對少數人，而計算機解決的就是批量標準化問題。我們強調所有的診斷中，百分之八十靠系統決定。但是，新的問題來了，很多老醫生不懂計算機系統，甚至還排斥，但是在好人生，這是不可商量的，是一種制度。

有所為，有所不為

儘管根據中國科學技術戰略研究院的研究預測，健康管理市場至二〇二〇年，有至少八萬億的市場蛋糕，但如今有多達三千多家健康管理公司競爭這個產業。那麼，好人生到底如何佈局自己的陣地？

湯子歐：除了醫療和藥品之外，中國健康管理市場實際還處在原始碎片化狀態。但是，人的健康只有一個，而市場上有很多的產品、服務來提供，更要命的是，各產業鏈之間相互沒有關係，使得患者很迷惑，不知道到底聽誰的，也不知道應該去哪裡整合這些健康信息，最後的結果是，患者自己來整合。

想像一下，如果消費者買車，沒有一個廠家供應整車，那麼消費者就只能拿著發動機、變速箱，回家自己搞組裝。所以，從產業角度，消費者是沒有義務自己去做資源整合的事情，這應該是產業的責任。由此，我們提出了整合健康管理的概念。這也是好人生在整個市場中的一個切入口。

二〇〇七年公司開業後，我們對健康管理產業鏈做了梳理，結果發現很多模式都有了，比如零臨檢、體檢、門診、風險管理等，但唯一缺少的就是一個大的整合式健康管理，然而這卻是民眾真正需要的。

艾·里斯（Al Ries）就定位給出的理論是，在顧客頭腦中開發一塊空地，扎扎實實地佔據下來，並作為「根據地」不被別人搶佔。好人生如何體現自己的專注能力？

湯子歐：首先，好人生有所為，也有所不為。公司從建立第一天起，就決定三不做：不做體檢、不做導醫、不做保健品。不做體檢，是因為這一市場已經過熱，而且門檻不高，商業利益驅使下，一定會扭曲體檢的本質；不做導醫和不做保健品，是因為我們完全基於患者角度，保持客觀中立。

其次，取得競爭性戰略資源。好人生提出的整合式健康風險管理戰略，不是假大空，背後實際有一個在中國乃至全球最頂尖的健康和醫療的知識系統做後盾。我們二〇〇七年創業時，知識和大數據來源主要是國際疾病管理協會（IDMA），但真正讓我們在行業內驕傲的是，引入了全球最大也是最頂級的醫療機構——美國梅奧（Mayo Clinic）醫療健康集團的知識以及投資。

也許對於大部份中國人來說，梅奧是陌生的，但它實際在全球醫學界具有崇高的價值。它距今歷史已有一百四十多年，拿它和著名的美國霍普金斯醫院（The Johns Hopkins Hospital）、斯坦福大學醫療等全球一流醫療機構相比，梅奧則是全球醫療機構金字塔排名頂上的明珠。

我們從梅奧的經驗和知識中，汲取的最大價值就是如何科學地做診斷決策。診斷決策是一個系統科學，它必須「有章可循」和「有法可依」，規避人為決策。我們引入這個系統後，成就了自己重要的戰略資源。由此，好人生的健康服務成為中國最具競爭力、最有價值的知識科學。

梅奧認同你們到底是基於什麼原因？為什麼和你們合作？

湯子歐：實際上，在和我們合作之前，梅奧和很多中國公司都在進行談判，有些公司無論是體量還是知名度都遠高於我們，甚至還有超大型的醫院，他們都在追求和梅奧的合作。但是，梅奧卻唯獨選擇了我們，我也很好奇，我問了他們高管，他們沒有給我正面答覆，我想也許是我們價值觀趨同的原因吧。

在價值觀方面，我們和梅奧的確很像。梅奧雖然富可敵國，賬上光是現金就有九百億美元，還不包括其他資產，但梅奧家族卻已把公司轉變為一家世界上最大的非營利性健康集團，管理該集團的是公共慈善基金，因此他們做事完全不需要考慮金錢利益。

在決定和我們合作之前，梅奧對我們做了跟蹤調查。其實呢，我們一進入市場就收穫了十萬客戶，作為公司執行長，我當然要承擔業績壓力，當時有銀行找我說，看中我們手裡的客戶資源，說讓我們為其代發銀行信用卡，然後給提成，我算過，當時從每張卡上我們可以賺五十元，這對我們是巨大誘惑，但我思前想後，最後還是拒絕了，因為我不願意看到好人生走偏道路，最後變得面目全非。

沒有想到，這件事情居然被梅奧瞭解到。美國人骨子裡喜歡說價值觀，他們就憑此認為，好人生在中國有和他們一樣的價值觀，於是就決定和我們合作。更重要的是，他們發現中國缺失健康管理，更缺這方面的知識、經驗和技術，而我們有志在這個領域做出事業，於是雙方一拍即合。

健康管理「雲服務」

好人生所獲得的百萬客戶，來自哪裡？客戶資源是怎麼積累起來的？

湯子歐：我們的客戶主要來自B端，當然，B端在我們這裡最後表現的還是個人，此前我們已經有逾百萬客戶，而且還在持續增加中。

至於客戶資源來源，我們從二〇〇九年進入市場後，主要開設了四個渠道。

第一個渠道是來自保險公司。我們通過服務打包，向各大保險公司提供BPO（Business Process Outsourcing）模式服務，由此形成龐大的客戶資源。

第二個渠道是企業。包括阿里巴巴、騰訊、交通銀行等眾多擁有超量員工的企業，我們都是他們唯一的健康管理合作機構，同時也提供危機干預服務，因為心理問題也是整合健康管理的一部份。

第三個渠道是移動APP。我們推出了一項「雲血壓」服務。我們考慮到社會老齡化愈來愈嚴重，而這些老人的健康，需要子女隨時知道和瞭解，以便及時採取措施。於是，我們創新了一種新型的移動血壓儀設備（OEM代工，後台是系統和梅奧的數據庫），在老人量完血壓以後，設備會把數據自動上傳到雲端，我們的後台做預警分析，然後把原始信息和我們的診斷信息同時推送到他們子女的手機中，實現家庭關懷。

第四個渠道是私人醫生。這項服務是我們和梅奧共同推出的，是為了適應中國一部份人的高端需求。我們和全球四十多家頂級醫院合作，在全球進行二次會診。

下一階段，我們會在全國重要城市和市場設立線下網點。

通過這種「4＋1模式」，以及未來考慮向個人端擴展的B2C模式，我相信足以支撐我們的擴張速度。

一直在談事前健康干預，以及整合健康管理，但好人生具體怎麼做？

湯子歐：我們扮演的是健康顧問的角色，一頭連接顧客，一頭連接身心健康資源和醫療機構。顧客可以通過好人生的互聯網平台瞭解自己屬於哪種類型，獲得干預方案，獲得健康和醫療方面的意見。還可以通過好人生聯繫最合適的醫院和體檢中心。

以我們服務於阿里巴巴公司為例。比如，阿里巴巴一位員工晨跑，當他打開手機上好人生APP時，可以看到周邊還有哪些同事在跑步，他們什麼時候跑步，以及什麼時候結束，這樣，他就可以找到搭伴一起約定晨跑。除此，他還可以隨時查閱自己跑步前、中、後時期的身體狀況指數，而這些指數，是好人生在後台通過雲端計算和分析推送的結果。

服務還不僅限於此。假如該員工跑步時發現身體不適，他可以通過好人生的呼叫中心問詢我們的客服，好人生的客服都是資深醫生或護士，他們會根據該員工的健康電子檔案，給他電話解答，如果發現他體檢資料不完備，會提醒他登錄我們的健康一點通網上頻道，去挑選體檢菜單和機構，然後給予安排。如果該員工需要就醫，也可以通過我們的優選服務供應商平台或V健康，選擇國內或國際優秀的醫院就診。在整個過程中，我們不僅提供身體健康檢查的服務，而且還有員工身心健康風險管理計劃。

健康問題一半和心理有關，我們所提供的整合式健康風險管理，是橫跨生理和心理兩個學科領域的整合干預，這在中國獨一無二。

從對阿里巴巴公司員工的健康服務上，大家可以看到，我們的健康風險管理實際是三百六十度的關懷，並形成一個環環相扣的管理系統。

卡位二〇一三

儘管大量風險投資催動中國企業的創新和新業態的誕生，但來自在華德國企業的中國職業企業家卻認為，發展不僅要和環境友好，而且偉大創新都來自每天的一小步。這種有關創新的「快」與「慢」的觀念對比，使得中國企業開始思考速度、成長、可持續之間的平衡。

今日資本總裁徐新：企業家要有「殺手直覺」

今日資本，由有「投資女王」之稱的徐新於二〇〇五年創辦。徐新本人，以及其領導的今日資本投資的主要特點是，橫跨傳統和互聯網的零售和消費品領域。其先後主投或參投過的企業包括網易、中華英才網、娃哈哈、長城汽車、永和大王、德青源雞蛋、諾亞舟、京信通訊、元征科技、京東商城等公司。目前，今日資本管理著來自海外投資基金的十二億美元。

徐新和劉強東，到底誰救了誰？

如果京東不是在二〇一四年五月二十二日成功登陸納斯達克，也許徐新還會繼續被輿論詬病。而就在前一年，徐新已經絕少參加論壇演講。只要她出場，提問者就一定會直接詢問，有關京東的資金鏈問題。

由於徐新自曾經成功扶植網易創始人丁磊登頂中國首富之後，就再沒有出現一筆成功個案，而且此後所投資的真功夫、土豆網、趕集網等，均先後因創始人離婚導致股權爭鬥，使得今日資本在投資

界成了「婚變投資」的代名詞。那一年的夏天，受徐新邀請，我在其上海寓所對徐新進行了訪談，談到自己所投企業接連產生婚變問題時，她表示很冤：「這樣的巧合幾乎百年不遇，是在中國投資的一大特色。」

當然，自此之後，徐新開始對今日資本的投資規定增加了一條，就是一定要考察創始人的婚姻狀態，如果發現有離婚傾向，再好的投資機會，也將放棄。當然，這一次對京東的劉強東也需要防範，「好在，已經瞭解過，劉強東目前獨身」。

從二〇〇七年到二〇一三年前，今日資本實際已向京東投出了約三千萬美元，而京東另外還向雄牛資本、梁伯韜私人公司、俄羅斯投資者數字天空技術（DST）、老虎基金、加拿大安大略教師退休基金和王國控股公司（Kingdom Holdings Company）等海外投資機構融資了約七十三億美元。問題是，這麼多投資者、人都捆綁在不盈利、而且要繼續燒錢的京東身上，輿論的質疑在二〇一三年達到了頂峰，而且京東的死敵也在煽風點火指責京東是為了搶B2C地盤，意圖在日後佔據零售價格控制權。至少在二〇一三年的前六個月，作為當初第一個投資京東的PE/VC公司——今日資本，和京東一樣，被輿論推到了風口浪尖。

但是，徐新卻向我重提到網易的丁磊。她說：「當初我找到他的時候，他只有二十八歲，領著一群年輕人搗鼓著網易，我問他，網易有沒有機會做大？丁磊的回答是，網易現在就是行業第一。實際上，我知道網易只在行業排名第三，但丁磊發現了互聯網遊戲的機會，這個機會讓他找到了金礦。之後，我給了他五百萬美元。再之後，網易實現上市，我們以八倍的投資回報實現套現。」徐新認為，評估一個企業成長性，先看創始人身上有沒有一種「殺手直覺」。徐新表示，她的這個觀點是從成功投資網易過程中逐漸建立起來的，後來用這個標準同樣衡量了真功夫、土豆網、趕集網的創始人，如果拋開這三家公司創始人的婚姻問題，在「獵殺」商業機會中，他們都算得上頂尖高手，當然，現在徐新把賭注已經完全壓在京東劉強東的身上，徐新表示，她看見了下一個丁磊。

投資給有「殺手」感的人

中小企業現在抱怨更多的是，融資渠道不暢，於是被迫進行民間借貸，但每每又與現行法律衝突。中小企業到底應該怎麼辦？

徐新：表面上看，資金短缺問題是這些公司的瓶頸，但我並不認為如此，打個比方說，即使銀行無抵押給企業錢，如果企業業績不漲，沒有盈利，又拿什麼錢還銀行？銀行出於風險考慮是這樣，那麼作為投資機構就更不會頂著風險進行投資。

在當前局勢下，我認為我們不可能再奢望有「四萬億」的時代，各產業轉型升級會愈來愈加劇，為今之計，企業首先要考慮的是三個問題：第一，選擇進入的行業是否屬於大週期調整的範圍？第二，管理系統是否有助於你企業的發展？第三，手下是否有人才在幫助老闆解決問題？

你為什麼對於企業創始人的「殺手直覺」尤為看重？

徐新：在今日資本一系列投資中，我發現一個具有市場敏銳感的企業家，在選擇自己進入的行業、獵取到的商業機會時，一定會超越常人，而這樣的企業家，往往是吸引投資的關鍵。這樣的企業家，會讓資本有信心。

網易的丁磊就是這樣的人物，我現在更看好京東的劉強東。我認為劉強東也是一位具有「殺手直覺」的企業家。

我是二〇〇六年開始投資劉強東的，當時京東也就五千萬的銷售額，員工只有五十多名，當年的十月份，我和他在北京香格里拉酒店見面談投資，我們從晚上十點談到次日凌晨兩點。劉打動我的有兩條：第一，京東每個月的銷售收入都比上個月增加了百分之十以上，這是在沒有出一分錢的廣告基礎上實現的，這說明劉強東選擇的行業對了，且抓到了機會；第二，他不僅把公司的優勢告訴我，而且還和盤托出自己的不足。最後，我問劉，你要融資多少，他說要兩百萬美元，結果我說，給你一千萬美元。

接下來，劉強東的「殺手直覺」開始發揮了，拿到錢後，他開始擴大品類，一改原先只賣ＩＴ周邊設備的做法，此後掀起了一波接一波的市場巨浪，結果呢？劉強東打敗了新蛋。此前，劉強東拿到我的第一筆融資後說，要做中國的新蛋，現在，新蛋對他已望塵莫及。

因此，從資本角度，我們對一個企業決定投還是不投，並非一定要看其固定資產和規模如何，更看中的是，企業家天性中有沒有對市場、機會的「殺手直覺」。

人才和內部活力大過融資

很多企業要發展，就需要資本，但資本總是有限的，不可能進入到所有企業，這些企業如何被發現，或者自己如何找到出路？

徐新：根據我多年的投資經驗，很多企業其實缺的並非資金，而是人才和管理系統。作為資本方，在我們對一個企業的投資前期，也許我們扮演了導師，給錢、給資源、輸入管理，但一旦企業長大之後，我們就是啦啦隊隊長，給企業家喝彩。

記得當初真功夫找我們做投資的時候，它已初具規模，蔡達標（真功夫前董事長）想走出廣東，但我發現他當時很難發展，因為要走出廣東就意味著要開更多的店，但每個區域市場誰來負責？蔡達標訴苦說，他派不出封疆大吏。

蔡達標當初遇到的問題，和當下很多企業是一樣的。創業的時候，依靠老闆的眼光、判斷和勤奮，一頭獅子帶著一群綿羊打天下，但企業做到一億銷售之後，怎麼衝十億？十億之後，又怎麼衝一百億？結果發現，力不能及，如果還是保持「獅子帶著綿羊」的管理模式，根本成就不了一個偉大企業。

我所投的企業，最初都是和當初的真功夫一樣，屬於中小型企業，但卻具備發展潛力，我們投資之後，要做的就是把它們的潛力找出來、激發出來。引進人才和建立系統性管理，是我們對這些被投企業最先做的兩件事情。

不過，企業家要明白，重建人才和管理系統需要一定的時間和耐心來培育，千萬不能心急火燎。以我們投資的「都市麗人」來說，這家女性內衣公司的老闆鄭耀南用SPA（Speciality retailer of Private label Apparel，自有品牌服裝，專業零售商經營）模式建立了獨立品牌，但他在發展中遇到了人才短缺和連鎖管理系統不夠強大的瓶頸。我們給他引進了市場總監、財務總監、CTO和COO（營運長）等高管。剛開始的時候，這些新來的專業人才利用自己的知識、經驗，為公司搭建了各模塊的管理系統，並沒有馬上出成績，有些股東很焦慮，對我們抱怨說，新的高管來了之後，費用增加了很多，收入卻沒有明顯增加。我說，不要著急，作為股東要給他們時間，他們需要瞭解、適應企業，因為做管理頂層設計是一個複雜的系統。根據我的經驗，一般十八個月之後，你們會看到成效。好在鄭總志存高遠、心胸寬闊，堅持了下來，後來公司也果然嘗到了甜頭，現在正在推動「萬店計劃」，如果沒有人才和系統，其「萬店計劃」又怎能實施？

我還是重複一句話，資本是有限的，不是所有企業都能和資本對接。因此，建議我們的中國企業，無論是否取得外部資本，都要在引進人才、吸收外部基因、變革內部管理系統上，給出試錯空間和耐心。

只投不受週期性羈絆的行業

根據今日資本公開的投資企業名單，目前共計十六家，其中有九家屬於傳統企業。而在當今的環境下，傳統型企業都處在轉型與升級的兩難中，那麼，被今日資本所投資的這類企業到底具有什麼樣的優勢？另外，從資本的角度，中國傳統型企業如何反週期運營？

徐新：今日資本投資的產業主要集中在零售、消費和互聯網行業。除互聯網之外，在選擇傳統行業中，我們為什麼要定位在零售和消費行業呢？

我們主要考慮到，在經濟週期中，對比鋼鐵、機械等行業來說，零售和消費行業相對比較穩定，受環境影響比較小，即使經濟再如何不好，人們的生活消費需求總是硬性存在。因此，在我們投資的企業中，就有益豐大藥房、都市麗人、相宜本草這樣的企業。也許他們不能像互聯網企業那樣一飛衝天，但每年百分之三十以上規模性增長，符合我們的投資要求。

當然，零售、消費企業遇到了成長瓶頸，一方面是房租到期時都有百分之三十至百分之四十的瘋長，一方面是人工成本與銷售收入的佔比每年以百分之〇．五至百分之一持續增長，兩方面的增長直接吞噬了利潤。作為利益關係者的資本方，我們和這些企業必須同謀劃策。我們並不認為這些企業應該完全通過提價將成本轉移給消費者，因為我們之所以投資他們的初衷，就是看中他們有做大的潛力，而提價就會讓他們從大眾變成小眾，對自己不利，做大的機會也會減少。

解決方案是什麼？第一，加品類，延長產品線，讓客流次數和消費選擇增多；第二，做會員服務，增加老客戶回流，在服務和促銷模式上，做到極致。

請舉一個案例，解釋一下傳統型企業如何適應當下環境的變化，以及如何做出具體的改變？

徐新：以真功夫為例，儘管由於公司創始人家族糾紛，我們最終在年初選擇了退出，但要肯定的是，這家公司的商業與管理模式正進入一種更加可複製可做大的機制中。

此前，真功夫同樣遇到房租和人工的成本困境。經分析，我們認為，除了房租不可迴避之外，能否先從人工成本中想辦法？

關於破解人工成本問題，其實真功夫只要移植麥當勞模式就可以。麥當勞模式很簡單，就是使用小時工。但對於真功夫來說，使用小時工卻是對原有管理模式的革命。一開始，很多店長提出反對，理由就是，「平常忙得腿都斷了，你還給我們減少固定人手？」

於是，公司就對崗位和時間流程做分析，結果發現，真正忙的時段，也就中晚餐時間，其他時間都是空餘的。空餘時間，正是節約人工成本的關鍵點。

我們選擇了一家門店來試點小時工制度，這個店的經理是我們從麥當勞挖來的，他對於使用小時工本來就得心應手，結果發現，該店的人工佔比銷售收入節約了百分之二，這也就意味著該店的月利潤多出百分之二。推演一下，如果真功夫遍佈全國的門店都執行小時工制度，公司的總利潤也就增加百分之二。之後，我們從廣東市場開始，然後推到全國門店。

對於真功夫來說，使用小時工就是管理創新，而這種創新來自麥當勞的經驗。其實，其他的中國企業也可像真功夫那樣，藉鑑海外優秀企業的做法，國外企業在商業社會上的經驗比我們更豐富，他們經歷的大週期比我們更多，逼迫他們不斷創出新的管理模式。因此，我們不必浪費時間和精力，先拿別人的經驗來用就行。

投資退出，先「養好」企業

風投，一直給人的印象是暴利，只要是原始投資，上市之後，套利往往是五倍、十倍，甚至更多，去年年底，居然有八百多家公司準備IPO，不過在嚴肅審核機制下，很多公司最後不得不放棄上市，這是不是意味著風投暴利時代已經不再？

徐新：經濟過熱的時候，就是水漲船高，對投資人來說，主要是選對好的項目，將企業做大上市後，一定會有數倍收益，另外，市場上也有充沛的流動性，一個企業上市，很容易獲得投資者的興趣。因此，作為原始投資者，一方面很容易獲得原始私募，另一方面又容易在被投資企業上市後，獲得高收益的回報。但經濟下行之後，風投原有的優勢反而變成劣勢，私募變得困難，而投資的企業，要順利通過ＩＰＯ會遇到更嚴的審查，即使上市，跌破發行價也有可能。

不過，從歐美歷史經驗看，市場總存在一個「二八定律」，就是百分之二十的機構會獲得百分之八十的利益，百分之八十的機構只能賺取百分之二十的利益，且充滿競爭。

在追蹤ＰＥ／ＶＣ行業今年截至四月份之前的投資案例和金額後發現，除前兩個月下降之外，三至四月呈現了項目和投資雙增的趨勢。那麼，一邊是獲利減少，一邊是項目和投資增加，這是否說明，ＰＥ／ＶＣ行業開始進入理性時代？

徐新：儘管賺錢不像以前那麼容易，但PE/VC機構還是會繼續投資，只是投資風險比以前更大，因為錢太多，價格更貴了。三至四月呈現的這波投資小高潮，主要集中在那些具有高成長潛力的ＴＭＴ（Technology, Media, Telecom）領域。

至於是否進入投資理性時代，我想先不用這樣定義，拿歐美經驗來看，歐美的投資機構能「抓到」一個有百分之十以上增長速度的企業，就已把它當寶貝了，而在中國呢？這樣的企業，投資機構根本不看，因為在中國即使一個企業增長是百分之二十，也未必中意。但在新的形勢下，投資機構可獵取的對象機會愈來愈少，因此下一輪的趨勢，很可能對那些百分之二十左右增長的企業有所青睞了。

在前四個月中，披露的ＰＥ／ＶＣ退出事件僅發生在一月，有三筆，且都是併購性退出，但一般來說，併購性退出不如上市後退出獲得的回報更大，這是否說明ＰＥ／ＶＣ的回報渠道空間在縮小？

徐新：一方面是新股未開，有些投資機構等不及了，就趁併購機會獲利退出，至於回報多少，各有各的利益點，但我想，和一般上市後退出，總有所區別。

另一方面，從今日資本的角度，我們認為，不是所有被我們投資的企業都要遵循上市這一路徑；根據我們以往的經驗，大部份會上市，小部份則通過其他方法退出。如果一味鼓動企業上市，情況會怎樣？企業就會短視，衝業績，即使上市，業績一旦下滑，股票下跌，對員工的士氣、管理層的心態都有負面影響。因此，我們更在乎投資一家偉大的企業，幫助企業家打造行業第一品牌，把企業的管理「養好」，業績實現穩定後，再考慮自己以什麼樣的方式退出。我們今日資本並不希望企業過早上市，我們願意長期持有我們所投的企業，真正享受復利增長帶來的回報。

用協議壓縮企業家婚變空間

作為巴菲特的信徒，您一直認同巴菲特的「大家貪婪的時候你要恐懼，大家恐懼的時候你要貪婪」這句話，按照這個理念，現在應該就是大家恐懼的時候，那麼，今日資本除了已有的十六家企業投資之外，有沒有最新的「貪婪計劃」？

徐新：的確，我信奉這句話。今日資本也曾有過十八個月沒有任何一筆對外投資的事，不過我們去年下手就很快，投了六家企業，其中兩筆是對已有的螞蜂窩旅遊網、良品鋪子進行的投資追加，另四筆是新的，包括翠華餐廳、大眾點評網，以及目前暫不能透露的兩家餐飲企業。

被今日資本投資過的企業都很吸引大眾眼球。比如出現創始人婚變的土豆網、趕集網、真功夫，以及在B2C領域經常採取「雷霆行動」的京東等，而這些企業的命運又和今日資本休戚相關，問題是，作為資本方，如何身在其中，同時又能維繫資本利益？

徐新：婚變是這些中國企業的一個特色，不幸的是，有三家發生在我的投資中。儘管我們投資企業的時候，也考察企業創始人，但主要集中在創始人的敬業、品格、勇氣、智慧等環節上，很少去考慮他的婚姻狀況，而私人生活上，我們又無法用協議進行限制。

得到教訓之後，我們對被投資者就會有婚姻狀態的考察，比如要約談創始人的太太、子女、下屬及周邊的社會關係人，以掌握他的婚姻狀況，避免未來有損企業發展和股權利益的行為。另外，我們要求創始人獲得我們資金後，要求企業業務集中、成長速度和管理變革，促使這些企業主只能把精力集中在企業。

至於京東，很多人會問，它什麼時候上市？我對劉強東說過，我們不會催你，只要求繼續壓制競爭對手，保持行業第一（垂直型B2C排名）的速度。我當時投資他的時候，就是看中他具有一個優秀企業家具備的「殺手直覺」，他能看到別人看不到的市場，還敢做敢鬥。在每次注資的時候，我都會問，「你將如何保持行業百分之三十以上的市場份額，如何保證領先於兩倍行業第二名的成長速度？」只要他繼續做到，我們的投資就是正確的，且未來的收益也有保證。總之，京東現在需要的是時間。

ＩＤＧ資本合夥人章蘇陽：要賭就賭「黑天鵝」

ＩＤＧ技術創業投資基金（簡稱IDGVC Partners，原太平洋技術創業投資公司）於一九八九年十一月在北京進行了第一個試驗項目的風險投資。在此基礎上，一九九三年開始大規模進入中國市場，並在各地設立了自己的風險投資管理公司。ＩＤＧ資本重點關注消費品、連鎖服務、互聯網及無線應用、新媒體、教育、醫療健康、新能源、先進製造等領域的擁有一流品牌的領先企業，覆蓋初創期、成長期、成熟期、Pre-IPO（企業上市之前）各個階段，投資規模從上百萬美元到上千萬美元不等。作為第一批ＩＤＧ合夥人和ＰＥ／ＶＣ界知名人物的章蘇陽，曾主投過攜程、如家、好耶、易趣、物美電子等公司。

章蘇陽說過，儘管他領導ＩＤＧ曾經成功投資了攜程、如家、好耶等公司，並使他戴上ＰＥ／ＶＣ界明星的光環，但實際上還有更多失敗的投資案例是鮮為人知的。

章蘇陽一九九四年加入ＩＤＧ的時候，彼時的中國還很少人聽說過風險投資。直到一九九八年，被譽為「中國風險投資之父」的成思危在全國政協九屆一次會議上，提交了一份《關於盡快發展我國風險投資事業的提案》後，中國人才知道，原來風險投資可以幫助中國經濟建設。相比之下，章蘇陽已提前四年積累了實戰經驗。

二〇〇六年，中國進入了第一波風險投資高峰期。該年創業投資機構累計投資項目四千五百九十二個，其中屬於高技術企業的投資項目達到了兩千六百零一項，佔項目總數的百分之五十七，累計的投資額達到了四百一十億元，其中向高新企業投資的佔兩百一十五億九千萬元，約佔總投資的百分之五十三。最早介入風險投資的ＩＤＧ，更在當年摘得「年度中國最佳創業投資機構」的桂冠，而章蘇陽帶領ＩＤＧ主投過攜程、如家、好耶、易趣、物美電子等明星公司的成功個案，為ＩＤＧ贏得了掌聲，同時使無數的創業公司，把和ＩＤＧ資本的結盟視為一種榮譽。

但是，隨著這波風險投資熱潮的翻滾，讓更多的中外投資機構，甚至以個人為單位的天使投資，加入到風險投資領域，這使得風險投資的追獵對象——創業公司，變得彌足珍貴。

二〇一三年，熟諳風險投資和創業企業兩界的唯眾傳媒創始人楊暉，為製造財經娛樂效果，推出一檔《愛拚才會贏》創業真人秀電視節目，旨在搭橋投資人和創業者的融資關係。作為楊暉的朋友，章蘇陽以個人名義參加節目，他試圖要為ＩＤＧ尋找到一個「黑天鵝」那樣的投資對象。

新疆香都酒業會成為中國的波爾多酒莊嗎？這是章蘇陽在《愛拚才會贏》中，給這家公司六十二歲的創始人李瑞琴八千萬投資意向之後，問自己的問題。事後，章蘇陽在接受我的拜訪中，這樣表示：「新疆香都酒業位於中國乃至全球最好的葡萄園種植地帶，並且有四萬畝無負債經營的葡萄種植園，誰知道這家企業在今後五至十年內會爆發出怎樣的潛力？」

但是，假如除去《愛拚才會贏》裡做秀的場面，還有很多中小企業的老闆沒有獲得資本的青睞。這反映了企業界與投資界之間的兩難：一方面是企業尋找融資的艱難，另一方面是拽著大把現鈔的資本方，卻也苦於好項目難找。為此，作為中國第一批投資人的章蘇陽，又將如何分析？

快死的企業，不必救

大家普遍都想談一談有關產業升級的問題。在和中小企業當面溝通的時候，很多企業家會問我：究竟自己怎麼轉型和升級，才能吸引到投資公司的注意？

章蘇陽：我們現在談產業結構調整，或升級換代，都無非落實到三個問題：一是偏技術創新的，二是業務模式型的，三是產品升級的。

什麼是技術性問題？就是技術的創新，來牽引產業發展，比如英特爾公司，老是要你每年換新電腦。從最高端的科技領域來說，航天、潛艇、航空母艦上，我們都有自己的研發科技能力，並且能夠引導一些產業發展，但以商業領域來說，依靠一個純粹的技術引發產業發展，我們一直做得不太好，我們扮演的角色基本都是跟隨者，而且這種趨勢，仍將持續很長一段時期。

業務模式創新型，它主要以一種創新的商業模式來使用戶有一種更好更新的體會，現在大部份的互聯網公司屬於這一類，比如大家在電商買東西更方便了，在攜程上訂酒店更方便了，在百度上找信息更方便了，騰訊的微信使大家聯繫更方便了，當然這裡面也需要一些技術性強的，總的來說還是屬於業務模式創新型。

儘管，我們在多個領域中，原創的技術和產品比以前增多，但從顛覆性角度來說，至今在各行業中並沒有出現耳目一新的變革，因此，目前階段，我認為既然是做跟隨者，就把跟隨者的角色做好，爭取不掉隊，並且將借鑑和模仿做到極致，就是成績。

至於產品升級，我認為，這是傳統型企業在產業調整，或升級換代中最容易做到的事情。很多人會認為，說得輕鬆，做起來很難，其實你只要細想一下，你會同意我的觀點。

以一家靠業務模式創新的互聯網企業和一家傳統型製造企業相比，你會認為誰的產業升級困難最大？互聯網企業假如沒有與時俱進的新技術變革，它的日子一定比傳統型製造企業更難過，而後者在產業調整或升級換代上，只是思維突破的問題。

舉一個做針的例子。日本企業可以將針的毛刺做到最低程度，我們中國企業要競爭，就很簡單，學習日本企業，也把毛刺降到最低，甚至超過日本人，這個時候，中國的企業就完成了升級換代。從這個意思上，我認為，傳統型企業轉型與升級的目標，遠比純靠技術驅動的技術型企業更明確，就是找行業裡最優秀的企業，學習並超越。這樣的企業，不用找風投，風投也會盯上你，因為做到行業質量第一的企業，就有機會做到品牌第一、市場第一。

產業調整以及升級換代中，我們每次都會糾結於這樣的兩難：既然有變革，就會有行業洗牌，就會有企業死亡，但為什麼我們總是擔憂企業死亡，甚至要求不讓企業死亡？

章蘇陽：企業發展就如人類物種進程一樣，也有優勝劣汰，適者生存是大自然的規律，我就奇怪，為什麼不適應環境、不適應變革的企業就不能死？

我們總會悲天憫人，認為企業死亡會影響經濟環境，對業界造成不良情緒，這樣的觀點是錯誤的，因為經濟活動本身就有一定殘酷性，試問，產能化要不要去除？粗放型生產模式要不要調整？我們現在很多領域的生產能力大大超過需求，比如水泥、玻璃、鋼鐵行業等，除醫療、公共事業之外，很多領域中的粗放型企業都需要面臨關停並轉，無法有效實施調整和升級的，就應該讓它自然淘汰，死一個，可能救活五家，如果救它，最後的結局就是，大家都面臨死亡。事實上，很少有快死的企業，救了它，還能挺下來，並最終成為偉大企業的，這樣的例子，我沒有見過。

我認為，一旦需求被刺激起來，企業優勝劣汰反而會加速。為什麼？假定，我們學香港、澳門把錢貼給消費者，就會刺激消費者進行購買行為，他們知道誰家的產品好，誰家的產品不好，這樣，在買方市場上，就會自動剔除缺乏競爭力的企業，而生產優質產品的企業就不會死。因此，無論從大環境角度，還是消費者的選擇角度，企業生老病死是正常的事情，是符合市場規律的行為，只有優勝劣汰，才給整個行業提供生存空間，使得一個粗放型經濟，最後走向精細化經濟。

民間借貸，可不干涉

許多中小型企業，因為在銀行融不到資，或貸不到錢，於是轉向民間借貸，而民間借貸又存在大量的灰色操作。對此，這些企業又將怎麼辦？

章蘇陽：相比向PE／VC融資，中小企業，尤其是民營中小企業要獲得銀行貸款，可能更難，因為在現階段，信用擔保仍然是很難的事情，但這些企業要生存和發展，怎麼辦？就只能採取非銀行借款，其中包括民間借貸。

我個人覺得，除了具有欺騙性質的公眾集資不被允許之外，企業間的互相借貸是正常的行為，為什麼？

銀行為什麼不貸款給他們，因為無法證明接受貸款的企業，是否有能力還錢。而企業之間的貸款就不同，老闆們彼此認識，知道對方企業的底細，以及還款能力，彼此是一種你情我願的行為，即使他們之間出現了貸款糾紛，可以通過民事訴訟，去法院協調和解決。因此，對於民間借貸，不用強行干預，只要彼此的借錢是雙方真實意志的表達，就可以不管。

最近三年，PE／VC行業平均投資回報呈現逐年遞減的趨勢。這是否說明，PE／VC的暴利時代已經過去？而且獵取好項目將愈來愈困難？

章蘇陽：PE／VC行業的相對回報倍率這幾年下降，有四個原因：

第一，PE／VC行業成立的基金太多，也就是錢太多，但好項目卻少，因此所投資的項目就一定會漲價，供需關係決定，由此，PE／VC的投資成本就高，回報率就會下降；第二，投資基金有一定時間要求，有些基金的管理期限是五年以下，甚至更少，這就很麻煩，基金管理人必須在五年內投進和退出，但投資過程的每個環節都需要時間，從投資談判、投錢、上市輔導期等都需要耗費時間，即使實現上市，股本大一點的都有鎖定期，所以就要快速介入項目，而開出高價通常是一個能快速介入項目的有效做法，這樣的話投入成本就高，相應的回報就會下來；第三，按照五年基金管理期，很多PE／VC投資Pre-IPO項目，是最多的選擇，但到了這階段，投資成本就很高，影響到資本收益；第四，受整個世界經濟前景的預期。

二〇一三年第一季度披露的PE/VC退出事件僅發生在一月（三筆），且都是併購性退出，為什麼不再耐心等待IPO新的開閘？

章蘇陽：一方面和PE/VC管理的基金期限有關；另一方面，併購性退出賺的錢，不見得比上市退出少。另外，以當前經濟形勢看，上市之後也有「破發」（股價跌破發行價）的風險，這對於投資人來說，是最不想看到的結果。

當然，假如所投資的企業，發生多起「破發」，投資人就應該檢討，是大勢沒有認清，是對市場沒有認清，還是對這個企業沒有看清？

不賭藍海，只賭黑天鵝

只投「黑天鵝」企業，不投「藍海」企業，這是你的投資原則，難道相比黑天鵝，藍海型企業沒有投資價值嗎？而你早期成功投資過的攜程，是黑天鵝還是藍海型企業？

章蘇陽：攜程不是黑天鵝。攜程通過互聯網實現的訂房訂票模式，之前已有五百家企業在做，攜程的成功，是第一次把訂房訂票做成標準的產業，並因此設定了進入壁壘，另外，由梁建章、季琦、范敏、沈南鵬等菁英架構成的斯巴達方陣式管理，很難有人打破它。

投資攜程，的確是我值得驕傲的一次記錄，很多人說我當時的判斷如何準確。其實，我在當年根本沒有想那麼複雜，我只是認為，這個模式在美國有了，中國沒有，如果攜程在中國能做成一個標準產業，就一定能成功。

至於找什麼樣的企業投資，我的確說過關於「黑天鵝」的概念，原話是這樣的——不去賭藍海，要賭就賭黑天鵝！這話怎麼理解？

在我看來，沒有什麼藍海，所謂現在講的藍海，是指不被大家發現的領域，這個是不存在的。如果說有什麼藍海，其實就是大家都認為不好，因為成功概率低，所以大家都不去。而黑天鵝呢？至少大家沒有認為它不好，只不過，你無法預期它生出來的是黑的、白的。因此，我要找，一定會找大家都認為不容易遇見的黑天鵝，如果成功了，就是大成。所以要賭就要賭黑天鵝，而不是賭藍海。

在我投資的案例上看，如家算有一點黑天鵝的性質。當時，它的經濟型連鎖酒店模式在中國沒有，大部份投資公司沒有投他，我們第一波參加了，後來事實證明我們的投資是正確的。

當然，我們不能對黑天鵝的要求太過苛刻，我的理解就是，任何一種技術或者模式，在海外被證明成功，但中國沒有落地，就可以把它當做黑天鵝來培育。當然，如果是能找到阿里巴巴那樣的純黑天鵝項目更好。

在選擇被投資對象時，你認為一個值得你注意的人和企業，到底應該具備什麼樣的條件？

章蘇陽：必須整天想著做大。比如說江南春、馬雲這樣的企業家，他們整天都想著做大，且到了如今地步，他們還在努力讓自己做到絕對的領軍。

細化到選擇標準時，看四個要素，第一，看他是否是一個堅守商業底線的人？在國內的商業誠信，還沒有達到國際發達國家的水平下，他是不是一個能夠做到遵守商業基本規則的人，如果對簽下來的規則、合約，都能不折不扣地履行，他至少就是一個守信用的人，就有機會把企業做得更完善。第二，必須是一個負責任的人。表現在哪裡？首先對自己客戶負責任；其次必須始終不忘對股東的承諾和責任；最後，必須對員工負責。只有為員工負責的老闆，才能讓員工為他的企業做出更大的貢獻。

一個老闆做到以上三點，也就意味著做到了第四點：為社會盡責。所以，這樣的企業家會讓投資人放心把錢交到他的手上。

IDG共投了兩百多家公司。從行業來看，主要集中在科技與互聯網、消費產品及服務、技術服務與資源、環保與新能源等領域。這些企業最初在業界名聲不大，是否因為IDG資本的投資才一舉成名？投資之後，IDG資本對他的最大幫助是什麼？

章蘇陽：投資人不是神，他改變不了一個企業的最終結果，投資人扮演的是給資金、輸送人才和管理的輔導性作用。大部份的情況是，在投資人投資的那一點開始，這個企業最後成功與否的百分之七十五已經定了，能改變的只有百分之二十五。在這個百分之二十五裡面，再花力氣也於事無補。

當然，獲得一個知名PE／VC的投資，有助於企業聲譽，更有助於企業下一輪融資，或上市與兼併，因為別人相對會信任你。

在《愛拚才會贏》創業真人秀電視節目上，你公開宣佈對新疆香都酒業有限公司八千萬融資意向，你為何選擇這家企業？這家企業有何成長動力？

章蘇陽：參加這檔節目，也是希望能找到合適的投資對象。我之所以選擇新疆香都酒業有限公司作為投資意向的對象，有這樣兩個原因：首先，這家企業創始人李瑞琴曾經創過業，並致富過，因此她知道創業的艱辛，並且有商業上的智慧；其次，她現在擁有的四萬畝葡萄種植園土地，沒有任何負債，有資源上的優勢。

在選擇李瑞琴期間，我特意評估了她的企業價值。第一，世界葡萄酒的產區主要分佈於北緯的三十度到五十二度和南緯的十五度到四十二度，這些地區也被稱為葡萄酒帶（Wine Belt），而香都酒業所在的位置恰恰處於這個地帶，有得天獨厚的地理優勢；第二，近年來，中國小型葡萄酒廠市場增速都在百分之五十，以鄰近香都酒業的莫高窟葡萄酒廠為例，去年就做了三億多銷售額，PE估值（市盈率）就在四十九倍，高過多數上市的葡萄酒大企業，因此，香都酒業具有很高的投資回報可能。

滬江網首席執行長伏彩瑞：在線學習的革命

滬江網屬典型的大學生創業企業，由伏彩瑞創建於二〇〇一年八月，最初是致力於提供在線英語學習交流、相關資訊和服務的外語網絡學習平台，後逐漸擴展為包括日語、韓語、法語、西班牙語等的多語種學習平台。經過十多年互聯網語言學習技術的挖掘、創新，以及商業服務模式的深度探索，如今已成為中國最大外語網站，並擁有八千萬用戶，下轄包括開心詞場、滬江網校、聽力酷和CCTalk等多元服務產品。

新東方的俞敏洪還是晚了一步。

時間倒退到十二年前的二〇〇一年，就在俞敏洪領導新東方在線下如火如荼的時候，一支並非出身於傳統教育的互聯網力量正悄然問世，其中包括滬江網和YY教育等。如今，俞敏洪將線下教育上升到雲端的時候，他突然發現以滬江網等為代表的在線教育公司，已在商業模式和盈利模式上完成了多輪轉型，而自己卻需要在這個領域重新尋找競爭力。

再有三至五年，新東方還會是教育市場的老大

嗎？滬江網的創始人、首席執行長伏彩瑞並不想臆測，但其領導的公司已用數據說出了自己的地位：以獨立IP為基準，滬江網現有瀏覽人群是兩億，年收入超兩億，市值達五十億，成為中國最大的外語網站。低調的滬江網現在只缺上市，給自己揚名。

顧名思義，在線教育必須同時具備互聯網和教育兩大基因，這首先要體現在公司創始人和管理者的身上。從這個視點上看，滬江網面對很大「爭議」，該公司三位聯合創始人和兩位高層職業經理人，儘管不乏互聯網基因，但都沒有像新東方的俞敏洪團隊那樣，出身教育系統。這就引發了一個思考：在線教育的玩家，究竟是傳統教育的人來做，還是讓互聯網的「野蠻人」來做？

如果僅看到滬江網五位高層的非教育出身，容易形成一個悖論，就是互聯網的「野蠻人」能夠做成在線教育事業，而傳統教育體系裡的人不行。但真實情況並非如此，原因有三：一、教育應該屬於公眾，不應被傳統教育壟斷；二、互聯網時代，學習方式到了顛覆時刻；三、從事在線教育的玩家，有企業家精神，並能整合資源。

以上是滬江網成長的三個奧秘。前兩條中，一個是破壟斷，一個是學習者的行為變化趨勢，而最後一條是滬江網五位高層做事業的態度。伏彩瑞等人創辦滬江網的時候只有八萬元的借款，並經歷過財務危機，再到每人拿最低工資，並通過一次次試錯，終於成為一家如今年收入超兩億、市值達五十億的在線教育公司，其創業並非一蹴而就。

雖然可以用「從互聯網入口殺入教育市場」來總結滬江網過去的運行軌跡，但滬江網究竟如何「殺入」才是關鍵。滬江網究竟如何做大，伏彩瑞曾經這樣告訴我——滬江網就是一個崇尚快樂學習的樂園，學習就是玩，在玩中學習。如果從商業模式角度，可以用「C2C＋B2C＋B2B2C」這樣的混合模式，來總結滬江網的運營邏輯，這聽起來像阿里巴巴及其淘寶，不同的是，滬江網將之運用於外語學習。但伏彩瑞表示，他沒有參照馬雲，只是和阿里巴巴殊途同歸。

很難想像，二〇〇一年，伏彩瑞以上海理工大學英語專業大三學生的身份，為了和同學們獲得一個低成本的英語學習環境，在網上創辦的一個外語學習BBS論壇，會在日後孵化出一家實體公司，而且還能攀上中國第一外語網站的寶座。也許，這就是互聯網思維及其製造的傳奇。

商業模式混搭

和其他類別的互聯網公司一樣，在線教育的進入者很多都是出自非傳統教育系統的「草根」，滬江網的團隊也是如此。這就引發一個思考：在線教育的玩家，究竟是傳統教育的人來做，還是讓互聯網的「野蠻人」來做？

伏彩瑞：很多互聯網公司都是基於一個傳統產業，然後用一種互聯網創新模式進行重置，相對來說，產業本身不可能產生變化，只是用了一種互聯網手段，對產業進行了升級和再造。比如電商，產業就是零售，只是互聯網把傳統零售中不能解決的價格透明度、價格地區差異和快速送達的痛點給解決了。從在線教育來說，解決的就是傳統教育資源不平衡這個痛點。

滬江網的初期創始人中，包括我、于杰和唐小浙，我們分別畢業於上海理工大學、復旦大學和中山大學，儘管我是英語語言學碩士，但其他兩人既不是外語專業，也沒有在傳統教育機構有過履歷，後來我們又來了兩位空降的副總裁徐華和常智韜，前者是自媒體「歪叔的教育鐵匠鋪」創立者，後者是來自東方出版中心的媒體人，也均非出自教育體系。

我們五個人「殺入」教育市場，的確讓很多傳統教育系統的人感到沮喪，但從創新角度，一個行業的顛覆行動，經常是被外部先打破，然後才慢慢演變成自身的變革。如果僅看我們的非教育出身，很容易形成一個悖論，就是互聯網的「野蠻人」能夠做成在線教育事業，而傳統教育體系裡的人不行。但真實情況並非如此，原因有以下三項：

一、教育應該屬於公眾，不應被傳統教育壟斷；二、互聯網時代，學習方式到了顛覆時刻；三、從事在線教育的玩家，只要有企業家精神，就能整合資源。

可以說，上述是滬江網成長的三個奧秘。前兩條中，一個是破壟斷，一個是學習者的行為變化趨勢，而最後一條是我們做事業的態度。我們創業的資金曾經只有八萬元，而且是來自借款，其後又經歷過財務危機，再到每人拿過最低工資，最後，通過一次次試錯，才終於有了今天穩定的事業。

滬江網的今天，和當初BBS社區時代有莫大關聯。但從BBS社區上升為公司實體，甚至做大，除了滬江網之外，BBS社區沒有一家能做到，那麼滬江網成功的路徑是什麼？

伏彩瑞：這是對我過去一段甜蜜而有些苦中作樂的生活的回憶。二〇〇一年，我還在上海理工大學英語系讀大三，雖然學的是英語，但真要把英語學得很好，需要一個英語環境和更好的學習資源，但我們是沒有收入的學生，不可能像外部職業白領一樣，去消費英語，於是我和幾個同學想到了辦一個校內BBS論壇，希望通過分享大家的英語學習心得，交換各自的經驗。這個網上論壇就建立在我的宿舍裡，名稱就以母校上海理工大學原校名「滬江」為名。

設立網站最初，沒有想過什麼商業模式，它只是一個供學生交流外語的社區。但是，為維繫網站運營，我一方面自學網頁設計，另一方面採取了打工貼補的方式，當時上海寶鋼和上海大眾汽車公司歷史上的第一版網頁，其實就是我做的。

二〇〇五年，我研究生畢業後，沒有和多數同學那樣去找工作，而是選擇自行創業。這個創業項目，就是做大「滬江網」，把這個網站進行正式的公司化運營。

當時，我的手上只有八萬借款。這筆錢，被我全部用到了公司在小區辦公的租金、電腦配置和基本開銷上。由於仍沿用免費模式，滬江網隨時面臨資金鏈斷裂的威脅。

幸運的是，我們驚險地跳過了初次危機。由於滬江網實際延續了五年，累積的用戶當時已有二十萬之多，因此引來了一筆客戶的廣告。至於這筆廣告費是多少、廣告主是誰，我現在已想不起來。不過，我知道客戶是衝著滬江網內容而投的廣告，因此從這一次開始，我懂得內容為王是我們生存的根基。

二〇〇七年，滬江網引來第三次發展。蘇州工業園向我們給出一百萬美元的風投。這筆錢給我們這樣的學生型公司，打了一針雞血。由此，我們進入了轉型，就是梳理了企業自身資源，哪些是免費的、哪些是贏利的，進行了系統劃分。此後，在潛心實施基礎工作三年後，滬江網進入了滾雪球的增長通道。

互聯網企業的優勢和特點就在商業模式，從滬江網運營角度，出現了「C2C＋B2C＋B2B2C」這樣的混合模式，相比其他互聯網企業，為什麼滬江網的商業模式出現這樣的複雜局面？

伏彩瑞：其實把「C2C＋B2C＋B2B2C」商業模式鏈分拆開來，一點都不複雜，它形成於滬江網的各個階段，是自然發展的結果，不是我們有意為之。

先看C2C模式。這是由早期的BBS演化成今天的SNS（social networking service）部落頻道，實際上，我們不僅保留了過去BBS的社區功能，而且增加了一種商業孵化的功能。比如，在匯集了無數的用戶和註冊會員的社區裡，有很多人不僅交流外語學習心得，也會自發上傳課件，供社區討論。我們發現的商機是：第一，挖掘優質的課件，簽約作者，然後注入滬江網外語內容頻道；第二，發現優秀的外語講師，和其簽約，使其成為滬江網指定作者。因此，SNS部落頻道不單純是一個免費社區，而且補充了滬江網的課件和師資。

並不賺錢的C2C模式，以簽約方式，通過網站平台的內容轉化後，成為我們在B2C＋B2B2C模式上的盈利賣點。

再看B2C和B2B2C模式，在滬江網門戶上，有多達九種語種的頻道，這些語種的學習產品，分別由網店、團購和網校三種形式分列。其中的網店產品，由語言學習包、語言學習卡、語言學習書本等軟硬件產品組成，這些產品均來自我們團隊的研發或者外部採購，形式是B2C；團購，主要針對企業購買。伏彩瑞表示，在設置產品方面，我們用「打包」的方式，將語言學習內容根據企業需求進行設置、定價。但是，在產品供給上，我們採取的是自行研發，採購或與外部第三方合作的形式，即B2C＋B2B2C。

上述三種商業模式彼此交叉，形成了滬江網的阿里巴巴系。SNS部落頻道之於淘寶，網店和網校之於淘寶商城，而團購之於阿里巴巴。

盈利是硬道理

很多互聯網公司一談到盈利模式，幾乎都採取迴避的態度，只願意談做客戶體驗或者流量，但作為一個企業來講，天職就是要盈利，滬江網是否實現盈利？另外，從收入結構角度看，滬江網的盈利來源主要通過網站和網校兩種形式創造的。這兩種收費模式具體如何通過整條「C2C＋B2C＋B2B2C」混合模式鏈實現？

伏彩瑞：盈利問題，在滬江網早已經不是什麼問題。可以說，從我決定做公司運營滬江網開始，就一直在思考一切盈利的方式。除了做網站吸收廣告資源之外，我們還曾經探索做外語社，給人做翻譯，後來利用網站流量，通過B2C方式，在網上銷售有形的外語書籍、影像資料，甚至還賣過化妝品。這一切都是為了賺錢養活網站正常運營。一直到蘇州工業園向我們給出一百萬美元的風投後，我們不再做這些「不務正業」的業務，而將注意力繼續調回到外語服務，現在我們的收入百分之九十以上都來源於外語服務主業。

的確，從主要盈利模式上說，我們通過網站和網校兩種形式創造收益，但裡面卻有我們的商業創新。先談網站收益結構，就存在四條循環線。

第一條收益循環是，內置交易平台，收取「C2C＋B2C＋B2B2C」費用。C2C收入，主要通過內置的「內容合作平台」，讓個人與個人的教學產品形成交易，然後從中提成；B2C收入，主要通過買斷個人的學習課件，以及自創課件，形成學習產品並實現銷售；B2B2C收入，主要通過第三方課件在滬江網上形成銷售後，進行提成。

第二條收益循環是，將社區交流轉移到移動端，收取流量費用。ＢＢＳ起家的滬江網，目前已擁有兩億用戶，其最活躍的頻道就是內置的社區頻道，現在為適應移動互聯網時代需求，滬江網將ＰＣ社區同步平移到移動端，這樣一來，滬江網就為自己創造了與移動運營商就流量收取的費用進行的利益分成。

第三條收益循環是，平台開放，向第三方收取提成。通過網站鏈接引發的銷售，向第三方收取佣金是滬江網的一個盈利點，也是目前準備加大力度的戰略傾斜。目前階段，和三百多家第三方處於單一的利益關係，還沒有完全整合化，但滬江網為有效管控，推出了類似大眾點評網的點評模式，鼓勵用戶發表意見，然後通過意見數據分析，為自己下一步的產品內容合作、擴大利益點做好準備。

第四條收益循環是，網站的廣告收益。滬江網發軔於早期的ＢＢＳ，經過十三年的沉澱，積累了兩億學習用戶，由於其目標人群精準，使得大量教育機構、教育產品公司在滬江網持續投入廣告。

網校模式又是如何？為什麼會成為當下在線教育行業的主要盈利模式？

伏彩瑞：現在回頭來看，如果沒有當初一百萬美元的風投，我們可能早就倒在沙灘上，而如果沒有可持續的盈利，燒光一百萬美元後，也可以失敗。我始終認為不論自己是否是做一家互聯網企業，還是其他類型的企業，持續盈利是生存的基礎。

網校模式就是我們找到的一種盈利生存方式。說實話，至少在外語在線教育行業，我們是第一家搞網校模式的公司。這是一個很有意思的學習方式，我們一直認為，學習應該是輕鬆的，同時還必須有一個環境，這樣的體驗，線下是很容易實現的，但線上能否也有這種感受？於是，我們設計了一個網校模式，裡面有一起學習的在線學員，我們把他們分成虛擬的班級，他們也可以互動和交流，這樣一來，學習者就有了一個學習的氛圍。我們創建的這種模式，後來在行業中也得到了普及，成為一種固化的學習方式。他們發現，這種模式可以提高學習者的體驗感，同時也可以挖掘到各種商業贏利點。

而滬江網的網校模式怎麼用來盈利呢？從我們的經驗角度，主要有兩種方法。

首先是「滬江學幣」。它是一種有價虛擬貨幣，和實際貨幣是一比一的關係，主要用來兌換網絡課程，同時還可以在滬江網電商頻道中購買書籍、學習用品、在線測試等。

其次是「VIP」課程。儘管滬江網堅持用戶用最低的成本學習這個理念不變，但為適應另外一部份學子更高的需求，我們也推出一些收費相對高一些的個性化VIP課程。不過，這些VIP課程採取適當高於普通網絡課程，但是低於同類面授課程的定價策略。

經營走向眾籌

前面提及滬江網網站盈利模式中，還存在向第三方收取提成的收益循環鏈，這是否意味著滬江網的外語服務平台，實際上還是一個開放平台？

伏彩瑞：我們的戰略目標經歷過兩個階段，先是要做成中國最大的英語學習網站，但很快就實現了，後來發現很多人有學習第二外語的需求，於是我們陸續開通了法語、俄語、意大利語、日語、韓語以及其他小語種的學習課程，接著我們提出要做成一個集多語種的中國最大外語學習網站，這個目標現在也實現了，那麼我們就需要尋找下一個目標。

在具體運營中，我們發現儘管我們不斷投入、再生產，總是永遠無法滿足所有學子的需求，而且有些基礎課件、課程，部份在細分領域中的競爭對手已經做得足夠好，我們沒有必要重複再生產，去消耗社會資源，於是我們想到了開放平台，讓有一技之長的在線學習網站都入駐我們的平台。這樣做的好處是，彼此共享流量、學習資源，同時在商業利益點上，只要在我們網站上產生的盈利，彼此按照協議提成，我們通過貢獻流量和業務流水單，形成贏利點，而這些第三方合作者，可以通過外部流量，同時收穫學習訂單。

我可以預見，今後所有在線學習網站，都不會只做獨立平台，一定會走向開放平台。既然是這樣，滬江網就更應該早點開放，率先做成一個集綜合教育資源的開放教育平台。

但是，目前和第三方合作只是剛剛開始，同行之間還存在一定試探性合作，因此我們第一步是在自己的網站上進行了上下兩個區域的分設，上面是滬江網自有的學習內容和頻道，底部是包括新東方、學大教育、作文網等的第三方資源鏈接，我們把這些第三方統稱為「友情鏈接」。但是，隨著今後大家對合作的理解和創新合作，我希望大家把社會資源完全眾籌化。我們正在思考對目前三百多家第三方進行內容整合，未來不再區別自產內容和外部內容，但現在需要時間準備。

通過開放平台和第三方合作方式，整合社會資源，有一個動聽的商業詞彙叫作競合，但實際上沒有幾家能真正做到競合。現在，滬江網把平台拿出來和第三方合作，真能解決彼此的利益衝突嗎？

伏彩瑞：儘管我們提出，也做了開放平台和第三方合作的行動，但並非高枕無憂。所謂競合一定是有競爭，也有合作。那麼在我們平台上，是否競爭呢？當然有的，如果其中有一家在我們平台上生意特別好，那就說明他很成功，但我們既不會利用自己平台放下身份去拆他的台，也不會刻意提高提成比率，我們只會向他學習，這就帶來了競爭，就看我們能不能在自己的平台上找來競爭對手，看看自己是否有能力超越他。

現在是市場最好的時候，也是最壞的時候。在線教育市場集中爆發的時間點是二〇一二年之後，從兩年前不足五十家企業，現在已猛增至兩千多家。為了奪取用戶，各在線教育公司都在宣稱自己的優勢，但盈利能力始終是檢驗公司乃至行業價值的硬道理。作為在線教育行業第一批創業的滬江網，我們認為，在線教育現在還處於起步階段，遠沒有達到成熟階段，其中會湧現各種商業創業和學習服務模式，而滬江網要想做大做強，最需要向對手學習，因此，我們通過開放自有平台，本身的目的是學習他人的經驗，至於利益衝突，只要有商業存在，就會無處不在，但不能因為這個原因而因噎廢食。

拍拍貸首席執行長張俊：天下沒有難借的錢

拍拍貸網貸，由張俊及其團隊成立於二〇〇七年八月，是中國第一家P2P（peer to peer lending，個人對個人的借貸）純信用無擔保網絡借貸平台。二〇一二年十月，拍拍貸成為業內首家獲得融資的網貸平台。該平台成立之初，就定位於用先進的理念和創新的技術建立一個安全、高效、誠信、透明的互聯網金融平台，並規範個人借貸行為，讓借入者改善生產生活，讓借出者增加投資渠道。拍拍貸影響了當下中國互聯網金融，尤其是P2P行業的迅猛發展。

作為穆罕默德．尤努斯（Muhammad Yunus）的中國門徒，張俊在二〇〇七年八月帶領原交通大學的同學和校友，創辦了中國第一家P2P網貸平台。也正是從這一年開始，中國的互聯網金融有了一個全新的創新模式。

P2P網貸之所以能在中國崛起，有其重要的背景。首先，表面上是個人對個人的借貸，但實際上，這些借貸的個人中，有很大一部份屬於微企業主，而他們如果向銀行借貸，因為缺乏抵押資產，

很難籌到借款；其次，由於中國的金融市場還沒有完全開放和成熟，導致民間融資盛行，而正由於缺乏監管、有效秩序和風險管控，使得民間借貸長期處於陰暗地帶，並且觸及法律邊界。P2P出現之後，解決了民間借貸的兩大痛點：第一，用個人信用取代傳統金融機構規定的資產抵押，並獲得貸款；第二，民間借貸逐步陽光化。

由張俊等人發起的P2P互聯網金融，其本意是做一場普惠金融，但正如《資本論》中所指出的那樣：「如果有百分之十的利潤，資本就保證到處被使用；有百分之二十的利潤，資本就活躍起來；有百分之五十的利潤，資本就鋌而走險；為了百分之一百的利潤，資本就敢踐踏一切人間法律；有百分之三百的利潤，資本就敢犯任何罪行，甚至冒絞首的危險。」當P2P網貸本身成為各路商業資本逐利對象之後，整個P2P網貸行業就變得良莠不齊，該行業出現之後，就接連不斷爆出老闆跑路、控制人被抓、群體事件、高利貸、吸儲、變相理財等惡性事件，使得P2P網貸行業成為社會焦點。作為中國P2P網貸的開啟者，由張俊領銜的拍拍貸又將何去何從？

二〇一三年底，在一次和張俊喝咖啡聊天中，張俊告訴我，拍拍貸和其後興起的眾多P2P網貸公司的區別在於：儘管在採用純信用網絡借貸上，各家大致相同，但從誕生第一天開始，拍拍貸就不做任何擔保，而只是利用互聯網技術來解決借貸中出現的種種問題，而正是由於自己不做擔保，拍拍貸需要做平台、人才、品牌等大量的基礎建設，儘管耗時長且見效慢，但卻是一條穩健和可以走得更遠的路。

很顯然，張俊及其團隊並非衝著發財夢做P2P網貸，而是想做一家穆罕默德·尤努斯式的普惠金融。

張俊有寫商業反思文章的習慣，在一篇文章中，他反思了拍拍貸創業後幾年走過的路：「拍拍貸仍然是，未來也將是簡單的平台，我們不給社會添亂。我們相信，這種自我限制會讓我們在更長的時間內有更好的發展。」實際上，自拍拍貸成立P2P網貸公司之後，競爭者就蜂擁而至，其中不乏平安系這樣的傳統金融大老，而有些入行者則動機不明。無論是後台的資本比較，還是有些對手游擊式的競爭，張俊及其團隊都始終會面臨一個選擇：是快速追求流量規模，還是繼續保持自己的小步節奏？

做純淨的P2P網貸

針對如今P2P網貸亂象問題，人為因素比市場競爭導致的問題更集中，而人為因素主要出在經營者身上，他們大多不具備互聯網或金融背景，而缺失這兩個基因的P2P網貸平台，不僅經營風險的控制能力低下，而且最容易出現財務黑洞或違規操作。那麼，拍拍貸團隊背景又是如何？

張俊：在第三方評估機構網貸之家，列出的行業權重六十家P2P網貸平台中，我們是其中一家，而且排名靠前，這六十家中不乏陸金所、紅嶺創投、溫州貸等實力型公司，這些平台都或多或少有著互聯網和金融的基因。

拍拍貸的團隊包括我在內有四人，另三位分別是顧少豐、胡宏輝和李鐵錚。我們不但都畢業於交通大學，而且每個人都有互聯網和金融背景。相比競爭對手，拍拍貸團隊的知識能力、駕馭運營的能力都具備更好條件。正是基於對我們團隊背景的審核和認可，紅杉資本早在二〇一二年就向拍拍貸投出兩千五百萬美元的風險資本，而拍拍貸也因此成為中國首家獲得風投的P2P網貸平台。

在拍拍貸之前，民間金融一直處於暗處，並遊走在道德和法律邊緣，為什麼你會想到要建立中國第一家P2P網貸平台，並使民間借貸合規化？

張俊：實際上，在二〇〇六年的時候，當時互聯網領域掀起了一股視頻網站的創業潮，我和團隊也捲入這股潮流中，但下半年的時候，我和團隊開始迷茫，我們陷入了反思，在我看來，任何商業要成功，首先必須給社會創造價值，其後才是收益，而我們就算把視頻網站做得再好，但能給社會帶來多大的價值呢？

我認為一個視頻網站和社會價值無法產生關聯。儘管視頻在當時是有「錢途」的行業，但卻非我們之所願。我們這個團隊的人，在別人看來，總有一些瘋狂甚至愚蠢的公益想法。我們愛錢，卻不以個人財富為第一目標。我們希望我們不是商人，雖然不得不先要做個成功的商人。

彷徨中，我看到了一篇有關孟加拉國的穆罕默德．尤努斯獲得諾貝爾和平獎的報導。穆罕默德．尤努斯所做的普惠金融，專門給窮人貸款，但是在這個地球上最窮的國家的最窮的一群人，他們的償還率竟然高達百分之九十八．七。中國的現實和孟加拉也有一些相似之處：有大量小微企業融資無門，而上億的中產階級手中有些閒錢卻缺乏投資渠道。所有的點點滴滴，瞬間在我腦中連成了一條線——通過互聯網做小額貸款。這樣既可以幫助需要資金的人改善生活、改善經營、實現夢想，又可以幫助投資的人獲得報酬，還可以讓不誠信的人得到懲罰。受此啟發，我決定轉型，在中國也複製出一個「尤努斯模式」。它對我們團隊的重要價值就是，一方面滿足了我們做公益的想法，另一方面又能融合商業。

成立拍拍貸之始，就說自己矢志要做一個單純而簡單的網貸平台，這種淡薄的商業思維，是否過於烏托邦？

張俊：我有一個同學，大學期間我們曾一起創立過搖滾樂隊。畢業後，大多數人選擇進入大型企業，而他去德國做了程序（程式）員。多年後，他放棄移民回國。他不再寫程序，他開始畫畫。

看到他的畫時，我被震驚了。他的畫很奇特，遠看是水墨山水；但近看，每塊石頭、每棵小樹、每朵浪花，都是用手工點繪的奇怪而精緻的圖案「組裝」而成。不講創意如何，單就創作這種畫的過程，要耗費多少精力？我問他為什麼用這樣的作畫方式？他說，我不是科班出身，無法幾天就出一幅畫。我的畫，需要幾個月甚至一年以上時間。

這和我們創立拍拍貸時的想法何其相似！拍拍貸的想法起於二〇〇六年底，運作於二〇〇七年。當時我就知道，拍拍貸的想法太早，可能不合時宜。但用長遠的眼光看則不同。我們堅信互聯網金融是一個大趨勢。忍受寂寞，可以讓我們更早更快地犯更多的錯誤，測試更多的可行性和不可行性。所以從一開始，我們就想把拍拍貸打造成一家與眾不同的公司。我們不以短時間來規劃，我們更專注於能夠帶來長期價值的事情。

事實上，二〇〇七年到現在，在我們之後也誕生了很多P2P網貸平台，他們產生了很多熱點動作，卻大多已經消失了，但拍拍貸還在。很多人往往高估三年內的發展，卻低估十年後的發展。我們希望拍拍貸成為一家偉大的公司，我們也希望拍拍貸傳承尤努斯的理念，用創造長遠價值的方式看待世界，規劃我們的發展。

你說過，未來百分之九十五的P2P網貸公司都會死，為什麼？

張俊：原因無外乎兩個：一個是監管的原因，另一個是自身經營的原因。

監管的四條紅線包括：第一條，所有的P2P網貸必須回歸信息中介的本質，你必須是一個提供信息撮合的這樣一個角色，回到P2P網貸本身應該具有的樣子；第二條，不得提供擔保，平台不能負責提供擔保，這一下又打了很多人；第三條，不能自己搞資金池，所謂資金池，就是先以固定的回報把投資者的錢收進來，然後我再放出去，這又打倒很多人；第四條，不能涉嫌非法集資，這個相對更寬泛了，那些介入到交易過程中的，都會有這樣不合規的嫌疑。

基於上述原因，從我的角度理解，未來百分之七十的P2P網貸平台會因為監管被吃掉，可能剩下百分之二十會因為市場本身的機制淘汰掉。至於誰將是市場競爭的勝出者，一切尚待時間檢驗。

拍拍貸說自己不做擔保，但你們卻提供本金保障，這和擔保有什麼區別？

張俊：是的。但是，我們的本金保障跟擔保有本質的區別，擔保是對單個借款人的金額進行本金甚至本息的擔保。也就是說，借款人A借錢，我作為投資人把錢借給他以後，假設這個人不還借款，所在的P2P平台必須要賠償我。

拍拍貸的本金保障不是對單個用戶進行擔保，我們是對於投資者整個投資金額進行保障。比如說你出了一萬塊錢，或者十萬塊錢，在這裡投資，我對你這十萬塊錢本金進行一個保障。而且我們的保障是有條件的，一定要滿足條件，你的總投資數量一定要在五十筆以上，單筆金額不能超過五千塊錢，借給某一個借款人不要超過他單筆借款金額的三分之一，所有的都是要求要足夠的分散。因為分散投資本來就是投資界的鐵律，一旦投資足夠分散之後，其實出現虧損的概率非常非常小，你個人面對的風險跟我平台的整體的風險管控水平是差不多的，我就能夠確保我的投資者能獲取收益，所以這更多是一個投資者教育的規則，與擔保是本質區別。

孤獨的商業模式

作為中國第一家P2P網貸平台的公司，拍拍貸理應在搶佔先機中實現規模化，然而從第三方研究機構網貸之家，截至二〇一三年十一月公佈的營業規模排名來看，拍拍貸僅列第十位。為什麼出現這一囧勢？

張俊：這還是和我們商業模式有關，大部份P2P網貸平台為短時間做大影響和規模，都採取擔保模式，大概只有拍拍貸除外。而擔保模式與不擔保模式，正是代表了如今P2P網貸平台的兩大商業模式。從我的理解角度，P2P網貸平台永遠應該堅守第三方立場，網上的借貸，平台不應介入，而擔保就是對借貸的介入，背離了第三方屬性。為什麼我們做到現在一直要堅持不擔保模式呢？

從P2P網貸平台名稱上，實際上已明確了它就是一個平台，不是借貸參與人。P2P網貸平台很像淘寶，淘寶只能服務或監管店主與買家的交易行為，但不能對他們交易結果負責。舉個例子，淘寶上的店主發現自己賣虧了，而虧損的錢要馬雲來擔保墊付，馬雲能做這樣的事嗎？但這樣的事情，卻在部份P2P網貸平台中發生，而且是大面積。

很多P2P網貸平台採用擔保模式，對於借出人（投資者）的吸引力很大，從投資者角度，通過採用擔保模式的P2P網貸平台貸出錢後，不怕債務違約，因為平台會承諾本金保障。

從短期看，採取擔保模式的P2P網貸平台，發展速度很快，規模會放大，但同時潛藏兩大危機：第一，如果貸款人逾期不還，加上平台缺失風控，那麼平台賠償的墊付壓力就會加大，一旦平台自有資金不足賠付，就只有破產倒閉；第二，採用擔保模式的平台，往往同時要求借出人的錢先打入其賬戶，這就等於建立資金池，最後演變成吸儲，踩踏法律紅線。因此，拍拍貸從開業以來，一直不做墊付，而且今後也不會做。與其冒著這兩大風險，不如先慢慢累積客戶資源和信譽，最終總會眾望所歸。

儘管從營業規模上，我們排名不高，但在網貸之家的「借款人氣榜」和「放款人氣榜」上，我們分屬行業第一和第二，這就說明我們的粉絲基礎龐大。我們的註冊用戶（包括借款人和投資人）每年都呈現幾何倍數增長，二〇〇九年首次突破十萬人，去年底（二〇一二年）已超過兩百萬人。

服務於兩百萬人的拍拍貸究竟是否盈利？靠什麼盈利？

張俊：我們已實現盈利，但我還不便透露盈利數額。我可以介紹我們的盈利模式。我們的收入來源主要是收取借貸成交的服務費，而且執行單向收費，即只向借款人收取，不向借出人收取。假如雙向收費，借出者一定會把成本轉嫁到借款人，屆時就會增加借款人貸款成本，久之，借款人就會抱怨，並對平台方收取服務費不滿，最終會離開我們的平台。相比借出人，我們更在乎的是借款人，他們是借貸交易的需求方，只有他們不斷釋放需求，才能引發借貸關係的實際發生。

我們單向收費的規則是，當借款人借入成功後，並且借款期限在六個月以下，一次性收取借款本金的百分之二，借款期限在六個月以上，則一次性收取百分之四的網站服務費用。如果借款人逾期超過十五天，拍拍貸將收取人民幣五十元及逾期金額的每天千分之六，作為網站電話提醒和催收服務的費用；如果逾期超過六十天，拍拍貸就把對該借款收取的服務費，按比例補償給借出人，一旦借款人還款後，網站將從借出人收回這筆費用。

我們是把服務當商品，並據此收取服務費，平台不做理財，也不吸儲，保持自己第三方本分。不過，我們的收取違約服務費很關鍵，但重要的焦點不在收取多少費用，而是通過這一方式，去盡可能地管理借款人違約行為。

自建全徵信系統

哪些人通過拍拍貸平台借錢？這些人當中，出現借款違約後，拍拍貸如何協助借出者，履行自己的服務義務？

張俊：創立拍拍貸時，我們就將客戶定位於網商，網商多為個人創業，他們在創業中有資金需求，因此，拍拍貸通過搭橋慧聰、敦煌、淘寶等電商平台，並從這些B2B、B2C、C2C等平台導入客戶。

然而，更重要的是，從這些平台上導入的用戶，背後都能鏈接到他們的商業信用。比如一個淘寶店主，要到我們平台上找人借款，我們除了核查他的申請資料之外，還能通過淘寶平台，看他有幾顆星，因為淘寶的店鋪星級，也是誠信記錄的累積和真實反映。目標鎖定這部份人群的好處是，借助商業平台獲得借款人的誠信記錄，可降低拍拍貸徵信成本，同時也幫助借出人規避貸款風險。

但，借助別人的徵信系統，永遠成就不了自己的核心競爭力，我們決定自己探索。

由於我們一開始沒有自己的徵信數據庫，只能按年齡、性別和學歷等，給借款人做標籤，比如年齡越大、女性超過三十歲，以及學歷越高的人，給出借款信用認證相對比較高，而低於該標準的人，則要求提供更詳盡的資料。這種徵信方式，被專業的銀行看來，可能很搞笑，但從這些年的總結看，我們這個徵信方式具有實效。我們後來又增加了微博和微信的徵信方式，比如，微博粉絲量超過八百以上，且每天微博發送頻次高的人，對其誠信認定就高，同樣對於微信也是如此，關注其每天在微信上所發的內容，以及朋友圈等。這種取自社會化和社交化的徵信，完全比銀行僅侷限於是否準時還貸的徵信，可能更靠譜。

在我們內部，還將採集來的信息經過整合分析，給每個借款人設定六個不同等級的信用級別，信用級別越高，平台對其審核相對寬鬆，低級別的，則要求提供更翔實的資料。

但百密難免有一疏，一旦借款人逾期不還，除了出借人自己追債之外，我們第一步是啟動合約規定的追討程序，以及收取違約服務費；第二步是催討無果後，啟動黑名單公示，不僅在自己平台，還在第三方平台以及相關公開渠道上公示，對此，有爭議說拍拍貸涉嫌侵犯個人隱私，但我們認為，這完全是從社會誠信建設角度考慮，也同時為了知會其他平台、銀行等金融機構謹防二次上當。

通過在自有平台上，把違約者作為黑名單公示，從效果角度，對借款人的約束到底如何？

張俊：執行黑名單制度後，我們的借貸違約率為行業最低，只有百分之一．五以下。也許，我們不能說這一徵信方式，對還是錯，但低借貸違約率，說明我們在徵信方面所做的努力是有效的。

黑名單制度就相當於央行的徵信系統。比如你在招商銀行辦了一個信用卡，然後欠債不還，招商銀行很快會把你的信息匯報給央行徵信局，那麼你想在工商銀行再辦一張信用卡那是不可能的，所以很多人就會因為這樣的壓力不敢違約。

對我們來講，其實原理是一樣的，一旦一個借款人借款不還超過三十天，我們會曝光到黑名單上，欠債不還的信息就在互聯網上了。對很多人來講，一開始他不知道這有什麼壓力，但有些人發現信息被曝光後會回來還錢。

最經典的一個案例就是，重慶有一個大學生，大概是二〇〇八年借了五千多元開淘寶店，後來就再沒還錢了，電話也換了，找不到人。去年的時候，借款逾期了近四年後回來把錢還了。我就問他，為什麼拖延這麼長時間不還錢？他說，當年開淘寶店失敗了，後來想想在網上借錢不還無所謂，反正也找不到人，就決定把手機號一換就不還了。但是，最近他要結婚買房子，到重慶當地的一家銀行貸款，後來貸款沒批下來，銀行說他在網上有欠錢不還的不良信息，他才意識到這個信息的重要性。銀行居然在網上看到我們發出的這個信息，這也讓我們感到很驚訝。從這個案例上說，我們自發的這種徵信做法，對銀行也提供了信息幫助，當然，我希望有一天，銀行也能把相關徵信源向我們開放，這樣就能彼此共享徵信資源，降低各自的經營風險。

現在有兩種監管的聲音，一種是對P2P實行牌照準入這種管理制度，另一種是負面清單的制度，你傾向哪一種，或者你認為哪一種會最終靴子落地？

張俊：我認為每一種監管方式對行業來講，都是從長遠來看，都是積極的，從我的角度來講，哪一種方式我都歡迎。從政府未來的監管方向和改革方向上看，我覺得可能會借鑑自貿區負面清單的方式，來鼓勵市場化。從未來政府鼓勵中國整個市場進一步開放，進一步市場化，向高效率方向發展上看，我覺得更有可能採取的方式是負面清單。

巴斯夫大中華區董事長關志華：化工企業不應做全民公敵

巴斯夫股份公司（以下簡稱巴斯夫），是一家總部位於德國萊茵河畔的路德維希港的化學公司，也是世界最大的化工康采恩（德語Konzern，意為多種企業集團）。巴斯夫集團在歐洲、亞洲、南北美洲的四十一個國家擁有超過一百六十家全資子公司或合資公司。該公司與大中華市場的淵源可以追溯到一八八五年，從那時起巴斯夫就是中國的忠實合作夥伴。過去十年，在巴斯夫全球高級副總裁、大中華區管理董事會董事長關志華的領導下，巴斯夫大中華區不僅成為中國化工行業的領導企業，而且成為集團在全球中僅次於德國和美國的第三大市場。

一個化工企業要談可持續發展、社會責任，相信嗎？

世界最大的化工公司巴斯夫，儘管在歐洲、亞洲、南北美洲等四十一個國家，擁有超過一百六十家全資子公司或合資公司，但現在，它在中國投資的每一個項目，都遇到了新的挑戰，這種挑戰不是

來自政策性影響，而是來自如何消除輿論和公眾的疑慮。在安全、健康和環保意識日益增強的中國公眾面前，巴斯夫需要扮演好一個正能量形象。

也許，巴斯夫會說這樣的「放心案例」：在自己的母國——德國，政府花了三十多年的時間和精力，讓歐洲的「父親河」——萊茵河，成為汙水變清、魚兒重現的環境下，允許它在萊茵河畔的路德維希港（Ludwigshafen），繼續運行著一座佔地十平方公里的生產基地。但作為中國人，我們更關注的是，巴斯夫是否也能在中國同樣複製「萊茵河畔」的故事？

「不斷推進化學品管理，履行自己的責任。」在巴斯夫工作近二十年，巴斯夫全球高級副總裁、大中華區管理董事會董事長關志華表示，「巴斯夫不僅在德國總部，而且還在所有的投資國，奉行的都是可持續發展的原則。」

可持續發展的一頭涉及企業自身利益，一頭涉及經濟、環境和社會的外部關係。深知這種「道可道，非常道」的巴斯夫，在中國這個被其視為其中一個最大的投資市場上，又是如何做出戰略選擇和行動的呢？

關志華告訴我，很長一段時間以來，化工企業都扮演了一個全民公敵的形象。其中，雖然有公眾的誤解，但也有部份原因和自己不良行為有關。化工企業談變革與轉型，目光不能侷限在短暫的業績，或者僅僅只做某些表面的變革，一定要把眼光聚焦在「可持續性」的三大基礎——經濟、環境、社會。不斷問自己：每年定的戰略、目標、行為，是否做到了綠色經濟、安全環境、友善社會？「我想，化工企業如果能在這三個維度上始終變革與轉型，就一定能做到可持續發展。」關志華表示。

儘管巴斯夫一直在努力扮演一個良好的企業公民，但是要想消除公眾對於「化工企業等於環境殺手」這個固有的憂慮，做起來卻還是非常艱難。此前的二〇〇八年，巴斯夫在重慶投資高達八十億人民幣、年產四十萬噸的MDI（二苯基甲烷二異氰酸酯）配套項目，就遭到了民間環保組織和當地居民的聯合抗議。由於該項目地點位於三峽庫區，加之MDI的製造過程中將產生或用到大量硝基苯、光氣等劇毒物質，民眾擔心這一大規模、高風險的化工項目會對三峽庫區的生態環境帶來汙染，以及影響整個長江中下游水質，將之比喻為「三峽天靈蓋上的定時炸彈」。

作為巴斯夫在華最高執行領導，同時又是一個中國人，關志華不得不一方面重新審視巴斯夫本身的環保系統和程序，另一方面還必須向公眾、地方政府一再保證在汙水治理、碳排放、化學品管理中，一定會和公司在德國一樣，嚴格複製「萊茵河畔」的故事。

可以說，從社會責任角度，沒有一個行業會像化工那樣如履薄冰，按照關志華的話說，他在巴斯夫的每一天都度日如年，生怕突發事件隨時叩門。

化工新「三駕馬車」

中國的同行特別關注巴斯夫如何變革與轉型。因為化工行業是一個大投資，同時也是一個高危行業。那麼，現在的巴斯夫在商業思維上出現什麼變化？

關志華：在中國企業界，關於變革與轉型，早在二〇〇八年前就已提出，但事實上，有些企業還是收效甚微。不是我們中國企業不努力，而是對於變革與轉型的理解，需要把思維再放大一些。

從化工行業角度，我看到有些企業的確是在變革與轉型，但他們的動機是以解決當下困境為目的，一段時間後，他們發現越變越有問題。問題癥結在哪裡？

首先，需要關注行業環境。我注意到，目前大部份基礎化工上市公司的業績表現上，儘管營業收入出現增長，但利潤卻普遍下滑。從財務角度，如果扣除必要成本，主要問題是產能過剩，導致的價格普降，最終「吃掉」了利潤。怎麼會產能過剩？我們知道，金融危機之後，很多產能落後的企業在四萬億的刺激下，沒有及時變革與轉型，反而追加了投資，加大了擴張力度，到了現在，投資驅動因素減少後，這些企業的產能問題才集中爆發出來，包括低端產品的集中度過高、汙染嚴重等。而現在，國家為了治理環境，提高化工行業准入門檻、限制產能擴張、淘汰落後產能，這些企業陷入了發展難題。

其次，化工行業需要正能量。一個化工企業的可持續發展究竟靠什麼？這是我一直問自己的問題，也是問同行的問題。現在，只要化工企業在某個地方建廠投資，就會遭到公眾抵制，即使你手上有環保準入證明，但只要公眾抗議，你的投資行為也可能會胎死腹中。儘管問題根源很複雜，但從化工企業自身角度，必須檢點自己過去有沒有在環保上出過問題、有沒有合法合規經營、有沒有和社區做好溝通、有沒有對公眾普及科學知識？

上述問題中，表面上，化工企業的問題是利潤增長乏力，但本質上，是因為經濟發展模式，以及環境和社會關係上，都出現了嚴重失衡。

化工企業的變革與轉型的特殊性是，不能像其他行業那樣，只做好產品或管理創新就可以，而是要把思維聚焦在經濟、環境、社會上，進行可持續思考和行動。巴斯夫在這三個層面上主要做了什麼？

關志華：巴斯夫重新審視了自己的「可持續性」。我們提出了「創造化學新作用——追求可持續發展的未來」的戰略願景。就是說，我們不單單是在賣產品，而且還要在經濟、環境、社會等三個方面創造「化學新作用」。

巴斯夫要在中國可持續發展，不能獨善其身，僅僅靠自己環保、安全或者創新如何優秀是不夠的，更為重要的是，要把供應鏈上所有的合作夥伴連接起來，共同創造一種負責任的環境。為此，在我們的積極倡導下，連續推出了兩個項目，一個是「1＋3」企業社會責任項目，另一個是「金蜜蜂企業社會責任・中國榜」評選項目。前者是巴斯夫攜手其供應鏈上的客戶、供應商和物流服務供應商，通過分享CSR（Corporate Social Responsibility，企業社會責任）和「責任關懷」理念和實踐，推動合作夥伴在社區意識和緊急響應、物流安全、汙染防治、工藝安全、職業健康和安全等方面進行改善；後者是，以蜜蜂精神寓意企業與環境、與社會的生態和諧，通過表彰對可持續發展做出卓越貢獻的中國中小企業，倡導企業發揮蜜蜂效應，承擔社會責任。

我始終認為，化工企業談變革與轉型，目光不能侷限在短暫的業績，或者僅僅只做某些表面的變革，一定要把眼光聚焦在「可持續發展」的三大基礎——經濟、環境、社會。不斷問自己：每年定的戰略、目標、行為，是否做到了綠色經濟、安全環境、友善社會？我想，化工企業如果能在這三個維度上始終變革與轉型，就一定能做到可持續發展。

需求為重，競爭為次

包括巴斯夫在內的部份世界級化工企業，預期了二〇一二年度在銷售額和EBIT（Earnings Before Interest and Tax，息稅前收益）的增長，但從中國市場來看，卻出現了反差。根據中國石油和化學工業聯合會最新數據，去年的固定資產投資總額同比增長百分之二十六．〇、總產值同比增長百分之十二．二，但利潤總額卻同比下降百分之六。如何分析這一不同的中外產業形勢？

關志華：產能過剩矛盾突出、效益下滑、創新能力弱和環保壓力大，依然是擺在中國化工企業面前的四大難題。

從中外對比上，我認為，金融危機後，大部份跨國企業都進行戰略和業務調整，及時進行產業升級，相比之下，中國大部份化工企業在四萬億的國家投資下，沒有及時做出自我變革，即使是今天，我們看到固定資產的投入、產能的投入，實際上大多數在紅海競爭。紅海的最大特點是比拚價格，最終導致中國化工企業利潤普降。

巴斯夫要尋求自己的藍海。我們的做法是，一方面研究直接客戶的需求，另一方面還研究客戶和他相關利益者的需求，從而讓我們的生產對象、研發目標、市場訴求，回到企業生產本質上來，而不是盲目參與惡性競爭。

從巴斯夫的經驗角度，中國化工行業的發展模式需要做出怎麼樣的改變？

關志華：我遇到中國化工行業同行，為什麼交流最多的是產業模式、技術研發的話題？

首先，中國化工企業需要對自己過去的發展模式有清晰的認知。過去，中國化工行業的發展，是受惠於早期基礎物資匱乏的市場需求，以及後來的國家高速發展機遇，從而支撐了擴產和投資。

其次，前期的發展中，大多數企業的產業模式是粗放型的，我很少看到他們在研發上有很多投入，或者和大學院校、科研機構進行合作。這樣的現狀下，轉型和變革是很難的。

一個優秀的化工企業，最重要的是它生產的產品具有競爭力，它的技術具有很高的門檻，同時，它絕少參與低端競爭。

新一輪市場整合中，巴斯夫在中國是否進行併購？

關志華：我們會密切注意中國產業結構的調整，但從目前來說，不容易看清，另外有些公司限於在產業中的低端性，不是被關停並轉，就是會遭到市場淘汰。最新的市場動向是，很多化工企業要搬到集中性的園區中，但是技術、產品也亟待調整。

根據需求變化，巴斯夫現在涉及的領域會愈來愈多，但是，我們的主業不會改變，現在是，將來也還是一家化學公司。但是，我們定位會發生改變。以巴斯夫來說，我們和別人不一樣，我們要「創造化學新作用——追求可持續發展的未來」，這怎麼解釋？我們不是簡單的要多賣一些產品，或者說是和別人直接競爭，我們是要幫助客戶，並服務客戶的客戶，大家協同起來，共同追求良性發展，尤其是在節能、綠色、環保方面會花費更大的資源和力量。

複製「萊茵河畔」模式

作為一個化工企業，本身在民眾中就有「環境破壞者」的心理標籤。以巴斯夫八十億人民幣在重慶三峽附近投入的MDI生產基地為例，受到了當地民眾的抗訴。巴斯夫如何證明自己是一家綠色的化工企業？

關志華：在中國，過去很少看到公眾對化工廠投資有異議，現在多了起來，說明公眾對健康、環境、安全等問題已經重視起來。

其實不僅是巴斯夫，主要是任何化工企業做項目投資，現在都一定會遭到公眾反對，有些地方只是發生小規模抗議，但有些地方可能會發生大規模的群體事件，然後造成人員衝突。可以說，化工企業所做的任何實體性投資，一定都會事先獲得政府同意，並拿到了環保部門的許可證，法理上是獲得通過的，但是這裡面還存在兩大問題：第一，公眾對化工的認識嚴重不足，需要企業和相關部門一起做工作，不能過急，以免引發衝突；第二，化工企業本身要自律，要能夠有能力處置和解決生產過程中的汙染，同時要向公眾、媒體告示自己的排放指標，以及整改、提升環保計劃，這項工作一定要透明。

至於我們在重慶的項目爭議，需要解釋三點：

首先，我們的投資是配合西部的發展需求，巴斯夫可以帶動當地相關產業鏈、就業、財政等一系列工程；其次，我們有合法的環保證明和合規的經營；再次，我們投資的項目，距離三峽有兩公里，而且在工藝、汙水處理上，都符合國家標準環評標準。

儘管如此，公眾還是不放心。為了讓公眾放心，我們在當地組織了社區委員會，成員都是當地民眾社區的代表，我們和他們做定期溝通，邀請代表參觀工廠，並向他們作透明解釋。

作為巴斯夫在華的最高領導人，我也親自參加社區面對面的溝通，我在溝通中也一再表示，在環境保護管理最為森嚴的德國，巴斯夫在汙水治理、碳排放、化學品管理中做到什麼樣的標準，在中國也一定會做到。尤其是，巴斯夫在重慶的投資項目，完全藉鑑了在德國萊茵河的生產、安全和環保模式。我想，不論外部輿論如何，當地社區以及其他的公眾，會有自己的獨立判斷。

巴斯夫從二〇〇八年起，每年在中國公佈一份年度報告。報告中除了相關財務指標數據之外，更多涉及企業社會責任。「企業社會責任」現在是很時髦的詞，很多國內企業也在派發自己有關這方面的介紹。但事實上，「企業社會責任」在西方被納入到商學院課程，以及企業管理常態中。那麼，「企業社會責任」到底應如何認識和科學管理？

關志華：首先，考慮到企業的生產和服務內容是否符合社會責任。比如一家做食品的企業，雖然做了很多公益、建了很多希望學校，但是連自己生產的食品都出現重大安全問題，這何談社會責任？其次，做企業必須時刻考慮到股東和員工的利益，這也是社會責任的一部份。二〇〇八年四川地震後，很多企業都進行了捐贈，但是新問題也來了，企業捐贈的錢從哪裡來？誰有權做出決定？從法律上說，除了個人老闆之外，絕大多數企業的錢屬於股東，董事會或者決策層所捐出的錢，一旦超出自己權利範圍之外，有沒有事先和股東商量或者召開股東會議？據我知道，很少有企業合規地走這樣的程序。

我也注意到有些企業發出一些「企業社會責任」報告，但是如果大家仔細研究一下，這份報告裡面寫了什麼，比如工廠生產什麼、有多少排放、具體指標是什麼等，然後再檢驗一下，是否兌現承諾，就把握了衡量一個企業到底是否盡職「企業社會責任」的關鍵。很多企業做「企業社會責任」報告的動機，可能是把它當做宣傳工具，存在商業噱頭的嫌疑。

大家可以看到，巴斯夫的「企業社會責任」報告，沒有很多文字，我們完全按照全球標準，沒有太多宣傳的修飾性內容，也去掉了一些公益、捐助等項目。我們只對公司各項環保數據進行披露，並且像財務指標做法那樣，對各項指標列出變動比率。可以說，我們所列的標準項，不僅多於國家規定的內容，而且在對大多數指標的規定上，和歐盟標準是一樣的。可以說，這樣的「企業社會責任」報告在國內並不多見。我們做報告的動機，是為了接受公眾、媒體、政府的監督。

已經在中國成為行業領導的巴斯夫，如何用自己在歐美可持續發展中獲得的經驗，幫助中國化工行業的發展？

關志華：我認為，作為在全球化工行業，乃至全球企業中有重要影響力的巴斯夫，不僅有責任保持自己的業績增長，還要為自己所處的每個市場承擔責任。這種責任在我看來，有兩方面：第一，如何讓全球優勢化工企業共同履行責任？第二，作為大企業，如何帶動業務夥伴，甚至更多的中小企業？

先談第一個。我本人在二〇〇七年擔任在中國的「國際化學品製造商協會」主席，這個協會有五十多家會員，成員不僅都是全球在華的外資化工企業，而且還是國際化工協會聯合會「責任關懷」憲章的簽署企業。這份憲章有重要的一條是，「簽署公司，不但在公司所在的母國推動責任關懷，也要在投資國，尤其是發展中國家，推動責任關懷」。

於是，我們聯合這些外資企業，於二〇〇八年在北京公佈了一個「北京宣言」，旨在自律我們這些跨國公司，用歐美在化學品管理、安全、清潔生產、運輸、汙染防治等方面同樣的標準，規範自己在中國的行為。後來，「國際化學品製造商協會」又和中國石油和化學工業聯合會合作，向中國同行推廣責任關懷理念，二〇一〇年底中國石油和化學工業聯合會以觀察員的身份，正式加入了國際化工協會聯合會，為繼續推進中國化工行業責任關懷和可持續發展奠定了基礎。

除了影響中國化工行業可持續發展之外，在對中國的關係企業，其他中小企業影響中，巴斯夫具體怎麼做？自己的利益點何在？

關志華：首先，化工行業的產業鏈很長，涉及一系列相關利益企業。無論是從私利還是公利上，巴斯夫都需要保持這條鏈在環保、健康和安全績效上有良好的表現和發展。為此，經我本人提議，在中國可持續發展工商理事會的平台上設立了一個「1＋3」企業社會責任項目，就是讓一個大型的理事會成員企業，和供應鏈上下游的供應商、物流服務商和客戶三種業務夥伴，結成一個共同團隊，通過最佳示範案例和專業知識的分享，以及定製解決方案指導合作企業，提高管理績效，參與企業之後再把這個模式複製到它的供應鏈上，從而形成滾雪球效應。

在「1＋3」項目上，巴斯夫的作用是，讓自己在中國的關係企業，分享到巴斯夫成熟和先進的管理體系，從而共同控制供應鏈風險。該項目目前已進展到了第三輪，前後總共有二十七家巴斯夫的供應鏈合作夥伴參與。至今，在中國已有一百三十多家企業參與到「1＋3」項目中。

另外，我們也考慮到，可持續發展的標竿企業，不能僅侷限在化工行業，還應更開放性地尋找到新興的企業，於是「金蜜蜂」的概念應運而生。繼「1＋3」項目成功實施後，我們又提出了「金蜜蜂」的創意，並在二〇〇八年開始發佈「金蜜蜂企業社會責任・中國榜」。這個概念，是緣於我們發現蜜蜂是一個有一億兩千萬年歷史的古老生物，與我們倡導的可持續發展理念不謀而合，另外，巴斯夫希望企業在採蜜的同時，也能像蜜蜂一樣，承擔傳播花粉的責任。

和「1＋3」項目不同的是，「金蜜蜂企業社會責任・中國榜」主要針對中小企業，不論其行業類別和企業背景，只要根據相關履責標準進行填寫和申報，然後經過專家團的審核，就可能獲得評獎。現在，我們又將這個項目推進了一步，稱之為「金蜜蜂二〇二〇」。我們關注創新、低碳、能效管理、包容性增長、供應鏈、員工、金融、農業、社區、信息化、水資源、知識產權保護共十二項企業社會責任議題。巴斯夫用上述十二項指標看別人的同時，其實也在看自己。我們認為，在衝擊二〇二〇年業績目標中，不能以犧牲環境以及社會生態效益為代價。

博世（中國）總裁陳玉東：創新來自積小步

博世（BOSCH），是德國最大的工業企業之一，由德國企業家、工業時代的先驅者羅伯特·博世（Robert Bosch）在一八八六年創始於德國斯圖加特。公司創立之初，就定位於「精密機械及電氣工程的工廠」，歷經一百二十多年不變。博世與中國的關係，始於博世集團一九〇九年在中國開設第一家貿易辦事處。時至今日，博世所有業務部門均已落戶中國，其中包括汽車技術、工業技術、消費品和建築智能化技術等。目前在中國市場，博世經營著三十七家公司，成為繼德國和美國之後博世在全球的第三大市場。

創新就是「革命」——這個概念也許被誤讀了，正是由於誤讀，很多企業急於進行所謂的創新，但是短期利益驅動的創新，往往很短命。德國博世公司為何歷經一百二十年不倒？就是因為注重長遠利益，對每一種創新，經過長期一點一滴的研究，在歷史沉澱中悄然實現一個又一個里程碑。

每次踏進德國博世公司中國總部大樓，陳玉

東總是習慣朝公司創始人羅伯特．博世的塑像行一個注目禮。作為現任博世（中國）投資有限公司的總裁，陳玉東對這位被譽為德國工業時代的先驅者，始終充滿著敬畏。

在一本博世的企業宣傳刊物上，載有羅伯特．博世的一句告誡：寧失利，不失信，因為誠實守信所帶來的長遠利益，遠比眼前的利潤更有價值。

「寧失利，不失信」，聽起來和中國的孔子所言「人而無信，不知其可也」意思相近，不同的是，孔子是說做人的道理，而羅伯特．博世是給自己的公司制定一個基業長青的精神定位。一百二十多年了，博世能繼續秉持工業精神，並依然讓寶馬、奔馳等汽車公司以及公眾繼續用他的產品，說明博世在一百二十多年前選定的道路是對的。

不過，儘管博世依靠創始人的祖訓持續至今，但在市場每日驟變的當下，博世是否還能保持波瀾不驚？據德國漢堡當地一家名為「Burgel」的諮詢公司公佈的數據顯示，二〇一三年上半年德國共有萬五千三百四十九家企業破產，同比增長百分之一．八，為三年來首次出現上升，並預計德國至年底會有三萬多家企業破產。

陳玉東表示，博世注重長遠利益的原則不會改變，但會在策略上做出適應性變化。在他看來，今天大部份企業希望用「創新」改變命運，還需要從自己的企業實際出發，尤其是對於究竟什麼是「創新」，以及如何保持企業基業長青，需要有真正的認識。

如果從公司誕生的一八八六年算起，博世在一個多世紀中經歷過所有的世界性危機，和博世同期創業的公司基本所剩無幾，而博世能夠持續存在，其中必有道理。

從現在時髦而普遍的標準角度，也許我們會說，因為百年創新，使得博世一直永續經營，但這只是博世百年經營過程中的結果，博世公司真正的價值，卻是創新從哪裡來？

國內在談及德國製造時，喜歡冠之「德國模式」的稱呼，但到底什麼才是真正的「德國模式」？「德國模式」實際是德國企業一種特殊的基金會管理模式。在過去的一個多世紀，這種模式在德國非常普遍，基金會不把資本回報率作為他們的主要目標，而是追求社會貢獻。

博世就是這類「德國模式」的代表之一。由於羅伯特．博世家族的後人無意管理公司，後來就成立了一個具有公益性質，以創始人羅伯特．博世名字命名的基金會，控制博世百分之九十二的股份，但不介入具體運營。和博世一樣的，還有貝塔斯曼基金會（Bertelsmann Foundation）、卡爾蔡司基金會（Carl Zeiss Foundation）等。那麼這種基金會模式的公司主要作用是什麼？

第一，只關注公司長期增長，而不是短期利益；第二，關注員工福利。基於這兩大原因，使得博世這樣的公司，在具體經營中，擺脫了強大的外部股東需求，而把注意力集中在企業長期、可持續的發展投入上。所以，以博世為代表的德國製造，其每一次在做創新和技術研發時，都可能呈現一種低調，甚至慢悠悠的狀態，但通過時間的逐步積累後，卻形成一個別國的競爭企業很難打破的技術壁壘。

二〇〇七年加入博世的陳玉東，先後在這家德國百年老字號中，歷任博世中國汽油機系統部高級副總裁、博世中國執行副總裁，以及如今的總裁職位，應更深諳「德國模式」的真諦。

基金會控股模式

中國企業已經崛起，但大而不強的問題，亟待找到解決方案。以德國製造的經驗為參考，對中國企業有什麼借鑑？

陳玉東：我以為，關鍵要看中國企業自己的戰略定位，到底是把短期作為目標，還是耐心的「一天一小步」著眼於長遠呢？

長期以來，中國企業的模仿對象一直在變，先是日本模式，後是美國和德國的模式，我不否認，學習有利於企業的成長，但究竟有多少中國企業真正建立了自己的模式？學習固然重要，但探索自己的路更重要。縱觀全球優秀企業，成功都有自己獨特的基因。

就以博世重點業務所在的汽車零部件領域來說，首先，從技術角度看，以博世為代表的零部件外資企業都有長時間積累，中國企業趕超起來要付出非常大的努力；其次，從整體方面講，看看最新的研發排行榜，中國企業的研發投入普遍不足；再次，中國企業太注重近期利益，以至於不能沉下心來做長期研發。這三點造成了中國企業在研發上，可能在相當長的一段時間內，只能扮演一個跟隨者，而很難成為一個領導者。

對中國企業而言，我個人的建議是，必須從自己的現實角度，先以低成本、低技術含量的零部件作為突破口，而對於高技術含量和高成本的項目，因為投入大，積累時間長，如果沒有技術保障和長期戰略，先不要去碰，當然，如果既有資金，又有技術，更有長期的計劃，堅持做下去，總有一天會成功。

這幾年，我接觸了很多國內零部件企業，有些企業一開始信誓旦旦，提出要做規模，甚至趕超歐美，結果沒幾年就歇業停產了。

相比之下，博世每進入一個領域，都會把問題考慮得很複雜，很怕在市場上出問題，所以在內部會做很多工程驗證。相比之下，國內的一些零部件企業，只要做得差不多、有市場利益，很快就放到市面上，拿市場去做認證機制，這些做法既不負責任，也很危險，一旦在市場上因為質量問題受挫，很可能將毀滅自己的產品，甚至整個生產線。從對比的角度來看，博世一百二十多年來始終堅持的慢創新，符合一個企業持續發展的自然邏輯。

關於模式問題，德國模式的真正精髓是什麼？中國企業能否複製？

陳玉東：我是二〇〇七年進入全球汽車零部件巨頭公司之一的德國博世公司，四年後擔任了這家公司的中國區總裁，此前，我曾在美國德爾福公司（Delphi Corporation）工作過，因此，我對美國和德國的企業模式都有一定的瞭解。

我問過自己，為什麼博世在一百二十多年中一直保持穩健經營，是什麼原因讓博世成功抵禦歷史上的多次經濟危機和產業危機？後來，我對博世代表的德國模式，總結了兩個經驗：一是獨特的股權結構；二是「一天一小步」的創新思維。

先談獨特的股權結構。該模式是一種典型的德國式公司治理模式之一，就是公司將股權托管給公益性質的慈善基金會。

慈善性質的羅伯特．博世基金會擁有羅伯特．博世有限公司百分之九十二的股權，多數投票權由羅伯特．博世工業信託公司負責。該信託公司也行使企業所有權職能。其餘股份則分屬博世家族和羅伯特．博世有限公司。這種慈善基金會控股模式和現在的上市公司模式有什麼區別？對於博世價值又是什麼？

表面上看，都屬公眾性質，但慈善基金會控股模式下，公司的宗旨是社會責任和信譽，而上市公司模式，必須每天給股東創造回報。正是由於控股人的差異，使得博世和很多公司相比，在價值觀上出現截然不同的訴求。另外，「羅伯特．博世基金會」儘管擁有博世絕對股權，但不參與公司任何決策與經營，這樣一來，公司的職業經理人獲得了「自由」，有時間、有空間、有耐心地服務於長遠戰略。慈善基金會控股模式，本質上是一種公司治理模式，使得公司決策者和經營者避免了業績壓力困擾，更注重於長期目標，去贏得未來。當然，中國企業要複製這一模式，企業創始人要有無私氣度，有勇氣把企業托管給社會。

一百二十多年，從人的生命角度，幾乎到了極限，但對博世，必須通過創新來不斷重鑄活力基因。博世怎麼思考創新、怎麼做到創新？

陳玉東：也許很難看到博世像當今互聯網公司那樣，有跌宕起伏的創新變革，但每隔三五年後，你就會發現博世總在悄然誕生某些偉大的發明，而且這樣經過歲月磨礪的發明成果，往往經久不衰。對此，我給博世的創新標籤就是：「一天一小步」式的創新。博世「一天一小步」式的創新，貫穿在產品技術、經營模式和管理模式等方面。

產品技術上，我以電子穩定程序（Electronic Stability Program, ESP）為例，這個產品現在已在多數汽車中得到廣泛使用，但博世在一九九七年發明，並將其推向市場後，無數的競爭者也開始加入，我們怎麼辦？唯有通過「一天一小步」式的創新，不斷地優化產品成本結構和提升技術含量，至今，我們已經將ESP升級到了第九代，並由此繼續保持住競爭力。

在經營模式和管理模式上，我們也同樣奉行「一天一小步」的創新思維。博世是一個有歷史沉澱的企業，經營模式和管理模式已經很成熟，你不可能讓博世搞得像輕資產公司那樣天翻地覆。但世易時移，隨著競爭環境和習慣的變化，我們也會做出小步式的改變。比如，我們在中國市場上推出了互聯網

B2C業務，在京東和淘寶上開店，另外，也拓展了新的經營模式，在擁有不斷強化的博世專業汽車維修網絡的基礎上開出汽車專業維修直營店。同時，我們還成立了一支有別於我們過去的客戶體驗團隊，成員上，我們甚至專門聘請了設計師、心理學專家。

慈善基金會控股模式和「一天一小步」式的創新，使得博世這條百年巨輪，永遠看到的是明天，而不是眼前。

創新不是「革命」

在博世目前四大業務領域中，汽車技術和消費品面對的競爭壓力尤其激烈。面對如此激烈的競爭環境，為什麼博世僅僅提出「一天一小步」改變戰略，而不是更大膽的創新變革？

陳玉東：一談到創新，很多人會以為就是「革命」，就是顛覆性改變。根據博世一百二十七年來的經驗，工業製造領域裡的創新，總是循序漸進，並在悄然中完成的，從來都不可能一蹴而就。企業的創新，我認為需要三個保障：首先，創新的戰略與決策必須有遠見；其次，對創新要捨得投入；最後，在企業內部要有創新基因和文化基礎。如果有此三點，再加上耐心的「一天一小步」創新原則，最終誕生的創新一定是偉大的，成果也會長期穩定，不會被跟隨者一夜淘汰。

在博世，我們內部有一個「中央研究院」，這個組織專門為公司分析未來數十年的世界格局及熱點話題，並由此來輔助董事會制定企業戰略，一旦制定，我們不會隨意改變。我們現在定的企業戰略是節能環保，那我們所有的產品都會圍繞這個方向進行創新。在投入上，我們每年會拿出相當於銷售額的約百分之九用來研發，這就保障了科研的質量和持續。我們在內部還設有創新日，每年對創新項目、創新者進行褒獎，鼓勵全員創新。

根據「一天一小步」的創新原則，博世在全球以及中國的公司有哪些作為？

陳玉東：博世在研發和創新方面的投入一直處於行業和全球領先。我們在全球擁有約三萬五千名研發人員，每年誕生的專利數以千計，累計已經達到近十萬項。在汽車技術的專利方面，博世一直處於領先地位。

在我們看來，創新分為不同的層面，既有新產品方面的創新，也有新市場的創新。博世的口號是「科技成就生活之美」。創新不是跟時髦。不計成本的創新可能很容易，但如果能夠通過創新將現有產品的成本降低一半，也是一種創新，而且對企業發展相當重要。在中國，我們鼓勵研發工程師擁有創新的思路。

在中國，我們大約有兩千名研發工程師，他們所做的事情基本都與創新有關。比如，他們每天都在研究如何降低成本，如何縮短研發週期。又比如，我們的產品原先擁有五千個變量，工程師對這些變量一個個地研究，看看如何將其整合為一千個，從而大大縮短研發週期。中國市場是一個快速變化的市場，如果能將研發週期縮短，我們的客戶就不需要等兩到三年才能見到某種產品投產。

在新產品創新方面，我們正在研究如何將汽車中的零部件產品遷移到摩托車、電動車上，讓這些不同類型的交通工具既有很強的功能性，又能有很好的性價比。

已是二〇一三年末，為什麼博世在華的業績公佈，還停留在二〇一二年，沒有前三個季度的數據？另外，從你二〇一一年接任博世中國總裁至今，如果回顧前三年在中國的業績表現，總體滿意度如何？

陳玉東：需要說明的是，博世不是上市公司，我們沒有一定要向外界公佈業績的法律義務。我們只會一年公佈一次，並且是上一年度的總業績。但我可以透露的是，博世在過去十年的銷售業績實現了百分之二十五的年複合增長率。

但是，博世對於經營指標的KPI（Key Performance Indicator）有一個原則，就是在利好的形勢中，上升速度要做到比別人快，在頹勢的時候，下降速度要比別人慢！從這個角度，我認為博世中國公司還是較好地完成了總部的業績指標。回顧前三年在中國的業績，二〇一一年實現了目標，二〇一二年受固定資產投資下降以及整個工程機械行業下挫的拖累，沒有達標，但當年下降速度好於同行業。截至二〇一三年第三季度，博世在中國的銷售額較同期實現了兩位數的增長。

積小步，至千里

儘管博世在創新方面從不像互聯網公司那樣大張旗鼓，但在「一天一小步」戰略思維主導下，還是在產品優化、經營模式、渠道模式、銷售模式等方面發生了重大變化。先談產品結構，以博世發明的電子穩定程序ESP為例，在這個高度競爭的產品上，如何體現產品優化？

陳玉東：任何一種工業技術的發明，投放市場後，都會有這樣的市場規律——開始的時候，由於你領先，佔有很大的議價空間，之後，因為跟隨者的模仿和再創新，你的議價空間就會減弱。ESP就是遇到這樣的問題。

解決辦法只有兩條路，降價或者優化自己的成本結構。選擇前者，就是犧牲利潤，最後退出市場，成為失敗者；選擇後者，卻又不能偷工減料來降低成本，只能依靠技術來提升成本空間。

博世的ESP現在進入了第九代優化，和前一代相比，成功的將質量和體積減少百分之三十，使其成為該產品市場上最小和最輕的系統，同時，擁有模塊化設計，為所有車型提供理想的解決方案，因此這個產品無論是對博世自己，還是對汽車商，都帶來最佳的益處。

博世新近成立了一支「新業務團隊」，該團隊和博世傳統業務有什麼關聯？其組織結構和體現的價值如何？

陳玉東：這個團隊，在我們內部稱為NBT（New Business Team），該團隊的建立，是通過全球董事會決議成立的，但只設立在中國、印度和巴西等三個新興市場。

我們要求，NBT是一個創新孵化器，不能和現有事業部業務有衝突，希望他們尋找或發現的項目，是現有事業部不能做或做不到的。

在決策機制上，NBT繞開繁瑣的審批制度，採取直線管理。在中國，NBT直接向我匯報，一旦被評估立項，就能直接向總部申請資金。對於NBT成員，我們不推薦博世現有員工，當然員工有意願去，我們不阻攔，這樣做的目的，是希望NBT成員不受固有思維束縛，能夠更開放，並給博世帶來新鮮的創新基因，成員主要是從外部招聘，其中也包括一部份大學生。

當然，給NBT開放，不意味著沒有目標，我們給NBT提出可量化的目標是，三至五年能開發出銷售額達到五千萬美元的業務；八至十年能開發出銷售額達到數十億美元的業務。目前已經有多個項目在醞釀和實施，我很期待NBT能早日誕生奇蹟。

博世的白電早在互聯網B2C中鋪天蓋地，現在博世的電動工具、汽車零配件也走上了網銷，那麼，是否意味著今後博世的銷售渠道會完全導向B2C？另外，我們從博世汽車售後市場業務部在天貓官方店的數據分析中發現，月收入大約在二十萬至三十萬元之間，這個收入對於博世體量來說，太微不足道。接下來，會對B2C策略上有何改變？

陳玉東：我們不會取消傳統渠道，我們將實行「B2B＋B2C」的雙重渠道模式。對於經銷商和消費者，我們會讓他們感到價格的公平和透明，不會有太大的差價。同類產品，根據不同渠道需求的不同，我們提供的產品線和產品規格也會有所差異。傳統渠道面向專業人士，我們提供專業、複雜的產品，線上渠道面向終端用戶，通常是他們青睞的簡單、入門級的產品。

關於如何擴大我們在B2C的銷量，實話說，我們還在探索，因為電動工具、汽車零配件和家電不同，你不可能要求所有家庭都去消費電動工具，另外，很多消費者在網上購買我們的汽車零部件後，自己並不能安裝。我們希望博世的專業維修站和直營店可以提供一些增值服務，比如，你只要花費十元、二十元不等的費用，就可以到我們經銷商或者維修站那裡，幫你安裝。

說到博世的維修站，讓我聯想到最近博世在中國開設的兩家「博世汽車專業維修直營店」。這一做法是博世在中國的首創嗎？

陳玉東：的確是首創，但也和業務有直接關聯。博世的很大一塊業務在汽車零配件，我們的產品不僅供應給各大汽車商，同時也供給4S店。

如果從消費者角度，汽車出現了問題，會去哪裡維修？要麼去4S店，要麼去街頭小店，但4S店雖然有質量保證，維修報價卻貴，而街頭小店則是質量不靠譜，維修報價卻低，於是，消費者就處在兩難境地。後來，我們研究認為，既然我們自己做的就是汽車零配件，為什麼不能從後台走向前台，從供應商轉變到直接面向客戶的維修服務的解決者呢？

於是，我們在4S店和街頭小店之間，找到了市場空白，二〇〇一年開始在中國建立了自己的博世汽車專業維修網絡。我們博世汽車專業維修網絡，一方面對準了消費者的需求，另一方面其實也是我們B2C業務的延伸和堅實後盾，為什麼這樣說？因為客戶在網上購買我們的零配件後，就可到我們線下的專業維修站享受優惠安裝。

通過強化市場認知，博世將以適合的產品和服務更好地支持我們的維修站客戶，從而服務於當地汽車用戶。我們希望博世汽車專業維修直營店的建立將為中國獨立售後市場專業汽車服務樹立新標竿。

目前，博世直營店首期是在北京和成都試點，同時博世在中國已經有一千四百多家博世汽車專業維修站，共同服務中國的汽車市場。

嬗變二〇一二

怎樣讓石頭在水面上浮起？ 海爾的張瑞敏曾問下屬。得到回覆是：把石頭挖空、把石頭放在木板上。但張瑞敏的答案卻是，用最快的速度擲出，讓石頭打多個水漂，使得自己不沉。二〇一二年，很多企業意識到，為了讓自身生存和可持續發展，唯有用最快的速度在市場上飛奔。

雅戈爾董事長李如成：贏在「不務正業」

雅戈爾，由現任公司董事長李如成在一九七九年利用兩萬元知青安置費所創建，經過三十多年的開拓，蛻變成如今以品牌服裝、地產開發、股權投資三大產業為主體，多元並進、專業化發展的經營格局，並成為擁有五萬餘員工的大型跨國集團公司。其主打產品襯衫為全國襯衫行業第一個國家出口免檢產品，並連續十七年獲得市場綜合佔有率第一位，西服連續十二年保持市場綜合佔有率第一位。

浙江寧波鄞縣大道西段盡頭，一座高聳的大理石塑像，遠遠望去像一個巨型的「扇貝」，走到近前，才發現上面刻著「YOUNGOR雅戈爾」。

二〇一二年五月三十一日早晨七點三十分，李如成和往常一樣早早來到集團總部，然後下樓，繞著這座巨型「扇貝」散步，他穿著一件雅戈爾的免熨白色襯衫和一條黑色西褲，緩緩而行。這個習慣，他堅持了十多年。下午，李如成要做一次為期多日的出差，目的是視察雅戈爾服裝業務的各地情

況。利用早晨半小時時間，李如成想為自己繃緊的神經鬆弛一下。不過，現在他很難完整地享受這段寧靜的時間，關於雅戈爾回歸主業的戰略事件，並不招致投資圈的理解，各種質疑紛至沓來，這讓他感到煩心。

就在當月，有謠言傳說雅戈爾服裝業務裁員一萬七千兩百人，這對於李如成剛剛在二〇一二年一季度內部經濟工作會議上提出「深度調整三大產業結構（房地產、金融投資和服裝），集中資源向品牌服裝投入」的部署，可謂重度干擾。

根據去年（二〇一一年）財報，以「實體經濟＋資本經濟」為雙重產業結構的雅戈爾，除了基礎產業服裝板塊實現微弱增長之外，被其賦予業績重任的房地產營業收入比同期降低四百分之十六．九四、金融投資板塊淨利潤比同期下降百分之六十．九〇。而李如成在一季度集團經濟工作上所表示的「今年（二〇一二年）經濟形勢嚴峻，各公司負責人做好攻克時艱的準備」，被外界理解為雅戈爾將從過去轉戰資本市場的「不務正業」，重新回歸實體經營。

實際上，在雅戈爾發展最高峰時期，不論李如成是否承認其複製巴菲特之路，但從行動上說，雅戈爾的確和巴菲特旗下的「伯克希爾．哈撒韋」神似：原先，都是紡織服裝企業，現在都以金融投資為主。但是，就在雅戈爾幾乎要創造出一個真正中國版的「伯克希爾．哈撒韋」的時候，二〇一一年的慘淡業績，卻讓它重新回歸過去。

李如成要面對的是，企業正從高峰向低谷的垂直降落。他要做的是，盡可能、盡最大努力改變「自由落體」的下滑速度，抓緊有效時間和空間，重新梳理各產業機構。他提出的解決方法是：「嚴格控制房產投入，適時調整投資規模，集中資源向品牌服裝投入。」換句話說，曾經主導雅戈爾的房地產、金融投資和服裝業務三駕馬車，現在需要做出重大結構調整，並再次把注意力調回到服裝業務。

主業從未曾動搖

現在房地產和資本市場都受到了經濟環境和政策的影響，雅戈爾在這兩個業務板塊的緩步後，接下來，是否應該重新思考這兩大產業的出路？

李如成：經濟週期性增長減速是很正常的，好比人有時候會感冒一樣。但我認為，中國經濟的總體發展趨勢，肯定是看好的。

國家對當前的經濟最近做了一系列調整，為什麼？因為現在發展速度過快，需要適度調整和休息一下，但這不意味著我們的經濟處於生病狀態。相比，美國經濟是有病的，尤其是他們的金融，其實是一種帶病的經濟，最後造成了全球的經濟危機。這也影響到我們，但我們不能全歸罪於美國，我們自身的問題，是太追求速度，忽視了對一般經濟規律的重視。比如我們的房地產，從原來一平方公尺一兩千元，用了最短的時間、最快的速度漲到了一平方公尺兩三萬元，甚至更多。試問，哪有一個行業可以連續十年暴漲？因此需要一個停頓、一個調整。

不過，我依然看好房地產的未來，因為從需求角度來說，房地產業其實是需大於供，中國老百姓居住水平還有很大的發展空間和需求。至於金融市場更不用說了，才剛起步，真正經歷也就十多年，只要中國經濟不犯大的錯誤、企業投資不犯大的錯誤，我相信未來還是可期的。

對雅戈爾此前以服裝企業的身份搞房地產、金融投資，外界都冠以「不務正業」，那麼雅戈爾搞這兩項虛擬經濟，是否為了賺快錢，還是為了最終將雅戈爾變成一個類似巴菲特的伯克希爾·哈撤韋這樣的公司？

李如成：雅戈爾以服裝生產製造起家，是重資產企業，一度認為隨著服裝質量的提高，可以用十年左右的時間在二〇〇六年前後趕上日本等國家的領先品牌，因此將重心放在生產上，但後來我們發現僅僅只知道埋頭生產，企業永遠做不大。

瞭解雅戈爾的人會清楚一個事實，就是我們在沒有放棄主業情況下，對其他產業進行探索。我們的主業是什麼？如果我們主業是做一個農民，那我們就不能做襯衫了？過去我們的強項是做襯衫，後來拓展到西服，那麼能否說這是脫離主業？我認為，一個企業發展當中，肯定是不間斷進行探索，不過外界說我們「不務正業」，可能從正面來看，也是提醒我們不要放棄自己的主業。

另外，中國的企業大多都很年輕，為了企業生存和發展，尋找一些可贏利項目，很難講哪個是主業，因為主業也是隨時間、企業自身發展產生變化的。我們看看日本企業，以豐田和伊籐忠社為例，前者原來是做紡織布機的，現在做了汽車、金融等，而伊籐忠社也是從紡織起家的，一百五十多年後的今天，他幾乎在所有的行業都有投入。

發達國家的服裝企業背後，實際上都有一個財團支撐，如果沒有規模性金融支撐，這個企業很難有幾十年、幾百年的生存。相比之下，中國企業有自己的苦衷，企業本身要發展，資金從哪裡來？很多企業都在從事一些其他的產業。如果這兩年雅戈爾沒有參與房地產和金融投資，我們的品牌可能會做得更好，但也不可能擁有六百多億總資產和兩百多億淨資產，這些資產可以反哺服裝產業，從而為品牌提供更大的發展空間。

激活內涵型增長

對服裝、地產、金融三大產業的結構調整，是臨時性決策，還是長期戰略調整？

李如成：關於服裝在雅戈爾的地位，我在不同場合講過多次，現在我再次重申，服裝產業是雅戈爾創國際品牌，鑄百年企業的核心產業。

有外界問我們的多元化要不要參考其他企業。全球多元化成功的典範有不少，比如GE、豐田。但每個企業有各自優勢和特點，我們學不了豐田，也學不了GE，雅戈爾就是雅戈爾。但這並不意味著我們不調整、不改變。總體上，未來五年要有「三個轉變」，就是運作和管控模式的轉型、生產佈局結構的轉移、團隊與文化的轉承。這是實現戰略目標的基礎。在未來相當長一段時間，雅戈爾改革的主線是，實現經濟發展方式的轉變。而創新將是實現戰略目標的重要保證。產業創新、品牌創新、科技創新、激勵制度創新、管控模式創新等，是雅戈爾未來五年以及更長時間的主旋律。

突出服裝產業的重要性和地位後，接下來，雅戈爾在該業務的戰略和策略是什麼？

李如成：今年（二〇一二年），我在公司提出了一個總體戰略，就是雅戈爾要抓住國內服裝市場快速發展的歷史機遇，以「內涵型增長」為品牌提升的主旨，鞏固和強化核心競爭力，不斷提升市場份額和品牌價值。那麼，怎麼樣才能讓這個戰略有效實施？

我提出五項要求：第一，通過技術創新、工藝研發、功能優化以及多品牌運作，不斷延伸品牌系列、豐富品牌內涵，進一步提升產品毛利率，拓展目標客戶的覆蓋範圍；第二，利用我們設在意大利米蘭工作室的信息、人脈資源，加速優秀人才的引進培養，提升品牌工作室的設計能力，實現品牌形象和價值的提升；第三，充分整合小型垂直產業鏈，強化功能性產品的研發創新，積極嘗試針對大型旗艦店的產品開發，鞏固並挖掘核心競爭力；第四，集中資源繼續推進傳統營銷渠道的開拓和賣場形象的調整，探索新型品牌實體店與網絡營銷的聯動效應，持續提高市場銷售份額和品牌美譽度；第五，加強制度創新和信息化建設，以培育和完善供應鏈，實現內外部資源的整合與共享，鞏固企業發展的根基。

根據雅戈爾董事會年度（二〇一一年）報告，計劃是今年（二〇一二年）國內服裝銷售同比增長百分之二十以上，這一指標完成的基礎是什麼？

李如成：多年來，我們始終堅持一個品牌策略，二〇〇八年金融危機後，我們重新調整了思路，成立了六個工作室，在主品牌「YOUNGOR」以外，推出了面向年輕白領的GY，漢麻世家，併購香港新馬後吸納的品牌CEO，以及從美國引進的Hart Schaffner Marx品牌。今年我們還推出了面向公務員的高端品牌——MAYOR。

從整體運作思路上，我們一方面加大投入和加強了渠道建設，僅去年（二〇一一年）就有超過八億元的投入，為各品牌形象提升做好硬件儲備；另一方面加強了服務提升、軟件更新，以提升軟實力。這兩個條件，加上品牌工作室在創新和設計方面的努力，我們相信能促進雅戈爾在內銷市場實現百分之二十以上的增長。隨著外貿業務的主動縮減，今年（二〇一二年）市場重心向更高附加值的品牌服裝領域轉移，服裝綜合毛利率上升至百分之四十五·四一。

在未來發展中，雅戈爾面臨著一個新的難點，或是困惑，就是雅戈爾既不是國有企業也不是私有企業，實際上我們是一個社會化的企業，如何傳承，是我們正在進行的探索工作，如果能過好這一關的話，對中國的民營企業也會有很大的幫助。據我瞭解，現在一些大企業都碰到了類似問題，我們正在探索的是如何把我們這樣非公非私的社會型企業一代代成功傳承下去，這是我們正在思考的。

為了應對勞動力成本高企，中國很多紡織企業現在正在謀求將產業往東南亞轉移，雅戈爾有什麼打算？

李如成：雅戈爾在越南、菲律賓、斯里蘭卡等地已經有十個企業，我們不直接管理員工，只管理幹部，現在看來這個做法值得商討。這些國家的勞動力相對比較便宜，但生產效率不是很高，雖然人力成本低了，但管理成本和物流成本高了。中國十三億人口，勞動力絕對不會緊缺的，如果真正到了勞動力緊缺的地步，那中國經濟就相當發達了。

為什麼雅戈爾的電商業務遲遲不前？

李如成：現在電商發展很快，在帶來便利的同時，負面效應也很多。另外，雖然看似銷售量很大，但盈利卻小。雅戈爾現在也有個別品牌在做，但量不是很大，還處於探索階段，成功就往前走，不成功就往後退。像西服這些產品，網上銷售是不可能的，以後的趨勢就是量身定製。大家有沒有思考過，為什麼那些世界時裝大牌至今沒有實施電商？因為，真正優秀的時裝，只有通過專賣店的裝修、陳列、佈置，才能有效傳達品牌的藝術和文化內涵，而這恰恰是電商無法達成的。

三一總裁唐修國：讓被併購者反向整合自己

三一重工的前身，是由梁穩根、唐修國、毛中吾和袁金華等四人於一九八九年六月籌資創立的湖南省漣源市焊接材料廠，後在一九九四年十一月更名。經過二十多年的潛心進取，公司不僅於二〇〇三年成功登陸上海證券交易所，並且成長為全球工程機械製造商五十強、全球最大的混凝土機械製造商。二〇一二年，通過併購混凝土機械全球第一品牌——德國普茨邁斯特（Putzmeister）公司，從此改變了全球重工機械行業的競爭格局。

從一九八九年創業到二〇一二年，經過二十多年的奮鬥，由梁穩根、唐修國、毛中吾和袁金華等四位創始人領導的民營工程機械企業三一，終於和中聯重科、徐工，並列成為中國工程機械行業的三巨頭，而且在二〇一二年前，逐漸通過海外渠道的拓展，將「中國製造」滲透進歐美市場。

但是，三巨頭在向發達國家市場拓展的時候，都非常吃力，因為發達國家對「中國品牌」充滿歧視，總以為「中國製造」缺乏技術含量。三巨頭

一直在爭取和等待證明自己的機會。

終於，金融危機給三巨頭創造了機會。因歐美經濟下滑，多家原先並未重視中國市場的工程機械跨國巨頭，出現集體衰退，這些公司的控制人為剝離資產，正在尋找潛在買家。海外併購——這一中國企業過去從不敢奢望的戰略，首次遇到了最好的時機。

先把視線調回到二〇〇八年。這一年在中國工程機械行業發生了一宗重大事件。當年，全球混凝土機械行業排名第三的意大利ＣＩＦＡ公司決定向中國企業出售百分之一百股權，而競標者只有兩家同處湖南長沙的公司——三一和中聯重科。結果，三一敗給了中聯重科，後者聯手弘毅投資、高盛和曼達林基金，以總額五億一千一百萬歐元對ＣＩＦＡ完成了併購。

四年之後，也就是二〇一二年，三一和中聯重科再次競爭新的併購對象——混凝土機械全球第一品牌，德國普茨邁斯特公司。經過又一次明爭暗鬥之後，三一聯合中信產業投資基金，以三億六千萬歐元共同完成對普茨邁斯特公司百分之一百股權的收購。

二〇一二年中國企業掀起了一股海外收購潮，這是中國經濟三十多年改革開放的第一次「揚眉吐氣」，從過去對發達國家優秀企業的仰視，變成了對這些公司的控制人。但是，當年有一個問題一直在追問這些實施海外併購的中國企業：海外收購，到底值不值？

據公開信息顯示，在三一併購普茨邁斯特前，這家德國公司在二〇〇七年的銷售收入約為十億九千萬歐元，而二〇一一年收入已跌到五億六千萬歐元。而按三一二〇一一年的五十六億一千五百萬人民幣淨利潤計算，普茨邁斯特的利潤貢獻不過為百分之八不到。但是，根據唐修國當時對我的解釋是：「普茨邁斯特過去戰略偏重歐洲，它的命運和歐洲經濟波動相關，二〇〇三至二〇〇七年全球經濟增長期間，它一度達到歷史高點的十億歐元，二〇〇八年之後，歐洲經濟大幅下滑，普茨邁斯特才出現衰退。

普茨邁斯特不是產品出現問題，而是戰略出現問題。」

作為首次實施海外併購的三一，現在要對一家德國百年公司實施主導性管理，「後併購」時期的整合，遠比此前的併購戰略更為驚險。

用併購搶奪國際化跑道

去年十月（二〇一一年），你公開表態，「娶一個富家小姐過門，可能日後不好應付，三一傾向於自己建廠」，但這一次，因併購德國普茨邁斯特公司，三一結束了此前奉行的單一擴張模式。今後的擴張是否變更為——自主投資＋併購的雙重組合？

唐修國：什麼叫「娶富家小姐」？就是我們窮，對方強。我們和普茨邁斯特比，各有優劣勢。它的優勢是品牌、技術和海外網絡，這是我們最看重的，也是我們的軟肋，但三一的優勢是，在中國市場上的高份額以及低成本的生產控制，這卻是普茨邁斯特的軟肋。有評論說我們是「蛇吞象」，如果從雙方現有規模、產值來看，我們的這次併購，反而是一種以強並弱。我們管理層認為，這次併購不是要消滅對手，是要通過併購來彼此整合，從這個意義上說，除卻併購本身的股權之外，三一和普茨邁斯特是兄弟。

至於擴張方式的改變，係因勢而動。金融危機前，跨國公司自己的盈利很可觀，不可能向中國企業拋出併購橄欖枝，因此我們一直主張自己投資，我們去了美國、德國、巴西、印度等地，我們在這些國家建工廠、搞研發基地，吸收國際技術，但這很艱苦。金融危機後，我們有了併購機會，顯然，這是中國企業搶國際化跑道的機會，我們的打法當然要調整。

三一領導人在併購德國普茨邁斯特公司中，一、不看對方工廠；二、不審對方財務，另外，在併購前，普茨邁斯特不僅在中國市場佔有率低於百分之十，而整體運營上，實際已陷入財務危機，這樣的企業，收購的價值何在？

唐修國：我再次重申向總（三一重工總裁向文波）的一個觀點，這次併購，不是一場簡單的財務收購，而是重大的戰略性國際併購。

我們為什麼「不看」、「不審」？雖然普茨邁斯特是家族企業，但創始人實際上已經把它百分之九十九股權交給社會基金，換句話說，它受到歐洲公眾的監督。另外，我們創業伊始，在技術和產品上，就以普茨邁斯特為標竿，我們對它進行模仿、研究了十八年。其中的十年，我們在中國與海外市場上和它進行了競爭，我們知道，即使在中國市場擊敗它，但要趕上它五十年的品牌價值和核心技術，仍然很難確定。這次有收購的機會，我們當然要採取主動。

我們認為，這次收購至少保證了三一技術超前五年。我們算過一筆賬，現在三一每年研發費用佔集團總收入的百分之五，按混凝土工程機械去年三百五十億元營收計算，在這個業務上的每年研發投入大約就是十七億五千萬元，我們這次收購費用約二十六億元，就是說，我們用兩年不到的研發費用，收購一家全球公司，節約研發時間同時，加速技術、品牌和市場的三項國際化。

另外，普茨邁斯特在二〇〇八年虧損後，逐漸在恢復體力，目前是在贏利，我們無須在財務上輸血，它可以自己獨立生長。

讓被併購者來整合自己

由於中德企業之間在人才、管理、技術、供應鏈等方面差異巨大，在「後併購」時期，三一對普茨邁斯特如何做出有效整合？

唐修國：我們不會以併購者自居，我們實際上是花錢把老師請進門，我們仍然是學生。更多的整合，是請普茨邁斯特來整合三一。

過去，一談併購，我們就會說要整合對方，把對方的品牌、技術拿來，但效果如何？三一走技術化創新、國際化發展已經多年，但我感到，相比我們的擴張規模來說，內部的財務管控很落後，我們現在有二十多個海外子公司，怎麼控制財務預算、運轉資金等問題，都面臨重大挑戰。現在被收購方的普茨邁斯特，就是一家集五十年歷史的全球化公司，財務管控方面比我們強、比我們更專業，因此讓普茨邁斯特反向輸出經驗和管理，才是我們的整合方向。當然，財務管控的反向整合只是一個方面。

其他運營內容的管理上，還包括哪些反向整合？

唐修國：比如，在供應鏈管理上，普茨邁斯特對零配件有全球最高的標準，併購後，我們會要求普茨邁斯特優先採購三一的零配件，但有一個前提，凡是不符合標準的，普茨邁斯特不接受。不符合標準的，怎麼辦？我們就按普茨邁斯特的標準，去提高質量門檻，達到供應要求。

在品牌和市場上，執行雙品牌制。一、主分市場。三一依舊主攻中國，普茨邁斯特依然在海外市場承擔主力。凡是原三一在海外關於混凝土泵車的業務，全部停下，今後把這塊海外業務全權給普茨邁斯特，同時，三一要拉長普茨邁斯特混凝土泵車鏈，增加攪拌站、攪拌車等與泵車配套的產品，以強化這個隱形冠軍的實力。二、你中有我。在中國市場上，普茨邁斯特依舊保留現有業務不變，我們會要求三一下屬的營銷部門，凡客戶提出要普茨邁斯特的產品，三一要讓步。我們算過，普茨邁斯特目前在中國的銷量是幾百台機械，我們扶持以後，普茨邁斯特的產能和銷售將呈現翻倍。

在人才資源上，「不裁員、保留團隊」是併購協議規定的，我們不會失信。三一要國際化，本來也在廣招跨國人才，這次併購，我們獲得了一支真正的國際化團隊，我們正在考慮，請普茨邁斯特CEO加入集團董事會或執行層，強化我們的國際化管理和戰略競爭。

大娘水餃董事長吳國強：破中餐低端宿命

由吳國強一九九六年始創於江蘇常州的「大娘水餃」，是中式快餐行業的領軍企業。這家餐飲企業，憑藉水餃的單一產品定位，不僅在國內十九個省份擁有四百四十餘家自有及加盟連鎖店，而且通過在印尼雅加達與澳大利亞悉尼相繼開設分店，將中國餐飲文化成功輸出海外。二〇一三年十二月，由有「李嘉誠御用銀行家」之稱的梁伯韜所領銜的歐洲最大私募股權投資機構CVC（CVC Capital Partners，大中華區），完成了對大娘水餃的收購，公司也由此走上通往香港資本市場IPO的快速通道。

二〇一二年三月，在常州青洋北路與富陽路交界處，一幢粉紅色大樓在淅瀝的春雨中，如詩意棲居。這裡是吳國強創辦大娘水餃十六年之後的新總部所在地。吳國強本人的專駕現在是一款海神三叉戟LOGO的瑪莎拉蒂跑車。一個賣了十六年水餃的人和豪車之間的強烈視覺對沖，這是吳國強當時給我的第一印象。

很多人誤以為如同大娘水餃名字一樣，其老闆

會是女人，但，大娘水餃的老闆卻是一個嚴肅男人。

吳國強創業初衷很淳樸，只是為了改善生活。一九八五年，從大學畢業後一直留在青海西寧十五年的吳國強，回到故鄉尋找商業機會。六年後，他用三萬元開出一家「西北餐館」，試圖把青海菜餚引入常州，但八個月後失敗。次年，吳國強第二次創業，又開辦了「美食園」，再遭虧損。吳國強開始反思，為什麼接連失敗，餐飲市場的商機到底在哪裡？

吳國強腦海中突然浮現出大學畢業後到青海生活時的一段經歷，那時作為青海省作協會員的他，每當回到家，鄰居大娘總會端上自己家的水餃讓他飽餐一頓，使遠離家鄉的遊子倍感親切。「就做水餃吧。」吳國強給了自己一個艱難的決定，當時，他並不能判斷這一決定究竟是否還會失敗？

經過一番精心準備後，吳國強一九九六年開始轉營水餃。他請來了一位退休的東北大娘當起了包餃工，自己則親自動手拌製餃餡。第一天包的水餃一賣而光，第二天、第三天同樣如此。問問顧客，反響不錯，於是他又請來第二位、第三位包餃工，生意日趨火爆。後來，吳國強乾脆把餃子店起名為「大娘水餃」。就這樣，大娘水餃在此後十六年中，居然橫掃十九個省份，開出四百四十餘家自有及加盟連鎖店，而且還把生意開進了印尼和澳大利亞。

二〇一二年的吳國強，在思考大娘水餃的下一個問題：如何使大娘水餃符合上市門檻標準？吳國強並不想躺在昔日成績上，他有志讓大娘水餃成為一家百年公司。就在前一年，儘管有兩百六十五家公司獲得中國證監會發審委審核並通過上市許可，但是餐飲企業卻全軍覆沒，也就是說，自湘鄂情二〇〇九年上市之後，A股市場再無一家餐飲公司成功上市。

吳國強很清楚，餐飲公司未上市的原因，不是業績不達上市門檻，而是管理問題：首先，餐飲業的現金流大，但難沉澱形成優質資產，財務硬指標不符合上市的法定條件和要求；其次，財務規範管理不到位，尤其是收入與支出缺乏有效的發票作為審計憑據。

吳國強決定對大娘水餃進行徹底的標準化管理革命。吳國強告訴我，他做夢都想把大娘水餃做成中國的麥當勞。只是，十六年來只賣水餃的公司，再怎麼搞「革命」，還能折騰出什麼模樣？我很好奇！

從大娘變少婦

為什麼你的名片上，大娘水餃的LOGO不用十六年以來慣有的圖案，而是改用現在的美麗少婦圖案？難道大娘水餃要改成「大嫂水餃」或者其他的名稱？

吳國強：大娘水餃已經營了十六年，不僅擁有龐大的消費群體，而且獲得了在中國餐飲行業中的地位，因此名字不能換。但是，現在的競爭市場，餐飲業已進入比拚高端形象的階段，原有的形象制約了我們的發展，很多大型豪華商廈都向我們提出，你們的產品信得過，消費者也能吸引過來，但形象太土，怎麼辦？大娘水餃的「大娘」兩個字不能換掉，一換掉，原有的消費群馬上流失，而且我們要承擔二次創業的巨大成本。

於是，我們聘請策劃公司給我們設計出這個符合高端形象的新商標。但是不是有了新的商標，就去掉老的商標？

換標，對於大娘水餃來說不是簡單的事情，因為我們有四百四十多家門店，如果一下子更換，涉及門店裝修、員工制服、餐具等，大約要花費五千多萬。因此，我們的辦法是，凡是新店才實施新商標，而老的門店則逐步改換，我估計這需要三至五年的時間。

作為賣水餃的餐飲企業，為什麼要花費巨大的人力物力上ERP這樣一個精準管理系統？

吳國強：我只想談談關於用了ERP對我們究竟帶來了什麼好處。

首先，由原來模糊化的管理，變成數字化的管理。為什麼這麼講？比方說，甲店成本是五十，乙店成本是四十八，丙店成本是四十六。甲店說我這個地方是低毛利的東西賣得多，所以這個地方成本高，丙店說高毛利的東西賣得多，所以成本就低。如果憑他們嘴上講，我們憑什麼來考核呢？

我們原來的辦法是，對一家家門店計算，但我們現在發展到四百四十多家門店，人工是無論如何也算不過來。有了ERP系統以後，我們可以精準計算和統計出各產品的動態成本與毛利。以低毛利的牛雜湯為例，因為牛雜湯要好吃，需要兩個指標，一是配料，二是銷量。這兩個指標休戚相關。雖然我們規定牛雜湯的產品標準，但是每個門店如何控制成本和銷量，我以前是不知道的，現在有了ERP之後，就能加強財務核算和管理作用。

其次，在倉儲方面，我們能夠精準瞭解到每家門店的銷售和庫存。

再有，人事方面通過ERP，使我們能做到精細管理。比如，以前在考核門店經理或者員工的時候，只能依賴於是他的上級評估來觀察，有很大的人為因素，現在就很簡單。比如一位門店經理，他從哪年哪月到現在任職的表現、業績、獎懲情況的整個數據全部在系統中，而且還能將他的數據和其過去比較、和其他人相比，由此判斷出他在公司的總體表現。

在花費巨資引進ERP系統的同時，為什麼還要搞遠程監控，這對你要的「標準化管理」有什麼關聯？

吳國強：首先，我們已經是一家有四百四十多家門店的大型餐飲企業，作為管理者，即使個人精力再如何充沛，也不可能監控到每個門店的運行是否符合公司的規範標準；其次，民以食為天，這個「天」還有一個明確的含義就是食品安全，我們對每家門店的食品操作的經營過程負責。因此，我們上半年（二〇一二年）花費了近六百萬在全國門店安裝了遠程監控設備。現在每個店裡都有探頭，從廚房到大堂，然後，我們在總部進行適時觀察。主要看員工是不是按標準在操作、是不是做與工作無關的事情、是不是服務態度出現違規、客戶投訴是不是合理。

企業《法典》

聽說大娘水餃內部有一部《管理手冊》，這部手冊主要內容是什麼？

吳國強：我一直希望能把大娘水餃的管理水平比肩麥當勞。麥當勞用一個漢堡包征服全球，絕不是表面看上去那麼簡單，實際是在內部有一套極度苛刻的管理制度。

這部厚達三百多頁的《管理手冊》是集大娘水餃十六年的經驗，和學習麥當勞的經驗所匯集起來的，屬於大娘水餃的《法典》。它從採購到倉儲、生產、烹製，以及到銷售、終端服務等每一個細節，都做出了行為標準和規範指導。

比如，生產過程中，規定了如每十公斤餡使用一袋調料、每六個餃子重一百二十克、每六個餃子皮重五十五克；在服務階段，規定了從顧客點餐到食品上桌不得超過十分鐘，擦一張桌子應該遵守的清潔工序，等等。

除了利用管理技術工具對公司進行標準化管理革命之外，還有哪些行動？

吳國強：中式快餐在中國市場上已經走了有二十多年的路，通過盲目加盟以擴大自己地盤的餐飲公司，犧牲的例子很多。大娘水餃近十年一直穩居在前三甲之列，這和我們穩紮穩打的作風有很大關係。比方說，我們在開店上首先考慮的是，我們管理能力能不能跟上，如果管理能力能跟上就多開店，如果管理能力跟不上就少開店，這是原則，不能說是沒等到地基打好，就拚命往上蓋，蓋到最後轟然倒塌，這是得不償失的事情。

這兩年為了加強基礎管理，我們也在做很多的事情。我們每年要花三百多萬請美國尼爾森公司（AC Nielsen）對大娘水餃每一家門店進行神秘顧客調查，每個月有神秘顧客到我們的店走訪三次，每一旬給我們寫一封報告，每個月都有一個綜合分析，這對提高大娘水餃的管理很有好處。我們從前年五月份開始，經過這一年多下來，分數值是上升了大概五六分，一開始是八二點幾分，現在是八九點幾分。神秘顧客調查的方式，對提升大娘水餃品牌形象有很多好處。

大娘水餃還做了一件事情，投資三億做了一個現代化農業園，其實現在我們看到食品安全是大家非常非常關注的。大娘水餃是不是從第一步就開始控制整個生產安全週期？

吳國強：這是一個新的領域，我們叫大娘興農公司。我們剛剛涉足，目的就是從產業鏈上考慮。目前食品安全方面出的事情比較多，我們考慮是從源頭上抓起，我們麵粉和糧油是通過中國糧油的張家港福臨糧油出來的，肉是通過國內幾家大的屠宰廠，包括雨潤、雙匯、金鑼，目前素菜也有定點供應，比如說揚州、南通，但是蔬菜種植比肉類屠宰和糧油加工更複雜，目前中國農村的生產集約化做的還不夠，一家一戶分散比較多，或者小規模農場比較多，所以我們考慮從食品安全角度來講，我們要做到心中有數，只有做到心中有數才能保證我們的食品安全。

再比方說我們餐桌上的醋、辣油、蒜，下一步都要實行包裝，實際上是為了食品安全。現在蒜泥、辣油、醋都是放在桌上，顧客隨意可以用的，下一步很可能給你一袋醋，給你一袋蒜泥，給你一袋辣油，採取這個辦法來解決食品安全的問題。

上市要伺機

關於上市，大娘水餃早在二〇〇七年已經提出，但此後一直不見動靜，為什麼？

吳國強：說到上市，雖然前兩年證監會對食品和餐飲企業沒有發文禁止，但基本上就是不讓上了。不讓上的原因是考慮到餐飲企業不規範，都是現金交易，還有就是主要考慮到食品安全。今年（二〇一二年）馬上要解禁了。

當然，我們也可以選擇謀求去香港上市，但是會有一個什麼問題，就是倍數太低，上次是上海的小南國要到香港上市，最後沒有上，十二倍，它覺得沒意思。現在風投投我們企業，目前都要十五倍、十六倍，它上市才十二倍，還有什麼上頭？

現在整個公司的性質是家族制企業，還是股權是家族，管理是經營的？

吳國強：現在我自己的股份是百分之八十五，我太太股份是百分之十，另外百分之五是高層管理團隊。

談到高層管理團隊，很多餐飲企業的管理團隊素質不高，而大娘水餃又是如何？

吳國強：對人才引進，我也有一個觀念改變的問題，原來都是通過自己或者是親戚、朋友介紹，或者是市場上招，從今年（二〇一二年）開始，我們基本上委託給獵頭公司。

我認為，普通員工可以從市場上招，而重點人才都是從獵頭公司找，因為有才能的人不需要到市場去，都在獵頭公司資料庫中。我們現在招年薪三十萬元以上的店長，都是通過獵頭公司。企業競爭到最後就是人才競爭，沒有人才其他都是空的，而且沒有人才就是資源浪費。

春秋董事長王正華：在夾縫中生存

一九八一年，原為上海長寧區遵義街道黨委副書記的王正華，懷揣一千多元下海經商，創辦上海春秋旅行社，後在二〇〇四年進入航空業，成立首家中國民營資本獨資經營的低成本航空公司。在其拓展中國廉價航空業務中，曾經相繼拋出一元、〇元的超低票價，一度引發業內外爭議。經過三十多年的進取，春秋航空證明了自己「低成本」運營的價值，其二〇一四年淨利潤增長率遠超中航、東航和南航等三大航空公司。

全球航空業和中國航空業，二〇一二年初出現了巨大的比對。當年年初，國際航協（IATA）對二〇一二年做出的悲觀預判是，全球航空運輸業虧損將達八十三億美元，淨利率為負百分之一．四。但是，在全球風聲鶴唳下，來自中國民航資源網的預估卻是，中國各大航空公司的總淨利將在這一年達到近兩百六十億元人民幣。就是說，中國包攬了全球航空業去年總利潤的百分之六十。難道中國航空業的增長模式、產業結構優於全球？

事實是，二〇一二財年結束後，國內的航空公司卻沒有兌現預期。當年的累計盈利為兩百一十一億元，同比下降百分之二十二．七。其中，核心的三大航——國航、東航、南航，儘管實現盈利，但全部出現嚴重下滑，它們的淨利潤分別是四十九億五千萬元、二十六億三千萬元和三十四億三千萬元，同比下滑為百分之三十四、百分之四十八和百分之三十，東航業績下滑最嚴重。但是，出乎意料的是，一家廉價航空公司卻出現了「逆襲」，這家航空公司正是王正華領導的春秋集團下屬的春秋航空。這一年，春秋航空客運量達到九百一十萬人次，同比上升百分之二十七，淨利潤超過四億七千萬元。

作為中國航空業的一朵「奇葩」，春秋航空並不在主流之列，很長一段時期，人們都將其和東星、奧凱和鷹聯等另外三家民營航空公司劃為一列。但遺憾的是，和春秋航空共同起航的這三家民營航空公司，不是破產，就是被國有航空公司收購。因此，春秋航空成了當時碩果僅存的一家民營航空公司，欣慰的是，這家廉價航空公司不僅活下來了，而且還保持了自己小步速度的增長。

作為春秋航空的創始人，王正華一向在管理企業中以「死扣成本」著稱。我曾經在二〇一二年拜訪王正華期間，到他上海虹橋空港的辦公駐地。發現貴為中國第一大線下旅遊和中國第一大低成本航空公司的集團，全然沒有大公司的豪華裝飾，整棟樓層的裝飾非常普通，即使在王正華董事長的辦公室，也沒有豪華老闆桌和老闆椅，其辦公室裡的一張沙發據說用了二十多年。我問王正華為什麼不換，他說能用就行。

「春秋創業只有一千元，後來依靠員工集資後才發展起來，因此我們的股份屬於員工持股性質，我雖然是董事長，但我不對公司控股，我需要對所花的每一分錢負責。」王正華的話，告訴了我春秋集團的性質：它表面上是民營公司，但實際上是一個集體所有制性質的公司。因此，春秋從創立第一天開始，所做的每一件事，都首先考慮全員的利益，而進入的旅遊業、航空業，都首先考慮如何低成本和高效率的運營。這種將成本為先視為公司生命的思想，根植到王正華及其春秋集團中每一個持股員工的血液中。

避爭「三大航」

從二〇〇五年中國民航業向民營資本開放以來，當初和春秋共同起飛的還有東星、奧凱和鷹聯，但現在另三家不是破產，就是被國有航空公司收購。由此引發關於民航業「國進民退」的爭議，這會是一個大趨勢嗎？

王正華：問題要看三個方面。第一，民營航空的數量本來就不多，在行業競爭中優勝劣汰在所難免；第二，國有企業與民營企業的公平待遇問題，有待改善。我去年給吳邦國寫信，彙報春秋經營狀況以及對發展民營航空的看法，他寫了回信，信中，重點觀點是，「政府對國有企業支持毫不動搖、對民營企業支持也是毫不動搖，當然各個行業執行如何，會有千秋」。因此，政府在大的思路上，並沒有對包括航空業在內的民營企業有所限制，短期出現的「國進民退」現象，不代表未來；最後，我認為部份民營航空公司在進入行業之前就準備不足，對競爭形勢的預判過於主觀。

以東星為例，怎麼看部份民營航空公司，在選擇生存和競爭方式上存在的問題？

王正華：部份民營航空公司進入航空業，沒有採取創新的戰略和戰術，而直接比拚「三大航」，這根本不可能有生路。作為同行，我關注了東星破產的前後過程，甚至他們也請求我們出手相救，但我們沒有伸出援手。如果只是資本性救援，根本無助東星自身問題的解決。

我們和東星在各方面差異巨大。

在戰略上，春秋是從旅遊延伸到航空，業務領域專一，而東星從航空領域衍生至包括旅遊等多個行業，我們認為，企業精力有限，應該做自己最擅長的事情，東星的多元化戰略和我們的戰略有分歧；在定位上，春秋在旅遊打中高端牌，在航空打廉價牌，而東星正好相反，我們認為，雙方客戶訴求有嚴重差異；在核心市場上，相比東星所在的武漢，春秋處在上海這個全國最大的市場。

東星這種盲目競爭的方式，在部份民營航空身上也存在。我一直認為，沒有對一個行業的商業規則、競爭方式想清楚前，就不要貿然踏入。我們運營航空業務，是經過了十七年的調研和準備。

國有航空公司虧損，可由政府注資來解決危機，而民營航空公司的生死只能交給市場。在這種不公平的競爭環境中，民營航空公司出路何在？

王正華：這樣的競爭環境會有所變化，什麼時候改，我無法做出判斷，但有一點可以肯定，中國民航業最終還是會走向「民進國退」。

歐洲的民航業在最近三十年中，已接近百分之一百的私有化，這是一個世界性趨勢，民航業只有充分競爭，才能降低國民的出行成本、節約社會資源，才能讓行業得到健康發展。

而就民營航空公司自己來說，我們一度和東星、奧凱、鷹聯和其他幾家設想搞聯盟，達成戰略協議，但最後沒有實現。有民營航空公司提出資本性合作，將彼此捆綁在一起，但我認為這不符合實際，原因是中國市場不成熟，各公司的利益和戰略有分歧，大家即使資本上合股，仍然會有矛盾衝突。因此，在現階段，各民營航空公司仍然需要獨立探索自己的商業方式，看看哪種方式被證明是可靠的、能站得住市場。我對春秋的廉價航空模式，抱有信心。

死扣成本

在廉價航空模式下，由於無法在機票上實現較高的利潤，必然會對成本深度挖掘，但對於航空公司來說，有些成本是剛性的，很難壓縮，春秋的辦法是什麼？

王正華：航空的剛性成本佔百分之八十，柔性成本大概佔百分之二十。春秋的柔性成本比國航這樣的全服務公司還要高，為什麼？因為我必須承諾更多的待遇，才能讓飛行員到我們這樣的小公司。但入職後，我們會灌輸春秋的成本理念。

比如，員工要出差坐飛機，春秋規定，只有五折以下的機票，才可以報銷，否則就要乘火車。而所有的幹部住酒店，只能選擇三星以下的酒店。

省錢首先從自己開始，然後影響幹部、員工。以我去國外為例，每次出行前，我都會讓秘書算好最低成本，到了國外，能坐汽車、地鐵，就不叫出租車。在公司，我教育員工的理念就是：錢永遠一半是賺的，一半是靠省的。「三大航」在二〇〇八年出現巨虧時，春秋能盈利靠的就是這種死扣成本的辦法。

我搞廉價航空，也是希望普通消費者為自己做出選擇：你究竟願意付出高價，去選擇一個免費提供三十元盒飯的航空，還是願意省下一半錢，接受沒有盒飯的廉價航空？

低成本思維很符合當前大多數中小型企業的管理需求，但春秋的「死扣成本」，是否影響到企業的正常運營？

王正華：省錢不能影響到企業的正常工作和未來戰略。在春秋有三樣不能削減，如安全、員工的工資、培訓。除此，在內部管理的各環節都有嚴格的財務控制制度。

春秋能走到今天，不是依靠財團的幫助，而是所有的員工共同節約每一分錢，我們創辦航空公司最初的三億資金，是我們在旅行社業務上多年積攢下的盈餘，因此春秋力求每一筆開支節省到毛細。

舉兩個例子。第一，多數航空公司銷售機票採用中航信系統，以及代理商，但我們算下來，兩筆開銷需要多支出一億，於是我們自建網絡銷售系統，這樣，我們就等於通過節約創收了一億；第二，多數航空公司會免費在飛機上送雜誌，但根據我們內部的「節油委員會」統計，全年將為此耗費價值一千五百萬的三千多噸航油，後來我們取消了免費雜誌。事實上，我們不僅沒有因為省錢，影響到市場和消費者利益，而且還創造利潤，這叫相得益彰。

春秋航空自己死扣成本的同時，也在幫助旅客扣殺出行成本，但正是由於取消了常規的例行服務，引發旅客不滿，甚至「霸機」，那麼春秋「死扣成本」的廉價模式是否可持續？

王正華：我走訪過很多國家，尤其人均國民收入在四萬美元左右的發達國家，低成本航空都非常風行，基於這樣的判斷，我認為春秋航空在中國不會沒有發展，只是我們扮演了市場教育者、第一個在中國吃螃蟹的公司。

我們的廉價模式來自對「美國西南航空」（Southwest Airlines）的複製，但這不代表我們照搬照抄，現在我們也推出了「商務經濟艙」這個產品，就是旅客可以用買其他航空公司普通艙的價格，購買到我們的「頭等艙」，享受應有的服務。

至於我們為旅客扣殺出行成本方面，我們推出的「九九系列」票價中，與旅客簽訂的協議是符合法律的，如果有「霸機」，我絕對不賠錢，會將他列入「暫無能力服務旅客」的名單，我必須保障多數旅客的利益。

視野在全球

在選擇國際化戰略上，春秋為什麼選擇日本市場作為第一站？是否因為春秋在國內缺乏優勢航線所致？

王正華：即使不選擇日本，春秋還是會走出海外的第一步。但按全球廉價航空公司通常的做法，只做五小時以內的航程業務，那麼在這一航程線上，韓國、日本是我們最理想的海外市場。但為什麼只選擇日本？

經過我們考察發現，韓國市場小，且廉價航空競爭激烈，而日本是僅次於美國的經濟體，且在廉價航空市場上基本空白。這是我們進入的原因。另一方面，我們也在國內積極爭取最優質的航線，但並非一朝一夕，我們需要時間。

從戰略意義上說，我們只看需求，不論國度，企業要有「地球村」概念，老是糾結於國內競爭，並非出路。我們在日本，也可以看看廉價模式是否行得通，還有哪些國際性的發現，這會給春秋帶來長期價值。當然，我們不是去做學生，是做一個市場的開拓者。

春秋在日本注定是一場艱難的海外跋涉。我想看看，經過前八年實踐過的春秋航空廉價模式，參與國際競爭上有哪些新的發現。我承認，春秋過去在旅行社和航空業務上的「差異化」，均複製海外企業，但現在也面臨新的競爭挑戰，因此，我們通過國際化找出路。

實際上，春秋的過去與現在，均受益於國際化思維與行動。一九八一年，春秋決定做旅行社時，面對的是中旅、國旅對單位團體的壟斷市場。為了生機，我渴望找到突圍的辦法。後來，我從一位歐洲留學歸來的教授寫的《世界旅遊業及哲學》上，讀到一條「出路」——散客旅遊才是真正的市場主流。憑著這一國際視野，我開始避開中旅、國旅，潛心挖掘散客市場。春秋居然成為傳統旅行社行業冠軍。

然而在一次赴美考察中，我發現春秋在國內取得的成績，與國際一流旅遊公司相比，無榮可言。和二〇〇四年國內兩萬家旅行社一年的三億零兩百萬人民幣總利潤相比，美國運通公司一家的利潤就是幾十億美元。這次出國，我總結了全球旅行社最優秀的四種發展模式：美國運通從旅遊業演變成金融業；英國利德從旅遊業發展到展會；日本交通會社拉長旅遊業上下游；德國途易（TUI Travel PLC）從旅遊業到航空。

春秋決定複製德國途易，進入航空業。和當初我們進入旅遊業一樣，民航業也是國有航空公司把持著中高端市場，我們怎麼辦？經過對國外多番考察，美國西南航空的廉價模式，成為我們專注學習和研究的課題。為此，我們研究了十年，實踐了七年，最後出手。

無論當初專注散客市場，還是後來搞廉價航空模式，這些商業的雛形並不在中國，而是在發達國家，我們通過考察、論證和消化，卻在國內競爭中產生了差異化優勢。因此，春秋的經驗表明，解決企業的出路，不是整天埋頭於國內競爭，而是領導人、團隊、企業走出去，站高一點，將視野放開，從海外優秀企業身上學模式、學經驗。

春秋已進入擬上市名單，如果IPO成功，春秋是否可以解決「二〇一五年實現一百架飛機預增」的兩百億資金問題？

王正華：通過IPO征程，春秋面臨新的轉變，要求以上市公司的標準，規範制度、流程，如果上市，春秋是一個公眾公司，所傳播的信息需要對公眾負責。

二〇一五年要實現一百架飛機預增，的確是我們此前提出的戰略目標，但我們已不再多提，我們正在展開實際的工作。至於資金問題，我想說的是，春秋並不是急需通過上市融資來解決，因為有很多銀行因我們良好的資金流管理，也主動要貸款。春秋上市不是為錢，而是為了尋求更規範的治理和新的台階。

報喜鳥董事長吳志澤：做百億向內看

一九八四年，吳志澤創立浙江納士製衣有限公司，一九九六年，納士公司與浙江報喜鳥製衣有限公司、浙江奧斯特製衣有限公司合併，成立報喜鳥集團。這也是溫州第一個打破傳統家庭式經營模式、自願聯合組建的服飾集團。而吳志澤本人一直擔任報喜鳥集團董事長至今。此後，在吳志澤領導下，報喜鳥不僅二〇〇七年在深交所成功上市，成為溫州地區第一家國內上市的鞋服企業，而且擁有總資產七十億元，年銷售收入五十多億元，連續十七年進入全國服裝行業銷售收入及利稅雙百強前列。

報喜鳥董事長吳志澤的臉，看上去稜角分明，甚至不怒自威，當他站在位於上海分部的松江工業區董事長辦公室，用手機和屬下交待工作的時候，窗外的陽光正好斜射到他的臉上，使他看上去像極了美國影片《華爾街》（*Wall Street*）裡邁克爾．道格拉斯飾演的老戈登（Gordon Gekko）。但，吳志澤無意於任何投機性證券買賣，他只想著帶領報喜鳥這一實體企業，在二〇一六年前跨入「百億俱

樂部」。

以報喜鳥二〇一一年實現的二十億兩千三百萬營業收入為基數，五年之內要衝擊百億戰略目標，理論上說，必須保證每年約百分之四十的複合增長率。「我們去年（二〇一一年）就已經打破這個複合增長率，實現了百分之六十．八五的同比增長。」吳志澤接受我拜訪時這樣表示，儘管二〇一一年遇到了諸多市場挑戰，但相信報喜鳥通過「要素驅動向效率驅動環境下的發展與戰略」，尋找到了成長空間。

吳志澤的底氣愈來愈顯現：在結束的二〇一二年第一季度中，報喜鳥實現了五億五千三百萬營業收入，同比增長百分之五十七．八，而淨利潤以〇．五三億實現百分之四十六．七的同比增長。當時，日信證券在給出「推薦」評級中，甚至預測報喜鳥二〇一二至二〇一四年的營業收入增長率將分別為百分之六十五．五八、百分之五十九．〇三和百分之四十七．二〇。看來，報喜鳥的「百億之夢」甚至可能提前落地。然而，在業績劇增、市場「大送玫瑰」的利好下，吳志澤卻認為，報喜鳥距離市場強勢地位還遠未達到，還面臨整體經濟下行對公司的影響。

站在二〇一二年角度，設想出二〇一六年的五年戰略，這很有意味，但問題是，所謂的五年戰略不能是一張空文，也不能假大空，吳志澤想具體如何做？根據他當時的說法，要完成百億目標，準備「去工業化」。並且從幾個關鍵指標上狠抓與戰略匹配的機制，比如組織架構是否達到最佳、商業模式是否與戰略匹配、運營模式是否推動戰略實現、流程管理是否快速和合理、資源投入與分配是否符合戰略需求？在這些問題上，首先做的是SWOT分析，通過優勢、劣勢、機會和威脅四大緯度，尋找我們自己的管理漏洞，然後進行優勢保持，以及對不足的地方進行改制，由此重建最優化的內部機制。

我當時的想法是，要在以上這些模塊，報喜鳥一一進行深度管理變革，不亞於二次創業，我雖贊同吳志澤的勇敢，但實際是表示懷疑的，當然定論還要等到二〇一六年最後的結果。

要素驅動一去不返

作為經歷過三十多年企業經營的老闆，對今年（二〇一二年）中國的大環境怎麼看？服裝行業會不會出現大面積的業績下滑或者負增長？

吳志澤：對於今年（二〇一二年）的中國經濟，我的觀點是「平穩增長，GDP仍然在百分之八左右」。雖然，我們面臨外部經濟空前的挑戰，但是，我們也有自己的優勢，因為我們經過多年的高速增長後，經濟基礎比較扎實、財政實力雄厚，尤其是政府對經濟的把控能力日益增強。對今年中國經濟的增速，雖然不能奢望達到百分之十以上，但百分之八左右還是可期。

說到我所處的服裝行業，包括報喜鳥在內，我也看到很多企業天天在講轉型升級，但究竟有多少企業的轉型，創造出短期利益，或者打開了未來的成長空間？我注意到有些企業方法很簡單，就是靠融資、靠上市，以為這是生存或發展的通道，但事實是，在股市裡的公司，有多少家具備了足夠好的商業模式、又有多少家的盈利是可持續的，有些公司做著做著，就沒有了上市前的那種風光。

我在年初的公司高管會議上，提出一個觀念，就是「要素驅動向效率驅動環境下的發展與戰略」。我認為，我們過去那種依靠「要素驅動」賺錢的模式，已經宣告結束，現在面臨如何靠自身能力的驅動，在不利的環境中，第二次跑起來？

過去的「要素驅動」是什麼？我將之分為三個階段：

第一個階段是二十世紀八十年代，就是國家剛剛從計劃經濟轉向市場經濟的時候，那時的市場要素就是「市場物資短缺」，當時只要你敢於下海經商，幾乎就做什麼賺什麼；第二個階段是二十世紀九十年代，市場要素就是「城市化進程」，農村人口向城市集聚後，帶來了大量的消費市場，企業只要往某一個品類發展，就能成為單項冠軍，很多現在的優勢企業，就是在這個階段迅速發展起來的；第三個階段就是二〇〇〇年到金融危機之前，市場要素就是「人均GDP突破三千美元」，也就是消費的第一次升級，那時，你只要堅持做品牌、營銷上敢於投入，就能很快做成一個中、大型企業，並獲取「滾雪球」的力量。

可以發現，上述三大「要素驅動」，都並非來自企業自身能力，而是受益於中國市場經濟的三次宏觀變化，是市場給你創造出的賺錢機會。現在，這些「要素」都沒有了，你面臨的市場成了物資豐富、城市差異縮小、人均GDP已達到五千美元，甚至有些城市超過一萬美元，再加上外資品牌競爭、消費者信心低迷等問題，已經不可能指望有新的市場要素利好你，因此，思維必須轉到「效率驅動」。

關於報喜鳥所提出的「要素驅動向效率驅動環境下的發展與戰略」，如何進行分階段或者分步驟實施？

吳志澤：報喜鳥服裝板塊經過近三十多年的發展，目前擁有六大原創品牌，三個代理品牌。當然，每個品牌的發展速度和經營業績有差異，有發展較好的，也有不太成熟的。這麼多品牌，如何協同發展，發揮整合優勢，實現規模和效益最大化？這是我們現在亟待解決的問題。

現在，我們最重要的就是釐清戰略，找準方向。去年開始，我們對戰略進行了細緻梳理。首先，我們制定了一個總體目標，就是到二〇一五年，報喜鳥要成為行業內有影響力的多品牌、多系列的領軍企業。具體而言，就是旗下要擁有十五個品牌，網點超過五千家，銷售額超一百億元，利潤超十億元。其中，報喜鳥、聖捷羅、寶鳥等三個主要品牌，要穩定佔領細分子行業的前三名，現有其他品牌必須進入細分子行業中的前五名。因此，在我們內部對二〇一六年實現「百億」目標，實際上是做了提前一年的要求。

從SWOT分析角度，在實現「百億」戰略目標上，報喜鳥現存最大問題是什麼？如何解決？

吳志澤：先談優勢，作為上市公司，報喜鳥有較高市盈率，另外，我們通過多年的積累，在財務管理、人力資源、戰略計劃等方面形成了適合多品牌運營的管控模式。但如果向更高目標發展，我們就存在不足，比如說，營運與監控方面仍需進一步提高、各品牌事業部門之間存在內部競爭性消耗，未來亟待提高和合理配置各品牌的資源關係，以實現效用最大化。

機會是什麼？從宏觀來說，一方面，國家鼓勵優勢企業進行產業整合，做強做大；另一方面，中國GDP及服裝總需求增長、市場細分，為多品牌多系列發展提供基礎，單一品牌過百億成為可能。從微觀來說，報喜鳥通過代理部份國際品牌，獲得了和國際一流企業的學習和交流機會，可由此快速藉鑑國際品牌的研發設計、供應鏈管理、渠道和終端管理及品牌系列管理方面的做法，為自己未來國際化打好了基礎。

當外部要素驅動停止後，接下來要轉向「效率驅動」。那麼，報喜鳥是如何具體培育新的內在「效率要素」？

吳志澤：從品牌經營角度，我們提出了「1＋3」標準，它是一個培育效率的系統性機制。「一個標準」，就是建立品牌在產品、價格、渠道、促銷等方面與品牌定位一致性的管理標準。根據特勞特的定位理論，品牌在產品、價格、渠道、促銷等方面與品牌定位的一致性越高，成功的概率越大，品牌的持續發展能力越強。

「三個標準」，就是建立研發體系、供應體系、營銷體系的統一標準。在研發體繫上，重點是，遵循色彩開發－面料開發－版型開發－款式開發等產品研發規律，逐步完善研發體系，同時，根據品牌系列劃分，形成系列開發模式，並建立產品企劃整體系統；在供應體繫上，逐步通過面料預投分批下單、快速補單、自建小流水等方式，增強供應鏈彈性，並推動供應體系從ODM向OEM轉型；在營銷體繫上，確定戰略店、形象店、業績店、虧損店等店鋪類別及定義，同時將資源向優秀代理商傾斜，鼓勵代理商「一城多店」，以提高當地市場的覆蓋率。

品牌矩陣航母化

就目前公司旗下的品牌矩陣來說，是否搭配合理、是否都得到了公司的資源性支持？

吳志澤：搭建整個品牌矩陣上，我們做了戰略考慮。根據「整合優勢資源，創新發展模式」的思路，按照同一消費群體的品牌相互整合、同一風格的品牌相互學習的原則，同樣也形成了一個「3＋1」的戰略思維。其中的「3」是指高檔、中高檔、年輕時尚商務裝等三個板塊，「1」是指「寶鳥」品牌職業裝。

整個「3＋1」的佈局，好比搭建一個艦隊作戰群，比如報喜鳥品牌是航空母艦，其他有些品牌可能是護衛艦或者巡洋艦，因此，會出現有些品牌高增長，有些品牌僅僅是防禦性的，不一定非要追求高盈利。

儘管如此，我們要求各品牌能夠做到最佳的市場開發，但如同人的五指一樣，還是會有長短。以去年為例，「報喜鳥」和「聖捷羅」承擔了大部份的利潤貢獻，網點拓展較為理想；「巴達薩里」品牌形象得到提升，存貨控制得力；「寶鳥」安徽工廠產能仍需穩定、提高；「比路特」的業績低於預期；「法蘭詩頓」未能實現財務目標和市場目標。其中，有些品牌暴露出的問題，我們希望盡快得到控制和解決。

報喜鳥提出了「大店工程」和「巨人計劃」策略，兩者分別是什麼意思？對於整個公司戰略具有什麼作用？

吳志澤：「百億」目標的實現離不開代理商的貢獻，但代理商目前的成本正在增加，主要是店面租金，尤其是主流城市CBD（Central Business District）的租金，最近幾年漲幅過高，壓低了代理商的利潤空間。為此，我們希望代理商從主商圈移向次商圈，遷移之後，就算出同樣的租金，但店面可能擴大多倍，同時，可以容納報喜鳥的多個品牌，這種「大店工程」有利於代理商的利益。

至於「巨人計劃」，這是因為我們原來代理商體繫上有「散、多」的現象，各代理商在同一區域形成了競爭性內耗，現在，我們扶持各地優秀的代理商，鼓勵有條件的代理商在同一個區域做十家以上店面規模，同時，我們建議這些代理商改變過去「夫妻店」的模式，逐漸引入職業經理人，通過團隊建設，真正進入公司化運作。按照這個思路，一個具有規模的代理商，可能從十家網絡裂變成二十家，甚至更多。

去年（二〇一一年）公告顯示，報喜鳥質壓一億兩千三百萬股權用以換取三億元左右的資金，來增加公司流動資金，並推動「巨人計劃」，另外，去年應收賬款同比增長百分之一百七十二至七億一千七百萬元，其中很大一部份用於「巨人計劃」，這樣做，既增加了資金流出，同時也造成應收賬款的風險，公司如何平衡好風險與市場投入之間的矛盾？

吳志澤：按照證券公司的那些靜態分析，我們就不要做生意了。做生意一定是「富貴險中求」。當然，我們內部有嚴格的風險評估和監控標準。我需要告訴投資者的是，六月十四日，我們已經公告了質押解除通知。

回頭說，我們為什麼敢於用資金去扶持「巨人計劃」，就是看準了現在是最好的時機，由於現在市場低迷、人心恐慌，因此在這個階段增加店舖投入、扶持經銷商，從長遠來看，會取得最好先機。

股權集於一個家族

關於股權調整上，報喜鳥集團公示了變動方向——除了您未來五年不能減持，只能增持之外，其他創始股東應繼續減持股份，其意圖是什麼？

吳志澤：這是我們內部的約定。我們公司在一九九六年由三家家族企業合併，當時是為了彼此抱團，在競爭中優勢互補，時至今天，內外形勢都發生了改變。關於報喜鳥下一步的發展，我們希望不僅僅是完成「百億」目標，更希望是打造成一個百年企業。

服裝企業如何成為百年企業？我們研究了歐美最優秀的百年品牌企業模式，發現一個好的品牌公司都只有一個靈魂人物，甚至只有一個家族，這樣能保障企業和品牌的傳承。就現階段說，股權集中之後，可以在戰略制定、執行上，由分散意見走向統一領導，有利於企業的發展。

一九九六年從三家家族企業合併後，報喜鳥就一直採取了職業經理人制度，這次股權集中後，對職業經理人制度會產生影響嗎？

吳志澤：無論是過去多個家族，還是以後搞一個家族對企業的控制，「資本家族化和經營職業化」都是報喜鳥的企業基本原則，這一點永遠不會改變。我記得柳傳志講過，一個企業要做好，首先必須釐清主人關係？這次，我們搞股權調整，就是為了重新釐清主人關係，並不涉及職業經理人團隊，相反，我們還要吸收更多、更優秀的職業經理人。

在向效率驅動上，報喜鳥面臨的轉型挑戰，更等同於二次創業，但現有經理人團隊是否具備創始人當初的那種素養和能力？

吳志澤：馬明哲對企業的不同階段有一個解讀，說企業小的時候靠英雄，企業大了靠平台。平安為什麼能做大，為什麼不怕經理人進來和出去，就是因為它有一個平台，無論是誰，只要進入公司，就一定要遵從於企業平台。報喜鳥也一樣，從一九九六年開始摸索職業經理人制度，到今天，我們已經有成熟的管理模式，我不奢望每個職業經理人都像我早期創業那樣，能吃苦、能產生強勢領導力，但只要進入我們這個平台，對戰略嚴加執行，最後就一定能保障企業的可持續發展。

3M大中華區前總裁余俊雄：嚴峻考核催生不出偉大創新

3M公司創建於一九〇二年，總部位於美國明尼蘇達州的聖保羅市，是以科技創新著稱的多元化企業。在百年經營中，從家庭用品到醫療用品，從運輸、建築到商業、教育和電子、通信等各個領域中，3M公司共開發出大約六萬多種創新的高品質產品，極大地改變了人們的生活和工作方式。一九八四年，3M公司進入中國，並在深圳經濟特區之外成立了中國第一家外商獨資企業。截至二〇一二年，3M在中國累計總投資超過十億美元，下轄十一個生產基地。

孟買到上海的五千多公里航距，在3M大中華區總裁余俊雄看來，不算很遠，但他感覺二〇一二年底的一次商務旅行，像趕了一趟過山車。

借去孟買領取由怡安．翰威特（Aon Hewitt，人力資源諮詢及外包服務公司）頒發的「全球二〇一一最具領導力公司」獎項的機會，余俊雄帶著團隊特意去查看了孟買的公共設施，結果大失所望。「要知道，孟買在印度的地位堪比中國的上海，連這樣的核心城市，還停留在我十八年前見到的景象，那麼印度所稱的創新力又體現在哪裡？」

身兼3M全球中央執委的余俊雄，慶幸自己在十八年前的正確決定，當時選擇的是中國，而不是印度。

算起來，余俊雄在3M公司已經幹了四十多年，而其擔任公司大中華區總裁的時間就佔去其中的一半。因此，余俊雄被稱為「3M的活化石」。自一九九三年擔任3M大中華區總裁起，他將3M中國的營收從十多億元人民幣發展到超過一百四十億元人民幣，以至於連通用電氣前CEO傑克．韋爾奇都在其自傳《贏》（*Winning*）一書中大讚「余俊雄，在舊的預算體系下總是有出色的業績」。

經過這次對印度考察之後，余俊雄體驗到了3M全球首席執行長喬治．巴克利（George W. Buckley）之所以對中國市場如此看重的原因。

二〇一一年十二月六日，巴克利對華爾街公佈了3M在二〇一二年的業績目標預期，全年銷售額將達到三百零二億至三百一十五億美元，利潤率將實現百分之二十一至百分之二十二．五。但此前的Q3財報顯示，公司利潤和營收均低於華爾街預估，連3M自己也下調了二〇一一財年的盈利預期，那麼巴克利要兌現新年的目標，著力點又在何處？

「當然是中國市場。」在公司內部被稱為「K老大」的余俊雄（英文名Kenneth），相信以目前3M中國保持的百分之十五至百分之二十的營收增長率，不僅是現在，甚至在未來很長一段時間內，中國仍是一個有核心競爭力的市場。余俊雄表示，巴克利雖然沒有給他下達具體指標，但他非常清楚，因為在3M，全球各區域一把手深知一條「不二法則」，就是要跑贏當地的GDP，甚至翻至兩到三倍。

事實上，3M不缺業績增長的動力，因為自公司一九〇二年創建以來，其定位就是以勇於創新和產品繁多而聞名於世。在過去的一百多年中，3M共研發了六萬七千多種產品，其中不乏像報事貼、思高百潔布這類受眾很廣的明星產品。可以說，從家庭用品到醫療護理用品，從運輸、建築到商業、電子，甚至到今天的新能源領域，只要是和創新有關，3M的產品均無不涉獵，並且公司每年有百分之三十五的銷售額是來自過去四年裡新開發的產品，除此，3M還以「平均每兩天開發出三種新產品」的速度在持續擴充自己的創新品類。

但是，很多人以為，3M足可以憑藉令人羨慕的創新資源和速度，來推動自己的營收，但余俊雄認為這是一種誤讀：「掩藏在3M的六萬七千多類創新產品的背後，還有數以萬計的創新項目『陣亡』。」

根據企業創新活動規律，所有創新都是一項人力、物力的傾注工程，作為一家以創新著稱的商業企業，余俊雄現在的任務是，在繼續鼓勵創新的同時，如何減少項目「陣亡」率，尤其是如何提高創新效率？

創新和嚴峻制度是死敵

有很多企業為提高業績和持續發展，給創新活動戴上了指標考核的緊箍咒，但是，這一做法，究竟能否產生偉大的創新產品或者技術？

余俊雄：「創新」在中國是個「超載」的概念，泛濫成災的劣質創新正在抽空「創新」的內涵，並讓它背負起企業墓地和資金黑洞的惡名。另一方面，普遍存在的偏見讓中國企業視創新為畏途，認為創新只是位列全球五百強的大公司才有財力有能力消費的奢侈品，也有人認為所謂創新也不過爾爾，模仿者將創新者逼死在沙灘上的例子比比皆是。

在創新和制度的關係上，我認為，對創新活動進行強制性的指標考核，完全是對企業創新的毀滅。我們看看歷史上所有偉大的創新技術和成果，不僅都是和個人有關，而且都是天才的自由活動，強制制度不可能催生這樣的活動。

所以，創新是一個非持續過程，甚至它本身就不是一個過程。企業決策者，應該尊重科學研發者、技術專業人員，給他們在方法、環境乃至靈魂上最大的自由空間。我提到的這些看法，都是基於對3M曾經在創新實踐方面的總結。

對於創新，3M也曾經因為急功近利，而陷入過誤區。由於通用電氣的前CEO傑克．韋爾奇將「六西格瑪」（Six Sigma）管理體系在其公司運用到極致，並推動了公司的諸多創新，使得所有的公司領導者都將「六西格瑪」管理體系視為創新的動力。所以，3M也一度希望借助「六西格瑪」來解決創新與效率之間的矛盾。現任3M全球總裁喬治．巴克利的前任詹姆斯．麥克尼（James McNerney）在離職前，給了自己一個清晰的否定答案，就是其在任期內所推動的「六西格瑪」管理體系，雖然改善了流程和成本控制，但卻以挫傷創新為代價。

事後，我進行了反思，重新研究傑克．韋爾奇怎麼運用「六西格瑪」管理體系，為什麼在通用電氣所向披靡，而在3M就不行。結果發現，傑克．韋爾奇運用的「六西格瑪」管理體系，只放在生產製造環節，但在企業創新部門是禁止使用的。苛刻的指標考核體系最終會「擰乾溼毛巾上的水分」，但水分被擰乾後，企業的持續發展將受到挑戰，因此在對於創新和提高效率的管理上，需要一個平衡度。

喬治．巴克利接任後，第一件事情就是停止「六西格瑪」管理體系的操作和行動，研發人員不必成為「黑帶」高手。不過，在公司打破「六西格瑪」管理體系的迷信崇拜後，我卻在3M中國提出了「六西格瑪」的重要性。因為「六西格瑪」管理體系雖然不適於創新活動，卻可以在製造部門發揮重要性。

3M在中國，不僅有一個研發中心和四個技術中心，同時還有十一個製造基地。我們可以廢棄在前端研發環節中的「六西格瑪」管理體系，但卻需要在後端製造環節中加強「六西格瑪」管理體系。

給創新部門鬆綁指標考核之後，到底能產生多大的效能？

余俊雄：很多企業對於創新存在兩個誤讀。一、創新目的，僅僅停留在解決和滿足客戶的需求；二、以為靠苛刻的考核，可以驅動科研員工產生創新。

3M靠什麼成為發明之王？原因在於，我們否定了上述兩種過時的思維。我們提出，創新的本質其實是藝術活動。我們不給科研人員設考核壁壘，讓他們始終處於最寬鬆的環境。但這不意味著我們排斥管理，我們認為管理要為創新服務，而不是干擾創新。我們任何新的創意有一個標準，就看是否有顛覆性、是否讓供應鏈與消費者感到超越預期。符合這樣的標準，我們就動用全球資源配合立項，直到推向市場。

為了鼓勵創新，我們不但將科研人員從嚴苛的「六西格瑪」中脫身而出，而且在內部推行了一項「百分之十五原則」和「私釀酒」的制度。就是鼓勵科研人員可以擠出百分之十五的工作時間，用於自己感興趣的創新項目。

舉一個例子。「超親水」物質是3M中國研發中心研究員陳雪蓮利用百分之十五的工作時間在「私活」中發現的，這種物質被做成納米塗層，用於製造安保及防護、醫療外科等特殊工作中使用的防霧產品。後來，我們又將該產品用於全球高速公路的示標上，以及警察、戶外的服裝上。當初這個「私釀酒」被公司立項後，我們投入了一萬五千美元，但產出的效益是幾百倍，甚至目前還在孵化效益。

當然，有的科研人員一年甚至兩年都沒有產生任何科研成果，但如果公司給冷眼，或者以績效要挾，那麼人才就會流失，創新活動就會停止。目前，我們的人才保有率是百分之九十四，可是，一旦他們發明、創造一個好產品，我們就是數以百倍、千倍的效益。

前面提到的3M人才保有率是百分之九十四，換句話，也就是3M員工離職率只有百分之六，為什麼3M會出現這樣的低離職率？

余俊雄：穩健的原則和創新的精神，就像一句著名的西方諺語：「Give you roots to grow and wings to fly」（給你成長的根基與飛翔的兩翼）。根基與兩翼，是企業健康經營、持續發展必修的兩門功課。在企業發展過程中，3M不斷地為員工提供各種成長機會。3M把員工個人成長與企業成長視作「兩位一體」，強調「人盡其才」。除了根據每位員工績效評估結果和職業發展目標量身定做培訓計劃之外，還鼓勵員工在公司內部轉崗，嘗試最適合自己的工作。

當然員工跳槽，是人生自由的事情，我們不可能阻攔，但必須要瞭解員工跳槽的目的，根據我們的瞭解，一般都是為了尋找更好的發展機會。那麼，如果本公司內部就可以提供這樣的機會，人才就不會走。而且工作中需要的人脈、資源和影響力都是需要時間去積累的，我們相信員工對於離職都會存在這樣的顧慮，因此我們在內部推行了一項「換工作，不換公司」的制度，事實證明這一政策的確留住了大量才華橫溢的員工，他們中有些人也在一些新的部門作出成就，並打碎了所謂的「玻璃天花板」。目前十六名高層管理者中，只有一位是外籍，其餘都是為3M中國服務超過十五年的本地員工。

做企業一定要言行一致。如果對員工宣傳的都是「你在3M很有前途，很有未來」，但一旦出現空缺都是外部招聘，員工會怎麼想呢？所以在同等條件下，3M選人都以內部提拔升級為優先。同時，穩健的發展，也避免了因為急速擴張而造成的「超速提拔」。如果員工能力沒達到就被提升，結果又因不能勝任而被淘汰，對雙方都是傷害。

無論是「私釀酒」還是公司的科研立項，最終的創新都會被分享到3M全球市場，但也遇到這樣的問題，在歐洲的創新產品，未必在中國吃香，反之亦然，對此，怎麼辦？

余俊雄：當然，現在的市場競爭會愈來愈激烈，不是只有3M一家在搞創新，我們的定位和所有的企業都不同，其他企業都聚焦在一個自己擅長的行業內，並且會通過專業的創新加快自己的成長速度，但3M從一九〇二年創業至今，都不是侷限在任何一個行業範圍內，可以說，我們的業務對象從不設定任何邊界，什麼都可以搞。

但是，經過一百多年創新活動之後，以及今天面對各企業的創新競爭，以往天馬行空的創新不再是市場制勝的獨有法寶，那些市場需求模糊的項目，立項前就應被砍掉，而真正有前景的產品，應有專業的管理工具來保證商業化的成功。

對於創新活動，雖然已經捨棄了「六西格瑪」管控方式，但還是需要一些「有紀律的創新」，目的是，降低創新失敗率，讓各項創新能轉化成實際效率。

引進新產品開發精益管理流程（NPI）是我們對3M中國的最新創新實踐，這一環節包括創意、形成概念、可行性分析、產品開發、量化生產、上市、反省與改良等七種流程。

有案例可以詮釋這種「有紀律的創新」。3M法國公司設計製造出的「朗美系列防滑墊」在全球上市，但最初在中國的銷售不理想。按過去做法，如果經過各種營銷努力，業績仍沒有改善，這項產品將停止在中國的推廣。

NPI起到了作用。面對由國外兄弟公司開發、已經上市的地墊新產品，3M中國產品開發小組進入反省與改良環節。先是經過調研發現，中國客戶對該產品不反感，但某些缺陷讓他們失去興趣。如，因鏤空設計可能造成女士高跟鞋陷入，讓酒店、商場客戶擔心安全問題而拒絕使用。還有客戶抱怨毯面容易脫落，尺寸大小不合適。此外，由於產品進口，成本很高，交貨週期也長達兩到三個月，這些都降低了該產品在中國的競爭力。

我們中國公司的產品開發小組運用NPI提供的SWOT、波特（Michael Porter）的五力分析、經濟性分析等系列工具，最終得出結論——既然市場需求存在，建議對這款新產品進行二次開發、本地化生產。提案獲得以我帶頭的十七位高層的支持。

由於3M內部擁有多達四十七個創新平台，單獨或者交叉平台之間研發的創新項目繁多，而NPI的功能就是減少創新項目的「陣亡」率，以提高效率。另外，除了對創新產品二次開發以外，NPI更可以避免研發資源的浪費，從而平衡創新與效率的矛盾。

在3M內部，每個業務部門會對項目按照可行性打分評估。裁判組由業務部和技術部人員組成。比如，業務部認為某項目的市場可行性為百分之八十，而技術部認為該項目的技術可行性為百分之七十，兩者相乘就是百分之五十六。根據打分情況對項目進行排序，然後再根據排序情況進入立項申請的流程。對於評估不夠格的項目，裁判組直接給出「No」。這一做法不僅降低創新失敗率，同時提高了創新項目的市場轉化率。

當然，NPI實施初期受到很大的挑戰。技術人員覺得這是「六西格瑪」的再次附身。不過，我們在公司內啟動了一項機制，以鼓勵技術人員，就是對業務部門的支持程度直接掛鉤個人績效，如果項目成功，項目組所有成員都會受到重獎，項目負責人還可能會被邀請到公司的領導力講壇上演講，體現出其個人價值。

創新沒有所謂的標準化

在3M的六萬七千多類創新產品的背後，實際還掩藏著數以萬計的「陣亡」項目。那麼這些沒有成為商品的研發成果會怎樣處理？是否還會有機會去復活它？

余俊雄：沒有所謂的復活，失敗就是失敗！對任何創新項目，我們有一套非常嚴謹的系統評估管理，比如需要經過財務的評估、產品新穎度評估，以及市場評估等，要經歷過複雜的程序檢驗。因此，基於這樣的嚴密程序之後，很少有產品在經過所有的評估，到最後進入市場卻馬上失敗的案例。

在3M內部，還常年設有一個「技術論壇」，該論壇完全是由技術人員自發形成，而管理層不介入管理，唯一要做的兩件事是，在時間、經費上給予支持。這個「技術論壇」對3M到底帶來什麼樣的創新效果？

余俊雄：通過這個「技術論壇」，我們在內部把不同背景、不同部門的技術員工召集在一起，做各種各樣的技術交流和創新活動，形成很多的「虛擬團隊」，然後在一起攻關，一起產生新的想法，如果他們的想法跟現在某個業務部需要結合的話，就會很快轉化成一個正規項目，最後演化成一個產業。

由於3M涉及的產業、產品繁多，各部門都有自己的知識、技術和經驗，而「技術論壇」的價值就是通過「虛擬團隊」產生金點子後，打開各部門的城門界限，引導成一個全新的技術或者商業項目。所以，「技術論壇」本身也是我們知識創新和技術創新、產品創新、產業創新的一個重要來源。

舉一個例子，我們在中國最新成立了一個叫「可再生能源業務」部門，我們把這個部門放在3M旗下工業及運輸產品事業部內，因為在這個母部門含有那些為太陽能、風能、地熱以及生物燃料的開發提供創新技術解決方案的組織，「可再生能源業務」出現之後，就可以很好地利用該母部門中各種知識資源、人力資源等進行新的整合創新，使得我們在這個領域的科研項目能加快商業化。

但是，如果我們把「可再生能源業務」只是作為一個獨立且從零開始的子公司，那麼，各部門對其的技術支撐是有限的，而且自己還要從頭做起。現在，我們的這個「可再生能源業務」通過各相關組織的資源支持，已經是一個能產生年銷售額上億元人民幣的部門。

在3M內部，我們現在有四十六項核心的技術平台，這平台不僅橫跨各個學科，同時也累積我們多年以來積累的知識創新。實際上，包括「可再生能源業務」在內的所有創新業務、項目都是搭載在整個平台上進行跨界創新。

大家也許會問，這四十六項核心的技術平台產生的標準是什麼？我的答案是，沒有標準。因為，3M多元化的基礎就在於，不設邊界，不要去掌控，讓創新成為自由的活動，經過實踐驗證，最後形成知識資源。

3M在中國，一直面對一個尷尬問題：很多消費者可能沒有刻意去購買3M的產品，但實際卻一直在接觸和使用3M產品。造成這樣的一種狀態，是3M品牌滲透和宣傳不力的原因嗎？

余俊雄：這是我在中國市場運營十八年中最大的失敗。3M過去的重點是在工業品領域，買主集中在五百強在華企業，因此憑藉3M在全球影響力，無須投入品牌建設。我們曾經在中國市場推動消費品時，存在一些失誤，而正是這些失誤使得我們懂得了市場。

幾年前，我們曾經推出了一種五十八瓦的優視燈。相比一般檯燈，該產品的特性在於，它改善了反射眩光，直視光源也不刺眼。這是因為，它採用了光傳輸反射型濾光片，能讓舒適的垂直光通過，還可將所有平行眩光轉換成垂直光，讓使用者在充足的光源下享有最舒適的閱讀。為了這個產品，我們投了大量的廣告，在推廣期間內的銷售確實很不錯，但廣告一停，銷售就很不理想。

後來，我們開始調查，發現癥結是這盞優視燈的價格太高，和中國消費者給出的心理價位有很大差距。因為當時一盞普通檯燈的售價不過一百元人民幣不到，而我們的產品在六百至八百元之間，根本不符合中國人的消費習慣。所以我們的這一曲高和寡的產品，就很難出現旺銷狀態。而如果當時我們能夠把中國市場吃得透一點，或許不至於在它身上摔跟頭。

事實上，我們的3M消費品在中國存在極大市場，大家或許猜不到，我們在超市裡賣得最好的，卻是十二至十五元的小掛鉤，除此就是我們的百潔布、拖把等家庭用品。看來，在中國的消費者心中，他們對3M產品是很友好的，我們的產品應該是價廉物美的。

因此，我們今後不僅在產品上要創新，而且在品牌建設上需要改變，和消費者進行全面溝通。這和3M「預測有需求市場」創新本質是一致的。

在家庭或辦公用品方面，儘管3M有不少明星消費產品，可是也因為價高，讓中國的消費者轉而購買其他公司生產的同類產品，而這些公司生產的產品，實際上卻是從3M身上學到的，對此，3M如何應對？

余俊雄：關於價高問題，我認為是一個誤區，一般的人會認為，因為3M是外資企業，所以3M的東西貴，其實並非如此，3M有很多產品在市場上是非常具有競爭力的，我們是產品的發明和創造者，我們有很好的工藝和生產技術，我們只是比那些仿製品價格略高一點而已。

舉個例子，如果一個是原創藥，另一個是仿製藥，而原創藥只比仿製藥價格略高一點，消費者會選擇誰？我想，消費者會有一個自己的判斷。因此，我從不擔心市場的仿製者和我們競爭。

第五編

鏖戰二〇一一

與外資品牌鬥、與勞動力漸失的形勢鬥、與新的競爭者鬥、與不斷激增的成本鬥、與僵化的傳統管理模式鬥、與薄弱的國民消費意識鬥。二〇一一年，中國企業家們發現，進入二十一世紀第二個十年，企業內外環境的變遷都超出預期，而且要求企業家拿出超越時代的睿智力量。

上海家化前董事長葛文耀：將無形資產置於轉型核心

上海家化的前身是一八九八年的香港廣生行，二十世紀三十年代更名為上海明星家用化學品製造廠，二十世紀六十年代改為上海家用化學品廠，一九九二年，在葛文耀的帶領下，改制為上海家化聯合公司，一九九九年成立股份公司，三年後在上海證券交易所上市。與國際巨頭競爭的中國化妝品市場上，上海家化創造了「佰草集」、「六神」、「美加淨」、「高夫」等諸多中國著名品牌。

二〇一三年離開自己苦心孤詣經營了二十八年的上海家化，葛文耀心有不甘。這一年，上海家化（上市類）的淨資產達到了三十多億，這一數據，和葛文耀在一九八五年擔任上海家化的前身——上海家用化學品廠廠長時的淨資產相比，足足翻了近八百倍。

可以說，沒有葛文耀，上海家化這個老國企或和大多數中國老品牌一樣，不是「死去」，就是落入外資囊中。但是，做出這麼大成就的葛文

耀，卻有著上海人特有的小心謹慎，不敢在制度上越雷池一步。與其同期的柳傳志則通過局部MBO（Management Buy-out，管理層收購）實現了對公司的控制權，而葛文耀不但未能在MBO上做出努力，且始終如一地扮演著國企看守者的形象。

二〇一一年，上海啟動新一輪國企改革試點，上海家化和多數地方國資控制的企業一樣，作為競爭性企業，國資將完全退出。按照上海家化當年股權，其中近百分之四十的股權將被上海國資委掛牌出售，但誰是合適的買家？

和上海家化傳出「緋聞」的有很多，最後目標鎖定為三家：上海復星產業投資有限公司（復星集糰子公司）、海航商業控股有限公司（航海集團子公司）、上海平浦投資有限公司（平安集糰子公司）。作為賣方的代表，葛文耀將親手把自己心血澆灌的企業賣出去。

二〇一一年七月，距離十一月上海家化被平安旗下的平浦投資七十億收購還有四個月。坐在上海家化董事長辦公室的葛文耀，接受我訪談時，提出一個限制條件，除了不談關於上海家化股權出售問題，其他都可以交流。後來，我知道，葛文耀當時對企業能從國資委手裡脫離出去，給自己設計了一個美好的藍圖，以為從此可以領導上海家化進入自由發展期。

當時的葛文耀對上海家化在未來新資本的護航下，充滿想像。也難怪，能夠領導一個中國老化妝品品牌，和歐萊雅、資生堂等外資化妝品大牌進行分庭抗禮，在中國無出其右，而在三十年中國市場化運行中，中國日化行業一半以上市場份額被外資企業蠶食。葛文耀能夠領導上海家化挺立在這個高度競爭的行業，並豎立標竿地位，自有其獨到的能力。

真要轉型的是無形資產

無論是民企還是國企，現在都講戰略轉型、產業升級。雖然國企比民企要克服和面對的問題更為複雜一些，不過，目標是一致的，就是培植出自己新的競爭力。但到底如何培育新的競爭力？

葛文耀：以日化行業來說，我的概念就是要升級為時尚企業。但這不是改個說法那樣簡單，對所有本土的日化企業來說，實際要做一場龐大的變革。

根據我多年來對跨國企業的研究發現，只要是行業主導型企業，它市場價值中的一半以上必然來自無形資產。因此，我們未來的目標一定是將過去對有形資產的製造，轉移到對無形資產的創造。

過去，在沒有優勢品牌資源條件下，我們只能低頭製造，但當我們聚集起規模，培養出產品品質後，我們卻發現抱著有形資產這條大腿，並不能讓我們活得有尊嚴。反觀跨國企業，他們通過不斷地推銷時尚新概念，在我們的本土累積起無形價值規模，而中國企業只能賺取微利。

作為國企，同時又是本土最大日化企業，上海家化願意做第一個轉型試點。我們設計了「三步走」計劃：第一步，在中國市場上佔一席之地；第二步，爭取在本土佔更大份額，再逐步將品牌推到國外；第三步，在國際市場上佔一席之地。

從一九九〇年創立六神和一九九八年創立佰草集以來，我們是「防守反擊」，現在看來，我們在局部市場阻擋了外資的步伐，也就是有了上述說的第一步基礎，但品牌資源太少，可「攻守兼備」的地盤不夠多，後來我們收購可採百分之五十一的股權，開拓了一個面膜護理項目，這是我們上市以來的首次併購行為，更是這些年來本土日化企業之間少見的一次收購，未來我們將再次複製類似的投資。

至於第二步，我們才剛剛走到。比如，作為旗艦產品的佰草集，我們在去年（二〇一〇年）第三季度總門店數已超過九百家，且已通過與LV旗下的絲芙蘭（SEPHORA，隸屬法國LVMH路威酩軒集團）合作，在巴黎香榭麗舍大街開設了第一個中國化妝品櫃檯，目前在巴黎月售已達十萬歐元以上，未來我們還計劃拓展到荷蘭、意大利、西班牙等市場。這次出海，對於本土的日化行業具有重要意義——中國化妝品可以用跨國品牌打入中國的方式，再打回去。

第三步的關鍵是文化個性。

我國奢侈品二〇一〇年市場規模已達到六百八十四億人民幣，其中銷售額最大的是化妝品、香水和個人保養品。現在，外資在中國比以往更加足馬力。一方面，憑藉其強大的經濟實力，大量投入營銷，將品牌植入消費群；另一方面通過併購本土品牌，然後雪藏。中國日化企業又將如何抓住機遇，同時應對外資的市場擠壓？

葛文耀：我們的出路有兩條：一是針對市場上共同的目標消費群，進行深入研究、制定策略；二是堅定不移地走時尚產業之路。

後十年的主力消費群將集中在八〇後至九〇後。中國的八〇後至九〇後有約七千八百萬城市人口和一億農村人口。根據這一代「新生代購買力」的消費特點，要求我們轉換戰略思維，通過輸出價值觀來增加產品附加值，不能再套用性價比方式。

走時尚產業之路，首先要求按時尚產業的規律經營。在觀念、流程和資源分配上重新思考，尤其是加大對無形資產的分配、投入和累積；其次是挖掘民族的時尚基因。我們過去開發過完全西化的

Distance香水，但卻發現它終究比不過一線海外品牌。後來我們主打中草藥概念，並取得階段性成功，這說明挖掘民族時尚基因是一條應對外資競爭的出路之一。民族時尚基因的屬性是文化個性，更是一種無形資產。

與外資競爭要避實擊虛

從二十世紀九十年代開始，外資在中國日化行業多年蠶食中，已取得半壁江山。中國企業如何收復失地？

葛文耀：中國的消費市場其實是一個二元化的市場，七八年以前，我就講，假如中國現在的消費水平到日本、美國這個水平，中國的民族企業都死掉了。但幸虧中國是個兩元化市場。兩元化市場就是說，有一個比較高端的市場，外資企業比較強，第二是大眾化的市場，是我們中國企業比較強，這個大眾化的市場還要持續十年、二十年，甚至更長。那麼我們採取的策略就是，在大眾化的市場上要樹立起像「六神」這樣的品牌，做一個成功一個，要站得住腳，這是我們的優勢。

作為一家一百多年歷史的本土日化企業，上海家化如何做到重回國際時尚的起跑線上？

葛文耀：必須要提到我們在一九九一年與美國莊臣公司（S. C. Johnson & Son）的合資。合資有代價，也有收益。

合資以後，我們輸出了美加淨和露美，但如果不是一九九四年被我們主動回購，它們的命運將和其他被收購的中國化妝品一樣，逐漸消失於市場。我們損失了四年的發展時間，損失了我們在國內第一的地位。

然後我們必須重新做起，由於我和幾百個骨幹，都在合資企業裡面受到過各種培訓，我們理解市場是怎麼運作，比如品牌經理制度，比如其他一些方法，科研的方法，等於說我們每個崗位都有人後來回到家化來了，等於莊臣公司給我們培訓了一次。回來後，我們懂得如何經營一家化妝品企業。

無論是出自國企，還是後來民營的本土化妝品，在過去的十多年中，已大多被外資收購，但為什麼上海家化不僅能守住，而且還能繼續做強、做大？

葛文耀：我不認為被併購就能幫助中國品牌做強，相反這是外資奪取中國市場最便捷的路徑。與外資品牌競爭上，我們採取了避實擊虛的戰略。具體是兩種策略，第一，主打中草藥概念，與外資形成差異化競爭；第二，資源集中後，採取正面進攻。我們的六神沐浴露和佰草集都屬於中草藥概念，但採取的市場策略則完全不同。

我們給六神沐浴露的定位是，投向了仍然眷顧傳統產品的中低層消費群體。這個產品是一九九四年推出來的，比一些國際大公司的沐浴露推出稍晚。當時，洋品牌比我們投入過五倍多的廣告費，另外，他們價格比我們還低。而正是由於正確判斷國人對傳統中醫藥的信任度，我們連續推出了具有祛痱止癢、清熱解毒功能的系列產品後，反而迫使大多洋品牌在這個領域止步，或乾脆退出。

在佰草集的戰略上，我們認為，既然你騷擾我的大眾化市場，那麼我就要騷擾你的高端市場，所以這個品牌從一開始就是朝著高端市場去的。在經營模式上說，我們採取連鎖的形式來做。從等級上說，這個產品是對中草藥檔次的一次提升。最近兩三年都以十%的速度增長，特別是在辦公室的白領當中口碑非常好。我們通過三年的談判和努力，現在已經通過全球最大化妝品連鎖企業——絲芙蘭，在全球銷售。

上海家化是繼續集中發展自己的品牌，還是會採取收購的方式擴大產品系列，另外，如何推高品牌級別？

葛文耀：在大眾化的市場上，我們主要是發展自己的品牌，因為我們的品牌空間很大，前幾年應該說我們在市場運作上還有些問題，在資金的投入上不夠。現在我們在做一些安排，希望能夠投入更多的資金。

當然我們也會採取併購的方式，比如我們二〇〇八年收購可採百分之五十一股權。但是資本併購前提，首先要看我們之間的互補性，我們和可採的共同點就是中草藥。我一直認為，中國的企業可以聯合起來做，有些企業它有一定的市場份額，有一定的品牌知名度，但是缺乏比較強科研能力，但是我們家化有。我們擁有國家級的技術中心，有最好的設備、最好的基礎研究，在國外還有實驗室，我們可以提供這方面的技術，我們可以互相商量，互補地域優勢。

而在高端的市場上，我們一方面延續佰草集模式，比如我們最近挖掘出二十世紀三十年代的雙妹品牌，將它重新時尚化包裝上市；另一方面，我們有計劃將設計放在全球、採購放在全球，甚至製造放在全球。具體地說，我們正計劃將ODM放到日本，未來佰草集產品的生產來源將被標注「MADE IN

JAPAN」。

上海正在全國率先推進國資證券化，這一步對國資改革有什麼重要意義？

葛文耀：現在推動國資證券化方向是對的。為什麼？因為國資委體系成立以後，有兩個方面的問題值得探討：第一是國資委的定義，以前說要學習淡馬錫、做最大的老闆，但國資委應該是個監管者，不應該走淡馬錫模式，最後終於明確了國資委的定位，是監管者和出資者，而監管對象要有區分，如果是壟斷性的國企，就不要搞期權激勵了，但對於競爭性國企要給「國民待遇」，不能給這麼多限制性條件。

另外，我認為上市公司制度是目前中國最好的企業制度。為什麼呢？第一個原因是，證監會已經參考了美國、中國香港地區等一整套制度，財務制度、信息披露制度、關聯交易制度都和國際接軌了；第二，上市公司現在很難做「貓膩」，因為有基金和股民盯著；第三，上市公司已經規定了許多懲罰制度，直至刑法。

上海家化是否通過繼續推進股權激勵，加速國有股稀釋？而在這輪國企改革中，又會有什麼樣的變化？

葛文耀：我們現在股權結構上，基金佔比超過百分之四十。如果整體上市，家化就是公眾公司，國資委就轉變成了一個股東。

在內部，我們主張貢獻與回報結合。我們一千多名員工創造出了近三十億的銷售額，而整個家化股份的淨資產利潤率達到了百分之十八。另外，我們公司有「分配自主權」。政府只管我葛文耀一個人的收入，而對於家化其他員工，則把權力賦予了企業。

和外資相比，外籍管理者工資高得像天文數字，下面的員工只能仰視這個天花板，而在民企，老闆賺的錢都是他自己的。在上海家化，是把國家要交的稅交掉，然後留出一部份資金用於發展，其他的則全部用在員工生活上，可以說，上海家化的經營非常市場化。

而在這輪國企改革中，上海家化屬於競爭性國企，因此勢必會引入新的股東，但究竟是被央企收購，還是讓民營參股、多元化持股，整個定案還需要經過中介機構資產評估、掛牌轉讓、對投資者盡職調查等一系列程序後，才能最終確定。

匹克董事長許景南：勞動力優勢只剩五年

作為中國著名運動品牌之一的匹克，由許景南家族在一九八九年創立，在其領導下，匹克經過三次轉變：從貼牌加工到自主創牌、從本土品牌轉身為國際品牌、從家族企業到香港上市（二〇〇九年）。匹克所代表的中國體育運動品牌，不僅打通了真正意義上的國際化道路，同時在籃球裝備細分行業成為本土新的領導者。

作為第一個在美國站住腳的中國運動品牌匹克的創始人，許景南有一個夢想，希望有朝一日代替NIKE和REEBOK，成為姚明的贊助商。

可惜，二〇一一年七月，在NBA打了近十年籃球的姚明宣佈了退役，這不僅對全球姚明的忠實球迷來說，是一個悲哀的消息，同時也毀滅了許景南的夙願，因為匹克的定位就是以籃球為訴求的體育用品，作為中國的籃球體育品牌，儘管手裡握有對多達十五位NBA簽約明星的贊助，但比起失去贊助中國籃球巨星姚明的機會，這對許景南而言，的確抱憾終身。

但是，和未能如願贊助姚明相比，中國製造企業在二〇一一年集體遭遇到的史上第一次「民工荒」，卻是致命而危險的。根據當年中國國家統計局的數據，在省外務工的農民工七千四百七十三萬人，下降百分之三・二，佔外出農民工總量的百分之四十七・一，而在長三角和珠三角地區務工的農民工比重繼續下降，分別僅微幅增長百分之〇・三和百分之〇・一，佔全國農民工比重為百分之二十三・一和百分之二十・一，較上年雙雙下降。「民工荒」直接導致企業招工不足，迫使很多企業宣佈停產、休克，或者大幅提高薪酬標準，並直接導致用工成本進一步上升。

許景南在這一年開始將用工問題首次納入到企業的戰略研究。他在一次關於「勞動力結構變遷與企業人力資本新策略」的論壇上，進一步瞭解到：中國勞動力結構正經歷巨變，預計二〇一五年起，人口撫養比率將開始反彈；至二〇二五年，中國適齡工作人口將減少兩千九百萬人，老齡化來得更為迅猛。

根據二〇一一年匹克的用工規模，有多達兩萬多人，其中百分之八十以上為基礎生產工人，且絕大多數屬於農民工。許景南首次在董事會中提出，企業長遠發展和用工需求，必須對接市場的勞動力結構研究。經過論證，他提出一個緊迫的結論：中國製造業的勞動力優勢只剩下五年，匹克需要利用五年時間在品牌、服務、產能轉移、生產方式上進行提前思考和準備。

實際上，二〇一一年突然爆發的「民工荒」，至於各中國製造企業來說，不是單純的用工難問題，而是一場對企業原有生產方式、管理方式的倒逼變革。在我和許景南溝通中，他說，他做夢都在想讓匹克告別製造，像耐克和阿迪達斯（adidas）的模式那樣，只管品牌授權、設計與服務等更高的產業鏈，這才是真正規避勞動力成本問題的出路。

到歐美本土先拿身份證

匹克的最大夢想是贊助姚明，讓姚明穿上匹克籃球鞋，但還是沒有能等到那一刻。相反，匹克先後贊助過的其他十五位NBA球星，卻依然在球場馳騁。這是中國籃球界的悲哀，還是匹克的成功呢？

許景南：我們為什麼沒能贊助姚明，說到底，是中國體育公司在國際上缺乏足夠的品牌影響。我一直在反思，這些年來，包括匹克在內的中國品牌的質量，已經不亞於國際競爭對手，但為什麼還是不能博得全球關注？

我們的硬傷是，雖有品牌，但缺國際化元素。針對這個瓶頸，我們的企業也在積極謀求解決辦法。最簡單的辦法是在海外註冊一個品牌，拿回國內，但結果是弄成了「假洋貨」，受到詬病。另外，就是海外投資設廠，但在體育用品行業，還沒有企業敢越雷池一步，因為最終還是要回到基於品牌價值的銷售，但我們的品牌底氣在哪裡？

以本土體育用品行業來看，我可以毫不誇張地說，匹克是第一個走國際化戰略的品牌。慶幸的是，我們非但沒有倒在國際化艱難征途上，而且還在美國站住了腳，在香港完成了資本上市。國內有人說：「既然匹克已經是國際化品牌，為什麼在國內排名不如李寧、安踏？」我的解釋是，任何一個行業的競爭要放到三十年、五十年，甚至一百年來比較，匹克的戰略很清晰，寧可為了培植國際化元素，稍慢一些節奏，但圖的就是未來的可持續發展。

我們在前二十年做了什麼？

我們分兩個階段實施了五項基礎工作。第一階段包括：品牌國際化定位、提升管理標準。

匹克的國際化定位是形勢所迫。我們創立企業的最初意圖，是想為耐克做籃球鞋的OEM，結果沒有實現，後來找訂單，卻因為我們沒有品牌，反而要求支付保證金，為了生存，我們被迫自創第一個品牌——豐登牌。但我們發現國內的競爭一開始就已經同質化。生死關鍵中，我們決定改換品牌，匹克由此而來，就是要匹敵耐克。從定位上說，既然我們強項在籃球鞋，那就專注於專業的籃球裝備，做一個細分領域冠軍。當時我們提出要介入到全球籃球最核心的NBA賽事，很多人不信。

匹敵耐克，就需要質量標準國際化。我們進行了ISO9000認證，後來又進行ISO8011等認證。一方面保障了匹克產品質量符合出口標準，另一方面為登陸美國打好基礎。

「國際化」在我們當今的企業界是一個時髦話題，但客觀看，多數企業功利化傾向嚴重，以為趁歐美經濟下滑，就可以大舉進入。事實是我們可以輸出產品，但無法輸出品牌。我們仍然需要低頭按照國際化遊戲規則，從基礎做起。

中國品牌要在歐美立足談何容易，除了直接到他們本土發展，還需要做什麼樣突破？

許景南：中國品牌要國際化，在歐美需要做到三點：立身、立信、立本。這也是我們第二階段的三項基礎，就是爭取在歐美的「身份證」、爭取影響力人物的追捧、爭取企業的全球化。

中國品牌如果在歐美連身份都沒有，何談國際化？我們在美國為了註冊堅持了十五年，為什麼我們這樣艱難？一方面是美國對新興市場過來的品牌非常謹慎，另一方面是美國商標申請註冊程序和法律機制相對複雜。我們經歷了從申請到一次次被駁回，然後又起訴的艱苦過程，終於在二〇〇九年拿到了證。因此，中國品牌要登陸美國實現國際化，這一關再難也要堅持。

拿到「身份證」後，如何吸引歐美消費者？我們的戰略是名人效應。第一步就是介入到全球籃球最核心的NBA賽事，去贊助球星。因為NBA在美國是第一運動，是集中人氣的營銷市場。美國人、歐洲人開始注意到匹克的存在，他們開始相信既然匹克能被身價過千萬的NBA球星接受，那麼就證明匹克的價值。所以，中國品牌在國際化經營上，一定要考慮你最終的市場訴求是誰？

歐美要完全接受一個品牌，會看這個品牌的生產公司。如果匹克還是一家中國的封閉性公司，就會阻礙歐美消費者的瞭解。這是我們最終選擇在資本更開放的香港上市的原因。這樣，歐美消費者也可以是我們的股票投資者。

現在，多數企業把發展問題歸咎於通脹帶來的消費低迷，以及銀根緊縮，但是做企業總會遇到複雜環境，匹克的發展也經過四次宏觀調控，每一次結果都是緊縮銀根。但是，我們還是堅持創國際品牌，且信心不改。我們今年上半年營收增長百分之二十四．七的原因，就是因為我們的國際化元素打開了消費者空間。

廉價勞動力只能用五年

包括體育用品行業在內的「中國製造」，目前最棘手的問題是各項成本壓力，但匹克為什麼今年非但不控制規模，反而投資十億在山東菏澤興建第四個產業基地？

許景南：首先，投資山東菏澤是匹克在二〇〇九年香港上市前的既定計劃；其次，我們北上投資也是出於成本戰略考慮。為什麼？我們和其他沿海製造企業一樣，都遇到高通膨帶來的成本壓力，這種壓力主要集中在原材料和勞動力兩大成本上。但是，當務之急是需要解決勞動力問題。包括兩個方面，一是勞動力從哪裡來？二是廉價勞動力價格如何維繫？

目前情況是，沿海企業勞動力流轉頻繁和價格偏高，對於大部份轉型期的企業來說，要過這一關很難。怎麼辦？搬廠。搬到哪裡？一條路是北上，一條路是西部。最後我們選擇了山東菏澤。因為相比西部勞動力急劇外流，山東菏澤不僅是人口大市，而且勞動力外流較少，更重要的是，當地的勞動力價格比廣東、福建要低五百至一千元／月。

但北上山東菏澤只是匹克的權宜之計。這是匹克搭上的最後一班廉價勞動力班車。這趟班車的維繫時間也就在五年之內。之後，勞動力成本問題會再次擺在我們面前，到時，我們的唯一出路只能是將訂單外流到印尼、老撾（寮國）這些東盟國家。

安踏替代李寧，或者誰再替代安踏，這些都不重要，關鍵是看我們這些本土體育用品企業產業模式是怎麼樣的？如果我們還是依靠自己投資、自己製造產品，永遠居於產業鏈的最底層。我們現在的業績，主要是靠人口紅利，不是品牌價值來成就的。我們的產業模式應該是耐克和阿迪達斯的模式，就是告別製造，轉到品牌授權、設計與服務等更高的產業鏈上。這才是本質上規避勞動力成本問題的出路。

目前，不論是耐克、阿迪達斯，還是本土體育運動品牌，不僅沒有集體漲價，而且還加大打折力度，是因為產能過剩，還是迫於市場競爭的選擇？

許景南：誰願意把自己辛苦生產出來的產品拿到市場上去打折？這是我們這個行業的困惑。不僅是現在，過去也存在，只是今年更甚。原因是什麼？一是政策環境變化，二是中外體育運動品牌的產業模式所致。

宏觀調控壓縮流通性後，消費者信心就會降低，他們會和廠家博弈，等商品跌價。從廠家方面來看，始於二〇一〇年底的消費需求增量後，大多數廠家都在產能上進行擴充，導致在今年面臨去庫存化問題，那麼最好的辦法就是降價出售。

但是，在中國不設製造工廠的耐克、阿迪達斯為什麼也會加入打折行列？這是因為他們一方面需要繼續在不同消費層面上加大市場佔有份額，另一方面他們有能力打價格戰，為什麼？因為耐克、阿迪達斯擁有訂單權，他們不會顧及製造廠家的成本，這家不做，可以換。但是這種持續的打折戰後，最受傷的一定是本土品牌。事實是，李寧、安踏、特步都出現了訂單放緩。行業困局下，匹克怎麼辦？

我們的策略是「先增後緩」。將明年（二〇一二年）第二季度訂單增長，由前一季度百分之二十·二降至百分之九·五，這樣做，一方面是給經銷商減負，另一方面控制運營風險，由高速增長轉變成穩健增長，並根據明年實際情況再做定奪。

匹克上半年（二〇一一年）雖然以二十二億六千萬元在籃球裝備細分市場上佔據第一，卻仍居安踏、李寧、361度、特步之後。這些前後夾攻者都屬於全體育用品品牌，匹克是否因此會改變行業細分者的品牌定位？

許景南：企業的資源總是有限的。李寧創業的時候目標很明確，就是做體操相關的產品，現在企業大了以後，覆蓋到幾乎全體育產品線上，問題是，每個項目的資源都有充分準備和實力嗎？

我們希望提到匹克就等同於籃球，提到籃球就想到匹克。實踐證明我們做到了。我們用了二十多年的時間對生產、技術、營銷、品牌、國際化等進行積累。我們的成果是不僅成為FIBA全球戰略合作夥伴，而且擁有十五個NBA巨星代言。但是我認為還不夠，因為有競爭者，這是我們繼續要把籃球概念發展下去的企業動力。

另外，我們的國際化路線上打的就是籃球牌，如果我們放棄專業細分的定位，轉而成為全體育產品的製造，雖然可以加快速度，搶安踏、李寧的份額，但匹克也就放棄了前二十年的家底，成為一個概念模糊的品牌。

如果說排名，我在乎的是籃球裝備上的排名。我們的佔有率第一，達百分之十七。

匹克的籃球化品牌發展，實施的是一種反向國際化戰略，就是先在美國投入營銷資源，而後在包括中國在內的全球市場進行行銷。現在看，這種全球化戰略有什麼得失？

許景南：先說「得」。匹克的國際化戰略是二十年前就已定下來的，在這二十年裡，我們做了充分的準備工作，包括品牌名稱由「豐登牌」改成「匹克」，構建國際化的管理體系。

二〇一一年上半年，匹克的海外銷售額同比增長百分之二十．二，佔到匹克總銷售收入的百分之十．三，這個成績與國內同行相比，是處於絕對優勢的。

再說「失」。由於匹克此前的精力主要在籃球，而全球的籃球中心是在美國，因此我們把注意力用在NBA上，延緩了國內的品牌發展速度。但這種所謂的「失」反過來又是一種「得」。因為正是我們在美國就「匹克」品牌的註冊，通過上訴、駁回、再上訴等不懈努力，匹克才進入了NBA殿堂，並成為全球籃球裝備之一的核心品牌。

回頭看一下本土體育品牌，雖然牆內香，卻牆外不香。李寧換標為什麼？就是為了在美國註冊後進行國際化，但反而在國內前途未卜。相比之下，我們第一步是做到牆外香，和本土品牌形成錯位的戰略。現在看來，我們裹挾NBA元素進取美國以外的市場，反而體現出一種戰略價值。

至於匹克未來到底能在美國市場上賺到多少錢，這不重要。因為匹克的戰略目標是通過美國市場帶動全球，其效益不是說在美國市場能有多少回報，而是要產生輻射效應。換句話說，如果沒有在美國市場的投資，中國市場每年的增長和盈利也許就難以保證；而如果沒有在NBA的品牌佈局，匹克的高端、專業的品牌形象也不會如此打入人心。

資本家族化和管理市場化

匹克不僅品牌國際化，而且要資本國際化，因此匹克最終將上市放在香港，但二〇〇九年上市當日即跌破發行價，另外，二〇一一年中期財報顯示，營業額和毛利潤分別較去年同期上升，但此後匹克股價還是持續下跌，市值蒸發逾二十三億港元，為什麼匹克不受香港資本市場熱捧？

許景南：我們的確可以選擇在本土上市，我們的股票也會比香港表現更好，但我們的戰略是品牌國際化，因此資本國際化就一定是我們必然的選擇。

我們遇到最大問題就是，籃球在香港不是群眾性項目，投資者對籃球缺乏瞭解，因此他們對於匹克的專業籃球戰略還有待認知。資本市場的冷遇與我們的業績正好相反。我們的二〇一一年中期財報顯示，上半年毛利達到九億元人民幣，與去年同期相比增長百分之三十二，而且上半年還有一億三千萬元的現金進賬，目前匹克手裡的現金流達到二十六億元，可以說我們的發展是良性的。

另外，投資我們的紅杉資本、聯想投資、建銀國際三家私募基金，目前沒有計劃退出，仍然看好我們的成長性。因此，我們仍然期待資本市場的態度轉變。

今年（二〇一一年）我們給市場的利好消息是，要建立多個研發基地和生產基地，包括北京兩千萬元的研發基地，將按計劃投資約人民幣八千萬元的福建和江西的兩個生產基地，以及山東菏澤生產基地的十億元建設規劃。我相信，隨著這些工廠的建成投產，將提升我們在細分市場的實力，投資市場將開始關注匹克的作為。

匹克上市後，首先是將一千三百零八萬五千股股票授予四百多名員工，這種把員工變成股東的方式，一改匹克的傳統家族企業形象，那麼匹克內部如何處理家族企業與現代化企業管理之間的矛盾？

許景南：目前的股權激勵只涉及基層主管以上，不可能全員推動，公司希望激勵這些骨幹能更好地為企業發展貢獻智慧。

上市後，我們的管理定位是「資本家族化、管理市場化」。除家族成員持有股權外，在管理上進行放開。我現在正在思考的問題是，企業的管理目標、企業規模與每個發展階段如何匹配、企業的績效體系怎麼與組織結構與企業發展相匹配。也就是說什麼樣的團隊結構才算最適合企業的結構。

過去，匹克的傳統內部模式是山頭式的，比如A部門的員工到B部門辦事情，得先找到B的主管，這樣溝通成本太高。現在我們正在倡導建立一些項目小組，這些小組能夠使得「各自為政」、「相互割裂」的部門直接聯繫起來。

蘇寧董事長張近東：電商的本質是零售

蘇寧，由張近東家族創辦於一九九〇年，是中國商業企業的領先者，其經營商品涵蓋傳統家電、消費電子、百貨、虛擬產品等綜合品類，線下實體門店一千六百多家，線上蘇寧易購位居國內B2C前三，線上線下的融合發展引領零售發展新趨勢。公司於二〇〇四年在深圳證券交易所上市，二〇一三年胡潤民營品牌榜中，以一百三十億元品牌價值，排名第九位。

在南京市雨花開發區，蘇寧全國最大的配送中心裡，叉車和貨車摩肩接踵。就在旁邊，一座比其高出一倍的全自動化物流配送中心正在緊張施工。與配送中心不同的是，這個新的自動化配送中心完全針對電子商務的小批量、小件、多頻次的配送特點而設計。建成後，這個配送中心日吞吐量將達到近千萬台／套，支持蘇寧電子商務在周邊兩百公里、二十四小時直接送貨上門的配送。與此同時，類似的物流建築還在瀋陽、天津、北京、無錫、成都、重慶、徐州、蘇州、上海等地同時開建。

以上是蘇寧二〇一一年的企業狀態。這一年，

張近東剛剛告別了創業二十週年，也同時站在了十字路口。在過去的競爭中，他領導蘇寧擊敗了五星電器、大中電器、永樂電器以及國美電器等各路豪傑，現在他是電器零售業的老大，然而一支由資本驅動的互聯網B2C新力量卻異軍突起，並站在了他的面前。

這一年，蘇寧全年的營業總收入為九百三十八億八千九百萬元，而以互聯網B2C新勢力為代表的京東商城為三百零九億六千萬元。儘管兩者差距三倍有餘，但從各自增長率角度，京東商城以百分之兩百的速度比蘇寧快了八倍之多。張近東沒有想到，今後的戰爭已經不是線下，而是轉移到了線上，另外，在對打的策略、手法上，都和昔日的傳統競爭大相逕庭。

為維繫自己的霸主地位，張近東決定全力挺進電子商務。實際上，早在一九九八年的時候，張近東已經在考慮走實體還是電子商務的戰略選擇問題，但當時電器百貨的零售主戰場在線下，因此張近東的注意力還是在實體，至於電子商務方面，只是象徵性的開設了一個門戶網站（www.suning.cn）。二〇〇九年的秋天，張近東將門戶正式更名為「蘇寧易購」，但彼時，張近東依然沒有決意全力轉型網上，僅僅是把「蘇寧易購」視為蘇寧的補充渠道，直到二〇一〇年底，當京東商城首次年營業收入突破百億大關後，張近東才感覺到如芒刺背。

在前後更換多名「蘇寧易購」負責人之後，張近東決定在二〇一一年全力轉型電子商務。基於當時對電子商務的理解，在面對我的訪談時，張近東曾這樣告訴我：「電子商務的本質還是整個供應鏈的問題。蘇寧的未來發展，是要建立一個強大的電子商務平台，未來一二十年要從傳統的企業變成科技企業，這也是蘇寧下一個十年、二十年要進行的大轉型。」

締造三千億蘇寧新夢

包括蘇寧在內的傳統零售企業，都在試圖加大或轉型電子商務。從蘇寧角度，這輪大轉型中，如何確立自己的核心優勢？

張近東：電子商務遠遠不是在網上賣東西那麼簡單，而是蘇寧未來的戰略重點所在。這是個模式創新的問題。二十一世紀進入到知識經濟的時代，人們的生活日新月異，生活習慣隨時在改變，我們要怎麼去適應？蘇寧有上億客戶，我們每年要賣出億萬件商品，這些都是我們和消費者建立的關係和紐帶。如果能利用這些關係更好地為消費者服務，就能有更大發展空間。

怎麼樣思考電子商務的運營核心問題？我一直認為，電商本質還是整個供應鏈的問題。而這方面我們有很多的優勢，比如說我們的後台、服務和產品，我們有龐大採購的規模，這些都是我們先天具備的。

電子商務只是增加了一些人力資源的投入。通過服務的實體和後台技術，比如我們現在建立的管理平台，在全國三至五年完成的物流基地，特別是我們現在建立的智慧型總部，包括了一千至兩千家店共享服務的平台，以及在全國建立的呼叫中心，等等。這些優勢可以提供很多想像空間，像現在大家提出的雲計算的問題，我們通過現在的後台數據庫的能力，就能夠為消費者實現雲服務，我們可以從實體產品進入到虛擬服務，比如把產品賣了，把一些服務植入到彩電、電腦，就可以和所有的消費者建立新的連接。我們現在和兩萬多家供應商本身就是B2B，都是在網上基於WMS（Warehouse Management System）的採購信息化平台。通過這些東西，我們也可以為大型的企業，包括中小企業以及個人提供全方位的服務，實現外包。

二〇一一年初，蘇寧對發展電子商務提出的戰略是「十年三千億」，僅次於零售三千八百億，但這種線上線下的巨額等量銷售，至今在全球沒有一家企業能做到，蘇寧最終能否實現？

張近東：這是蘇寧基於中國市場未來零售基數以及自身條件做出的戰略判斷。從社會總零售角度，根據商務部數據顯示，預計到二〇二〇年，中國網絡用戶將達到九億人，網購人群將達到五億四千萬人，網上零售將佔社會消費品零售總額的百分之十左右，網上零售交易總額約六萬億。

從企業角度，蘇寧易購僅僅用了兩年時間，就在垂直型B2C中做到第二，按照這種快速增長速度，蘇寧在電子商務上兌現十年三千億，並非空談。

通往「十年三千億」目標上，具體路徑如何設計？

張近東：我們對蘇寧易購的十年發展目標，切分了三個階段，依次為，二〇一一至二〇一三年是第一個階段，目標是基本搭建起作為一個互聯網企業的框架；第二步是計劃在二〇一四至二〇一六年，實現行業規模第一；最後是在二〇一七至二〇二〇年，將蘇寧易購最終轉型為生活全網絡化平台。

蘇寧易購前三季（二〇一一年）銷售四十億七千九百萬元，距離年初提出八十億元的目標缺口近四十億元，據傳前蘇寧易購總經理凌國勝的去職和業績未達標有關，是否如此？另外，造成這一營收缺口的原因是什麼？

張近東：凌國勝是集團高管中的重要領導，一直在公司發展中扮演重要的角色，之前的業績也符合公司對易購的預期，而電子商務目前處於黃金發展期，作為管理者，需要投入大量的體力和精力，凌國勝由於身體的原因暫時進行休養，也是我們對凌國勝的身體和目前易購發展的全面考慮。

年銷售八十億元是年初我們對於易購的預期，隨著圖書頻道的上線和品類的不斷豐富，在第四季度，易購的銷售也將會有大幅度的提升，與八十億元目標差異不會太大，在公司的預期範圍之內。

電商要比消費者體驗

隨著B2C行業促銷戰升級，也帶來了消費者大量的投訴。關注蘇寧易購後，發現大量問題集中在網站系統上，這是否說明雖然蘇寧轉型網上，但還存在互聯網血統基因不足問題，尤其是在任命B2C領導人上，為什麼都沒有委任專業的電商人才，而是選擇了公司內部的零售強將？

張近東：電子商務真正的要素是什麼？核心的競爭力是什麼？要經歷什麼階段？我覺得電子商務和實體有很多相同的地方，比如說像後台服務、整個採購等，但是電子商務本身也有很多自己的特點。

大家現在對電子商務的理解，都知道它能銷售，恰恰又不是利用實物來賺錢，而是用實物來吸引眼球和注意力，更多的是依靠虛擬的服務來賺錢。作為蘇寧來說，我們本身在實物方面就有優勢，在這種情況下，如果現在把我們的實物銷售過多地通過電子商務來完成，可能就會破壞我們原有的體系，對蘇寧來說，這是我們必須要思考的問題。

電子商務能夠作為我們實體經營的補充，是可以盈利的。同時，我覺得電子商務又具備了實物不能擁有的特質，真正的電子商務最大的特點是，一個電子商務服務和增值平台，可以滿足很多人們虛擬的服務需求，比如說我們可以賣服務，甚至看電影，包括我們出行過程中訂票、訂酒店等。我們實體沒有辦法解決，但電子商務在這個方面，機會和空間是無限的，這種服務增值的空間是巨大的，我們如何去建立這個平台？對比現在一些成熟的專業的電子商務網站，我認為我們更有優勢，我們會把產品帶到這裡來，但我們還是要考慮怎麼去結合的問題。作為蘇寧來說，需要綜合去考慮，要把整個供應鏈、產業鏈全方位整合起來，這裡面不光是合夥供應商，甚至包括金融服務等。我們現在打造的不僅僅是B2C。電子商務是一個平台的問題，我注意到現在銀行也開始在搞電子商務賣產品、賣汽車，銀行為什麼做這個？銀行做這個絕對不是賣產品，而是建立關係。

怎麼看電子商務？按照我的理解，它應該分為電子和商務兩個方面。

先談電子，蘇寧易購實際上是第四次上線。我們網上業務從一九九八年就已經開始，前後經過四次大的系統升級。我們主要精力集中在後台上，就是網上系統如何與庫存進行實時對接，如何與服務系統進行直接預約，如何與訂單的出發進行零銜接，等等。但是投入運營後，我們還是發現了很多漏洞。最近，我們已與IBM簽署了「電子商務創新共同體的全球戰略聯盟合作協議」，旨在改觀現狀，以及完成支撐萬億級規模的電子商務平台的目標。

電子和商務相比，孰為重？我認為集合了採購、物流配送、售後服務、信息系統的建設等多個方面的商務，在整個電子商務運用中居於核心地位。電子商務的本質還是零售，突出商務作用，就是把線上的零售，回歸到消費者的體驗訴求上。

我們現在易購的總經理李斌，原先擔任過蘇寧營銷總部執行總裁助理兼通訊事業部總經理，之前還負責過「黑電」的採購以及上海、南京地區的管理工作，在採購、運營等方面能力出眾，也是公司綜合考慮之後的選擇。

蘇寧傳統的人才架構、薪酬體制，是否與線上易購的人力資源管理訴求產生衝突？

張近東：易購與旗下的蘇寧電器現在是兩個平行的公司，易購可以按照自己的公司特點，在人才招聘、人才激勵上進行自行規劃。

但客觀來看，電子商務是在近幾年來隨著互聯網經濟的發展而快速興起的行業，在人才的成長與培養方面需要有一定的週期，目前ＩＴ經營人才難找、難留是整個行業的現象，與蘇寧本身的構架和薪酬並沒有太大關聯。

在蘇寧易購二〇一二年的招聘計劃中，將招聘兩千名電子商務專業的畢業生，以適應後期的快速發展。但目前遇到的最大問題在於，整個組織架構的設置，不能滿足高速增長的需要。

價格鏖戰，誰怕誰

蘇寧價格競爭上的優勢，過去主要集中在電器零售，這是因為蘇寧有海量零售採購優勢。但分配給易購的貨量上，如何協調與零售之間的比例？

張近東：線上線下不存在貨源分配的問題。一方面，共享庫存，線上線下是同時抓取系統中的數據，不存在貨源分配；另一方面，蘇寧易購目前近百分之八十的商品與線下是差異性的，不存在重合。

很多人問我，蘇寧轉型電子商務怎麼解決線上和線下的衝突問題？我要說的是，蘇寧易購不是蘇寧電器的轉型，而是新增的一個零售渠道，競爭必然存在，但這種競爭是由消費者的購物習慣決定的，蘇寧易購作為電子商務企業，主要是與線上同類型企業的競爭，而不是和線下實體門店的競爭。

當前的B2C競爭，很多企業以價格戰、犧牲利潤的做法換取流量和市場份額，這種模式究竟能否成功？

張近東：我至今沒有看見過哪個企業能通過這種方式取得最後勝利的。這種違背正常商業邏輯的做法，不僅使得行業陷入困境，也會誤導網絡消費者。

另外，投資界也在助長這種非正常的商業。很多風險投資談的就是讓被投資企業趕緊融資，融資後趕緊做廣告，但並不關心他是否健康發展。企業拿到資本後，卻只燒出了一個虛名品牌，實際卻是，幾個億甚至幾十億美元下去了，最後不但沒有掙錢，還需要繼續融資，否則資金鏈就斷裂了。

從我們的企業角度，雖然從來都不畏懼價格戰，但我們也不願意看到電商企業過度依賴價格槓桿，而忽略行業應具備的服務特徵。

比對蘇寧易購與競爭對手的商品價格，除短期促銷之外，發現無論是家電、3C（計算機、通信、消費類電子產品），還是其他百貨，基本相差並不大，那麼蘇寧易購的價格比拚優勢如何發揮出來？

張近東：線上的運作，實際上還是要在盈利的基礎上錦上添花。可能現在由於要推廣，對易購的毛利要求比線下低一點，但也堅持不會刻意追求虧本燒錢去搶流量，蘇寧易購要做的東西就是實實在在地投入，強調給消費者帶來整體性價比，以及售後服務的優質購物體驗。

紅豆總裁周海江：掌握國際分工主導權

作為「蘇南模式」標竿的紅豆集團，由現任董事局主席周耀庭在一九八三年對前鄉鎮集體企業——無錫港下針織廠改制而來。後在總裁周海江（周耀庭子）領導下，企業不僅二〇〇一年成功登陸上交所，而且產品從最初的針織內衣，發展到如今的服裝、橡膠輪胎、生物製藥、地產等四大領域，其經濟總量位列中國民營企業五百強。

和方太茅理翔、茅忠群父子兵類似，曾經在深圳河海大學擔任教師的周海江，和他的父親周耀庭也共同締造了自己的商業帝國。

作為「蘇南模式」的首席代表——紅豆集團，在周海江和其父親一輩開創者的聯袂經營中，將最初偏居江蘇南部鄉鎮的一家彈棉花、織手套的集體小作坊，發展成橫跨紡織服裝、橡膠輪胎、生物製藥、房地產等四大領域以及擁有近三萬名員工的綜合跨國企業集團。

但是在二〇一一年，作為蘇南經濟龍頭企業的紅豆集團和大多數中國製造企業一樣，卻遇到了改革開放以來的首次「通膨」威脅。根據當年北大國家發展研

究院的報告顯示，企業面臨嚴重的「勞動力成本上漲」、「原材料成本上漲」和「人民幣升值」等三大壓力——二〇一〇年以來，這三項壓力係數分別達到百分之八十一·六七、百分之八十一·四三和百分之四十八·一一的高值，而在二〇一〇年以前，這樣的係數僅為百分之五十二·一〇、百分之五十五·五六和百分之三十二·九五。

當年，周海江在其位於無錫總部的辦公室接受我的採訪，在談到中國企業現狀時，曾這樣表示：在通脹巨壓下，包括服裝類企業在內的中國製造業，轉型升級、創新市場之路，將變得異常崎嶇。

這一年，美國有經濟學家拋出了中國經濟已進入「劉易斯拐點」（Lewisian Turning Point），這種觀點，很快受到部份國內經濟學家的追捧和迎合。「劉易斯拐點」的陰影深深籠罩在中國製造企業的頭上，當然也包括紅豆集團在內的蘇南企業。

為調研中國製造業的新出路，當時國務院總理溫家寶邀請包括周海江在內的八個領域的企業家座談。會上，周海江提出了一個思路：相比產能過剩和轉型難題，中國製造企業的核心癥結是在品牌的突破。

周海江提出如此觀點的理由是：中國製造已經成為全球經濟基因，但仔細分析，大多數產業都是「被基因」，很多產品今天在廣東加工，廣東就是全球基因，拿到江蘇加工，江蘇就是全球基因。誰有資格把「製造」拿來拿去？就是品牌擁有者。中國很多產業都不屬於主動基因，而是被動基因。要掌握國際分工主導權，就必須打造一批自主品牌。「把我們自主品牌戰略上升為國家戰略！」這是周海江當時給政府提出的解決方案。

自主品牌應納入國家戰略

中國製造目前的難題是產能過剩和轉型難題，但你卻認為重點不在於此，而是品牌問題，甚至向政府提出「要把我們自主品牌戰略上升為國家戰略」。怎麼理解？

周海江：一個沒有優秀人物的民族是落後的民族，同樣，一個沒有優秀品牌的經濟是被動的經濟。比如服裝，在中國加工的價格是一百元，拿到美國後，美國做了什麼？貼上品牌後，通過運輸、分銷等產業鏈升級，用接近零的資源消耗，實現了高附加值銷售。

我們現在講拉動內需，動力是什麼？我想最主要的來源是勞動者收入。如果我們的製造價格還是維持在一百元，我們拿什麼來增加勞動者收入，而我們有了品牌，把價格提到一千元，甚至更高，我們就可以把其中的差額利潤，用來增加員工的收入、增加對環境的保護，所以我們製造業必須走自主品牌之路。

如何打造自己的品牌？通過我自己對紅豆集團二十多年的經營，我總結出兩大部份，一是技術含量，二是文化含量。

技術含量通過創新實現，而創新主要圍繞三大因素，就是人才、平台、投入。三大要素中，我覺得很多企業最不注重的就是投入，不捨得犧牲短期利益。不注重對研發環境、制度環境和生活環境的投入，令自己缺乏成長基因。

文化是品牌的附加值。中國製造要趕超西方品牌的百年文化，沒有捷徑，只能打民族文化這張牌。比如時裝，紅豆借助膾炙人口的王維詩句，在二〇〇一年創建了「紅豆七夕情人節」，開始的時候，外界沒有重視，但我們堅持了十年，現在已經成為一個聞名的文化項目，同時也成為紅豆重要的文化基因。

品牌升級對中國製造來說，是一場艱巨的挑戰。有的企業表示，在當前通膨壓力下，不要說完成品牌升級，就是製造也難以為續，這些企業的出路在哪裡？

周海江：除了向管理要效率、以創新要市場以外，我建議他們可以將產業轉移到海外第三市場。優勢企業應該幫助這些企業共同發展，以保住我們的製造。最近，紅豆集團在柬埔寨規劃了一個十一．一三平方公里的產業園區，鼓勵相關企業和我們一起產業轉移。

作為服裝行業的領頭羊，我們深刻感受到，在經濟發達地區，很多中小規模的工廠產能已經過剩，如果產業不轉移，就要關閉。

我給他們算過一筆賬。以服裝為例，柬埔寨當地基礎勞動力價格為六百元／月左右，與我國基礎勞動力價格差別就是兩千元／月，一年就是兩萬四千元，以一千人的服裝廠計算，中國服裝企業在內地不賺錢，但到了那裡，就有兩千四百萬利潤，如果再計入當地的原材料價格、關稅等方面優惠，企業的利潤更多。另外，中國企業在第三方國家生產產品後，還可以規避歐美的貿易壁壘。

掌握成本波動規律抗通膨

目前在通膨影響下，最糾結的就是原材料價格上升問題，中國企業應該如何謹慎解決？紅豆有哪些思路？

周海江：現在這個階段，企業如果不注重、不研究原材料波動規律，恐怕後期再好的管理、再好的產品，也很難做到持續經營。

比如我們旗下的輪胎公司，原材料最大部份是橡膠。橡膠價格在今年（二〇一一年）波動非常大，最低是兩萬元／噸，最高是四萬元／噸，如果公司吃下四萬元／噸的橡膠，企業競爭力又將何在？所以，我們年初（二〇一一年）就研究了橡膠的價格波動規律，抓住春節前（二〇一一年）的價格低谷期，在一萬四千元／噸區間內就進行採購，之後橡膠市場價格漲了一萬一千元／噸，以一萬四千噸為計，就節約了一億五千四百萬元。

一億五千四百萬元代表什麼？一是擁有在成本上的競爭力；二是從管理角度來看，達到事半功倍，因為要從管理上挖掘這麼大的潛力是很困難的。

後來，我們把這種經驗在集團內部十家子公司裡進行推廣，要求一把手騰出精力來，研究和部署原材料採購戰略。

我們也注意到有些企業通過期貨方式，鎖定大宗商品的價格。我們雖然也有涉及，但有嚴格的控制。因為企業界有不乏誤入歧途的慘劇，為了期貨，有些企業轉變了性質，逐漸脫離了主業，將企業變成了期貨炒家。

和通膨俱來的還有用工荒、工資普漲，擴張中的紅豆如何解決這兩大問題？

周海江：我國的企業一直從事低端製造加工的生產，無法實現產業的升級，就是與低工資相關。如果沒有一個穩定的產業工人群體，企業生產就會受到影響，因為花費大量的時間在招聘和培訓員工方面，企業的生產效率無法提高，轉型升級就更無從談起。現在沿海地區的民工荒、工作效率波動、人員大面積流失，在低工資的背後造成了很多的弊端和危害，最直接的就是企業的穩定性差。

我建議企業應該順應時勢。去年，紅豆的工資增長達到了百分之四十九．六增幅，在整個行業中的收入水平居於前茅。

我們應該把工資視為一種投資，而不是成本。這種投資將導致工人忠誠度增加，效率提高。這就是我在集團內部極力推動的「效率工資理論」。在效率工資下，提高勞動力隊伍的質量，推動勞動力努力程度，降低辭職率。

現在我們提出「向管理要效率」、「靠創新要市場」，但對於多數基礎性薄弱的企業來說，如何才能找到合適的途徑？

周海江：在這兩個方向上，反映了企業領導人的個性，有些偏重管理，有些偏重創新。我們集團下轄兩家摩托車企業，一家摩托車公司的領導人偏重管理，產品上鮮有創新，另一家公司則每個月就有新產品問世，但不注重管理。結果是，前一家公司比後一家效益出色。經過研究發現，創新企業雖能通過擴大產品來發展新客戶，但是很多客戶一兩年就走了，而那家沒有創新的公司，新客戶不多，但做一個就抓住一個。問題在哪裡？我認為，創新公司領導人只有在管理基本功練好下，才有資格去搞創新。

「向管理要效率」本質是挖掘成本優勢，忽視這個要素，即使再偉大的創新也很難成功。

我們的企業不妨問一下自己，有沒有在「人、機、料、法、環、測」六字要素上狠抓基本功。如果你不懂，不要說ＩＳＯ管理體系，管理都是假的。所謂人，就是對員工進行培訓，提高勞動技能；所謂機，就是合理利用、維護生產設施、裝備；所謂料，就是掌握原材料價格波動規律，逢低採購，嚴格驗收；所謂法，就是在生產中，有沒有工藝標準；所謂環，就是對生產環境、秩序進行嚴格規定；所謂測，就是對生產結果，有沒有進行嚴格檢驗。

接下來再談成本控制。成本控制上，也有六大要素。分別為投資成本、供應成本、生產成本、質量成本、管理成本和流轉成本。我想強調其中的質量成本。

關於質量成本控制，中國大部份企業存在一個很大的管理黑洞。一九九七年，我在美國學習，從美國企業身上學到了對質量成本的理解，就是質量成本=預防成本＋檢驗成本＋損失成本。怎麼解釋？

預防成本是指對員工的前期培訓，企業一有商業機會，不顧員工的技能如何，就直接上馬；檢驗成本是指對最終產品的檢查，企業一旦出產品後，就越過檢驗工序，急於將產品推向市場，正是對預防成本、檢驗成本的失控，最後導致損失成本，甚至因產品質量問題引發社會道德危機。

產業相對多元可規避通脹

多家服裝企業正遠離主業，比如杉杉介入鋰電池產業、雅戈爾介入金融與房地產，而紅豆涉足地產、輪胎、製藥等領域。出現這樣集群現象，是否說明服裝業已淪為夕陽產業？

周海江：如果把服裝業歸類為時尚產業的話，它就永遠是朝陽產業。到底是什麼原因讓中國服裝企業缺乏動力？除了企業的品牌與文化外，原因在於我們對服裝產業的劃分，仍然延續二十世紀五十年代以來的傳統。

按照中國產業傳統歸類，服裝歸為棉紡織類。但形勢已經變了，中國人對服裝的消費早就從生活必需品，轉變到了時尚需求。因此，我們現在迫切希望服裝產業從傳統行業歸類中獨立出來，成為時尚產業。

另外，中國服裝產業位於全球產業鏈底部，沒有演變為附加值的兩端。中國服裝協會對紡織服裝業做過統計，超過三分之二的企業平均利潤率為零，三分之一的企業為百分之十。平均利潤率為零的是沒有品牌、設計，只是生產加工的企業。很明顯，你不走兩端，你的日子當然很難過。

紅豆現在的發展思路是，前端抓研發和設計，後端抓品牌連鎖專賣，從生產製造型變革為創造運營型企業。現在我們只保留百分之二十的生產，而把百分之八十的生產外包到五百多家協作企業。

向兩端突破上，紅豆主要抓人才、平台、投入等三大要素。人才上，我們一方面高薪聘請國外設計人才，另一方面通過設立職業學校培養企業儲備人才；在平台上，我們搞博士後科研工作站和院士科研工作站，設立技術中心、工程技術中心，以及和大學產學研合作，把科研成果轉化出來；在投入上，對頂級人才，我們送住房、給高薪酬，以及包括生活環境、工作環境、制度環境的投入。

紅豆集團在形成跨行業多元化的經營中，各產業之間有沒有必然的關係？如何在各產業的戰略思路和執行上，做到統一？

周海江：走多元化之路，不是因為我們服裝主業出現任何問題，而是在服裝產業成熟後，我們尋找到的一系列新增長點。

我們第一項多元業務是摩托車。一九九五年，集團銷售收入達到十億，成為行業領頭羊後，我們開始尋找新的產業投資機會。由於無錫地區的摩托車產業具有較強配套能力，於是我們通過收購上海申達摩托，介入摩托車領域。後來，為配套整車業務，我們投資了輪胎公司。

在集團所有關聯企業之間的往來上，我們內部有一個公開、透明的市場化運作機制，就是所有企業雖然可以優先向兄弟企業採購，但如對方企業的產品質量有問題，可以拒絕採購。當時輪胎公司的產品，就因質量問題，在三年內沒有被申達摩托車廠納入採購範圍。輪胎公司怎麼辦，就只能賣到市場，接受更嚴厲的考驗。輪胎公司拚命降成本、提高產品質量，後來居然發展起來，產品從小胎、大胎，延伸到子午線輪胎，慢慢形成了完整的產業鏈。

之後，我們開始相繼拓展到房地產和生物製藥領域。在產業擴張之路上，我們的步伐一度很快，但這也對企業資源的合理分配提出了挑戰。回過頭來看，我們需要重新調整戰略。

摩根士丹利（Morgan Stanley）針對全球企業發展模式，總結過三類企業，一類是絕對多元化的企業，一類是專業化的企業，一類是相對多元化的企業，從利潤平均增長率角度，勾畫出三條曲線，結果處於最低的是絕對多元化的企業，中間是專業化的企業，最上方是相對多元化的企業。

紅豆就是走相對多元化道路。怎麼走？就是走有所約束的多元化之路。把要素集中在有發展前景的產業中，如服裝、地產、生物醫藥、輪胎等四大項，其他工廠能關則關，能並則並。要素集中後，我們給四大項做了統一的戰略定位，就是每個產業，不求面上的發展，而是尋找點上突破。面上，我超不過對手，但是點上，我一定要超過。

比如輪胎，我們在面上超不過米其林、普利司通，但我們只專做長途、載重的礦山用子午線輪胎。我們推出的赤兔馬、千里馬輪胎目前是在用業績說話。很多合作夥伴建議我們上半鋼的轎車輪胎，但我們的目標就是在細分市場做到全國第一，甚至全球第一。

在生物醫藥上也執行這樣的戰略，我們不是什麼醫藥都去投、都去做。市場上的醫藥產品種類繁多，很多都在賺錢，但是我們只攻腫瘤藥。腫瘤藥物本身就在市場上佔據很大的份額，而在腫瘤藥物中佔據市場百分之六十的六種藥，都是從紅豆杉或者延伸加工物中提取。我們優勢是，擁有全球最大的紅豆杉種植基地。

對於房地產，不求進入的城市多，只求在進入的城市做到前三名，甚至第一。

回到服裝主業，要求旗下的紅豆股份集中品牌，縮編相思鳥、相思豆等十多個副牌，突出紅豆男裝。我堅信，戰略成效會愈來愈顯現，「千億紅豆」的目標能在最短的時間內實現。

以公開競聘制衡家族權力

包括真功夫家族內鬥在內，民企已經爆發多宗類似的股權爭奪案，而紅豆內部又如何防範這樣的事情發生？

周海江：我認為主要是民營企業缺乏現代管理制度所致。

即使是家族領導的企業，也可以實現現代化企業制度。就管理結構角度，我認為衡量一家企業是否具備現代企業特徵，主要看權力如何取得？依靠血緣、親屬、裙帶關係取得權力，就是傳統企業制度，依靠公平、透明的制度取得權力，就是現代企業管理。

在紅豆，無論你是誰，要在集團或下屬一百多家公司當第一把手，必須經過公開競聘。考核標準只看業績和經歷。作為本人，我也是在內部競聘而來，儘管我的私人身份是董事局主席的兒子，但如果我不能創造公司業績，集團照樣可以罷免我，而一旦罷免後，我將很難再回到現有位置。

至於我之下分公司的管理者，我們公開競聘時，一是公佈競選者的個人資料，二是自我表述，然後就是我們高級管理層投票，誰獲得最高票，就當場任命總經理或廠長。任命後，以一年為期，考核經營業績。對不良經營結果，進行問責和罰款。只要是業績虧損或大幅下滑，不給領導人訴說理由機會，直接下台或降級，並對虧損部份承擔百分之八的罰款。這樣一來，推動各層級的領導人去主動想經營辦法和出路。

因虧損下台的領導人中，不乏有家族中的親屬，以及元老系。有些一把手領導人，擔心自己能力問題，就主動申請和甘願做副手。

公開競聘制度讓我們意外地發現了人才。旗下相思鳥公司，曾經聘請了上海的一家國營企業的領導當老總，但因其經營不善，造成兩百多萬元的虧損，於是我們採用一把手競聘制，該公司內部的一名大學生最後高票當選，我當時對他還表示擔憂，因為他太年輕。但是一年以後，相思鳥公司不僅在他的治理下彌補了虧損，而且還實現兩百六十八萬元淨利。

公開競聘制度的過程、機會是公平的。中國企業的制度很多是從西方引進的，其中尤其是董事會、監事會、經理層的三權制衡，成為現代制度的核心。但是大部份公司現在問題在於，這種三權設定只是形式，很多高級職位並非有能力者居之，而是因為家族和創業元老關係。這種名存實亡的三權制衡，使得企業管理將以「關係導向」為載體，未來的不確定因素也將增大。

從企業的領導人到員工，在業績面前如果人人公平、人人有機會，那麼企業的精力都將集中在經營成果上。

遠東董事局主席蔣錫培：沒有宏觀需求就死

一九九〇年，時年二十七歲的蔣錫培集資一百八十萬元資金，帶領二十八名同鄉，在無錫市經濟最薄弱鄉鎮之一的宜興市范道鄉，創辦了范道電工塑料廠，即今天資產過百億的遠東控股集團有限公司前身。在他的領導下，遠東歷經私有企業、集體企業、股份制、混合經濟模式和資本運營等五次模式變制，如今已發展成為以電纜、醫藥、房地產、投資為核心業務的大型民營股份制企業集團，並控制著一家A股上市公司（前身為三普藥業，後更名為智慧能源）。

以藥業上市公司的「殼子」，卻主營電纜。這是上市公司前三普藥業的大股東遠東控股在二〇一〇年七月至二〇一三年九月期間在證券市場中造出的一個特別概念。

二〇一〇年七月，三普藥業向控股股東遠東控股定向發行股份，收購其擁有的電纜業務優質資產，具體包括遠東控股集團下的遠東電纜百分之一百股權、遠東複合技術百分之一百股權以及新遠東百分之一百股權。重組後遠東控股集團旗下的電纜業務優質資產全部注入上

市公司，遠東控股成為三普藥業大股東，佔三普藥業總股本的百分之六十九．六四。由於遠東控股的老闆蔣錫培持有遠東控股六十九．八％的股權，於是順理成章地成為三普藥業的實際控制人。

通過三普藥業的反向收購，蔣錫培真正擁有了一家上市公司，並且借此將其電纜業務正式搭上了資本平台。但彼時的電纜業卻正遭遇到產業鏈上游——銅業危機的影響。

按照電纜業的產業鏈分佈，依次是銅礦採集、成品粗銅冶煉。中國銅原料稀缺，對於銅礦進口具有很強的依賴性，因此使得銅冶煉企業嗅到了商機，這類企業開始遍地開花。所謂銅業危機，來自兩股商業劇變：一方面國際銅礦價格一路走高，從二〇一一年初七千一百美元，半年後已破九千五百美元大關；另一方面是肆意膨脹的國內銅冶煉企業，通過低價惡性競爭，導致成品粗銅價格一路下跌，最終使得成品粗銅交易價格低於進口銅礦價格。這種價格倒掛，令多數銅冶煉企業在生產即虧損的形勢下，不得不限量生產或者乾脆停產。

由於電纜行業的核心材料正是成品粗銅，因此銅業危機的最後接棒者，就是遠東控股所在的下游電纜行業。但是，這條鏈上的企業，也有相似的商業困局，一是如同上游銅冶煉行業一樣，從業企業過多，競爭手段完全依靠低價競爭；二是遇到上游無產品可賣的境地。

以三普藥業進行反向收購，蔣錫培的本意是，為維繫企業的資金鏈，相比直接問銀行借貸的高利息支付成本，現在可以通過自有資本平台低成本融資。由於三普藥業本身在高端的冬蟲夏草項目上，帶來可持續的現金流，蔣錫培對三普藥業完成控制後，並沒有更換上市公司名稱，而把兩個毫不搭邊的業務暫時混搭在一個上市盤子中。

蔣錫培儘管擁有一家藥業上市公司，不過他的重點仍在電纜業務。這一年的秋天，蔣錫培對自己創建了二十一年的公司，首次在商業模式上做出一個大膽地嘗試，掛牌了包括電纜網、電纜買賣寶和中國電纜材料交易所等在內的「一個門戶網站兩個交易平台」。這標誌著，遠東控股將從傳統電纜製造企業，轉型為一家有早期O2O跡象的電纜電子商務平台的公司。

嚴密盯住需求之變

作為主營電纜的企業，遠東控股為什麼收購三普藥業這樣的公司？

蔣錫培：我在前十多年裡，主要關心和關注於電纜行業的發展。目前，即使包括遠東在內的國內排名前四位的企業，總產值加起來，在行業內所佔的比重還不到百分之八，而國外基本上已到百分之二十五，甚至百分之八十，因此，今後產業格局還會發生變革。遠東雖然已是行業老大，但接下來的目標是扮演行業整合者，把更多的中小同行集中起來，進行優勢互補。

與此同時，我們進行適度多元化，但我們在戰略選擇上，是有條件的，主要看多元項目的前途。

很多人問我「為什麼要收購控股三普藥業？」我的回答很簡單，只有兩個原因，第一，我們需要上市公司的資本平台；第二，三普藥業所在的行業，也是非常有競爭力的行業，比如說三普藥業出品的冬蟲夏草都是採自在高原四千公尺以上的原料，現在靈芝等都有人工培育，唯有這樣的東西是人工培育不出的。

我們把電纜資產注入三普藥業後，它很快走上了健康的發展軌道。如果不是遠東的介入，這家公司就死掉了。

另外，我們會在新材料的領域上進行戰略投入，以貼近國家發展戰略需要。比如，我們現在做的鈦纖維玻璃，原來是用在航天行業，現在我們把它運用在電力、路桿、建築、鐵路等方面。我相信這樣的新材料一旦產生產業規模，就會使遠東更具備新一輪增長的優勢。

當今的競爭環境中，幾乎很難有產品能真正獨一無二，唯有市場供需匹配才是硬道理。從電纜行業角度，怎麼做到適時匹配市場需求？

蔣錫培：我的觀點是，不管任何企業有多大能耐，多大實力，如果做的產品沒有宏觀需求，就會失敗。什麼是宏觀需求？就是全民或者國家需求。

我一直認為，電纜是國民經濟的神經、動脈，國家要發展，就會有基礎建設，而基礎建設是離不開電纜的，因此無論電纜行業遇到發展中的任何困難，這個行業不會倒下。城市建設、房地產開發都離不開我們這個產品，他們都對我們這個行業有很大的需求。而且遠東的產品連續幾年都是國家免檢，又是知名品牌，這樣的品牌做出來以後，如果不能快速發展起來，就是我們的過錯。

抱團與整合並行

中國電纜行業企業良莠不齊，且分散度很高，接下來產業將會如何整合？

蔣錫培：除了上游銅業存在的問題以外，電纜行業應更關注於自身問題的解決。

首先是在產能過剩中，企業如何獲取市場？為了能在招標中順利勝出，不少電纜企業花巨資建了一種叫「立塔」的面子工程，這是一種生產超高壓電纜必備的生產設備，投資興建一個立塔，一般需要四千多萬元的資金，在電纜行業，能生產超高壓電纜的企業都被看作是有實力、有技術能力的企業。但實際上，這些「立塔」卻大量閒置。

其次，由於行業分散度過高，產能過剩已經讓這個行業到了崩潰的邊緣，但另一方面，我們卻看到，各地跑馬圈地上銅產業項目的熱情絲毫沒有停止，面對動輒產值就能過百億、千億的大項目，各地趨之若鶩，並不考慮這整個產業鏈已經不堪重負。事實上，銅產業的產能過剩並不是最近幾年才出現的問題，早在二〇〇五年已經是惡性競爭了，可時隔數年，為什麼一些地區還在熱中上馬新的項目呢？窮則思變。

作為下游的電纜企業已經出現了全行業百分之六十的不合格率，這是一些企業的求生之路，可也是整個行業危機的開端。當最後劣幣驅逐良幣，受害的一定是整個社會。只有鼓勵收購、兼併重組，把過剩的產能企業整合起來，才能拯救這個行業。電纜行業要六千家嗎？最多六百家足夠。

最近遠東投資設立的電纜網、電纜買賣寶、中國電纜材料交易所，是否預示企業從製造向服務商轉型？

蔣錫培：電纜是國民經濟的血脈或者神經，現在我們面臨非常困惑的現狀，過去三十年，儘管得到了發展，但是存在著巨大風險，仍然讓業內無比擔憂。像遠東這樣的企業，至少今年要做個一百幾十億的銷售，但少說也要有幾十億的流動資金。我們通過去年的融資解決了這個問題，但大部份電纜企業未必能渡過難關。

企業互相抱團非常重要，特別是民營企業之間，千萬不要你踩我、我踩你，不可能一家企業把所有的市場都拿走，互相促進互相幫助，爭取共享競爭優勢。我們這次推出電纜網門戶、電纜買賣寶B2B，以及線下中國電纜材料交易所，就是希望用公平的市場交易機制，改變原來粗放的低價競爭，保證行業各電纜企業的營收。當然，這三個服務模式也剛開始，遠東希望與行業一起聯合探索。

拿業績找銀行授信

和國企相比，大部份民營企業都借貸和融資困難，如何找到解決方案？

蔣錫培：民營企業需要資金、需要更多的資源是毫無疑問的，而且這樣的情況也長期存在。對於一個國家來講，從整體角度，所有的資源分配都是一個恆量，無論是大企業，還是小企業都能產生經濟價值。

另外，民營中小企業在一方面依靠政策性的關愛、支持之外，更重要還是立足於自身，至少在某個領域細分市場能夠領先，拿著成長業績和優質資產的優勢去獲得銀行的授信。

二〇一一年，央行為收緊流動性，對抗通脹，頻繁使用存款準備金率這一貨幣政策工具，這對遠東影響如何？

蔣錫培：宏觀經濟政策變化牽動每一個企業的神經。

就遠東所在的電纜行業，大部份企業都需要貸款，且貸款比例非常高。因此銀根收緊對電纜企業的資金成本和發展非常有影響。另外，很多企業都國際化了，匯率的變化也會影響競爭。因此如何為企業營造一個好的外部環境，需要政府把握。不過，企業本身要思考出路。

遠東目前的主業是電纜、醫藥和房地產。三大主業遇到的問題各不相同。

電纜行業的問題是產業規劃不善、惡性競爭及原材料主要依賴於進口等因素，使電纜企業的日子日益難過，平均銷售利率目前已降到百分之二左右，因此很多中小企業如果沒有拿到貸款，將會出現停產，甚至倒閉。

醫藥行業受到的宏觀政策則非常正面，因為全民醫療保障水平在提高，所以需求是剛性的，且每年增長百分之二十，現在政府還引導兼併收購，使相關企業競爭優勢能更明顯。

地產業的衝擊不言而喻，但遠東的地產業務剛剛做了五年，佔遠東所有產業的比重還不是很大，我們的戰略是先立足於江蘇，不鋪太大的攤子，未來十年的目標是年銷售額過兩百億元，相對來說，房地產宏觀政策的變化還沒能影響到我們。

死與不死相對論

遠東控股歷史上的五次企業性質的改變，是出於生存考慮，還是因各種歷史條件不得不做出的選擇？

蔣錫培：每個企業發展都有它不同的路徑，在不同的環境條件下會選擇不同的方式。

遠東百分之八十的產品都是為國家基礎建設服務，特別是電力系統。在以往的二十年當中，企業性質轉變有四次也好，五次也好，從制度層面的改革是不得已而為之。按道理來說，這樣重大的事情，哪能不斷地變來變去？

就第一次從私有企業轉向集體所有制來說，如果我們那時還是私有企業，我們可能貸不到一分錢款；如果我們還是私有企業，每年就要多交幾百萬稅金。那時候體制不同，稅率是不一樣的，政策也是不一樣的，因此我必須要贏得企業發展必備的條件支持。

另外，我創辦了企業後，有那麼多人跟隨著我，我就是要對他們負責，我們不希望企業最終倒掉，因此我需要根據不同的歷史條件、不同的競爭環境、不同的突圍需要，去變換企業屬性。

在創業過程中，我也親眼目睹了很多企業變了以後就變不下去了，甚至變出大問題，但遠東是幸運的，多次改變並沒有死掉。

其實，企業死與不死，是一個相對的問題，如果以五百年歷史的角度，試問有多少家企業能存活？企業不變要死，變了也要死，問題是你什麼時候死，五百年以後死就了不得了。我希望遠東能挺過一百年，即使一百年以後死了，也已載入史冊了。

經過對三普藥業重組後，遠東實現了第五次改制，形成了「產業＋資本」的融合。但從公告看，增發的七千兩百萬股，是投資於風電、核電和太陽能、電纜等項目上，這是否意味著三普藥業不再是藥業公司？而遠東借殼融資也將擴大到更多產業？

蔣錫培：企業家最重要的五點是，第一要有眼光，第二要有膽量，第三要不停止腳步，第四要有相應的能力，另外就是非常真誠的性格。

關於三普藥業。我們控股後，把贏利的電纜業務置入其中，改變了三普藥業的業績水平，但電纜業務的投入與資金要求非常大，我們增發股票，以保障電纜業務和對其他新興投入產業的業務發展。當然，三普藥業本身也得到了穩定，最近開發了新的治療腫瘤藥物。

談到多元化，我不否認風險存在，但關鍵是有什麼樣的資源，有什麼樣的能力，利用這些資源把握方向的時候一定要符合實際，任何時候都要有一個度。當然，這些前提一定是在對風險和能力的絕對評估基礎上，否則就置企業於巨大的風險之中。

除了電纜、藥業、房地產以外，我們對其他項目只做謹慎投資，未來相當長的階段中，我們不會再開闢新的主業。

美特斯邦威董事長周成建：消費者民族中心主義

美特斯邦威（Meters/bonwe），由周成建於一九九五年創建於浙江溫州。其名中的「美」即美麗、時尚；「特」即獨特、個性；「斯」，這個，「邦」即國邦、故邦；「威」即威風。美特斯邦威的主體消費者為年輕人。創立以來，企業堅持走品牌連鎖經營之路，在國內服裝行業率先採取「虛擬經營」的業務模式，依靠品牌營銷、設計、信息化和人才隊伍建設在激烈的市場競爭中形成了自己的核心競爭力。公司在二〇〇八年八月成功實現上市，成為A股紡織服裝板塊中的「快時尚」品牌第一股，目前市值超過一百二十億。

二〇一四年，聚美優品創始人陳歐、獵聘網創始人戴科彬，親自為企業品牌做出「我為自己代言」行動後，引得無數創業人為一夜成名也同樣矯情模仿。殊不知，肇始這一時風的卻是美特斯邦威的老大周成建。

二〇〇八年在公司實現A股上市之後，來自資本市場對美特斯邦威的業績增長要求，迫使周成建不得不進一步加快美特斯邦威的市場規模和業績增長動力。但如

何才能實現高增長？

當時的美特斯邦威團隊，為老闆周成建策劃了一個老闆為自己品牌代言的廣告形象。在這則廣告中，周成建親自上陣，穿上美特斯邦威的潮服，和時尚的年輕人那樣，登上皮靴、穿上牛仔服、豎起衣領，留下一張可能是自己一生最時髦的影像。但是，周成建很清楚，這只是自己的一次玩票，向消費者、媒體、網民進行的一次「病毒營銷」而已，但隨著時間流逝，「病毒」失效之後，美特斯邦威仍然需要面對業績增長的嚴峻課題，尤其是還將受到那些不甘落於自己之後的本土新品牌，以及來自Zara、HM、CA等國際級「快時尚殺手」的市場圍剿。

實話說，作為本土快時尚的代表，美特斯邦威已做到極致。從一九九五年創業，一直到二〇〇八年上市之間，美特斯邦威已在市場競爭的十多年中剪滅了無數對手，而上市之後，更增添了其美譽度。但正如杉杉董事長鄭永剛在二〇〇八年美特斯邦威上市之際，對周成建所說的那樣：「一個服裝品牌，一旦做到極致，很難有更大的發展空間，這個階段，危機就會到來，企業家應思考新的轉向問題。」但是，周成建並不認同，他認為自己既然選擇了這個行業，就應該做到底，把這個行業做透，甚至要做一輩子裁縫。

為了讓美特斯邦威過去的成功繼續保持下去，周成建及其團隊從美國學者希姆普（Shimp）和沙瑪（Sharma）在一九八七年提出的消費者民族中心主義（Consumer Ethnocentrism Tendency, CET）概念中找到了靈感。

所謂的消費者民族中心主義，實際上是希姆普和沙瑪在二十世紀八十年代通過研究發現，任何國家的消費者都存在一種民族性的傾向。每個消費者都有與生俱來的對國貨的偏好或對進口貨的偏見，這是消費的民族本位現象，即消費者民族中心主義。簡單地說，消費行為中的民族性偏好，導致消費者在消費時，一般會首先考慮本國的消費品。

當消費者民族中心主義這個源於美國二十世紀八十年代的社會學概念，被從一大堆書中挖掘出來後，周成建很快聯想到自己的美特斯邦威和中國消費者的關係——利用這種社會心理，加大對消費者有關國貨市場教育，引導消費者對國貨的信心、認識和理解，從而培育美特斯邦威新的市場空間。

二〇一一年，周成建領導美特斯邦威正式祭出新國貨的品牌宣言。在公司一份印刷品上，還特別把魯迅《真假堂吉訶德》文中一段涉及「國貨」的話，寫在頭條——「他們何嘗不知道『國貨運動』振興不了什麼民族工業，國際的財神爺扼住了中國的喉嚨，連氣也透不出，甚麼『國貨』都跳不出這些財神的手掌心。」很顯然，美特斯邦威此舉，想喚醒中國的消費者不要盲目崇洋媚外，應關注和消費中國自己的商品，當然也包括美特斯邦威。

為了進一步產生影響，周成建還召集各路文化人，就新國貨文化進行大討論，這些人包括流行天王周傑倫、傳媒領袖邵忠、藝術推手陸蓉之、創意大師包益民、摩登造型師陳星如、跨界藝術家鄧卓越（Dorophy）、新銳攝影師陳曼等人。

但是，這場由美特斯邦威一家所掀起的新國貨運動，實在是力量單薄，並沒有引起所有的「中國製造」予以相應，同時也沒能給美特斯邦威創造出更大的盈利動力，不過，需要看到是，周成建領導的美特斯邦威一直在努力，一直在求變，一直在尋找可持續發展，其行為代表了大部份中國企業在二〇一一年時期的一種選擇。

對消費者懷敬畏之心

美特斯邦威從當初偏居於溫州的一家地方服裝小企業，到如今成為國內第一大快時尚上市公司，總結其成長的核心要素是什麼？

周成建：中國很多企業，包括美特斯邦威，能夠像今天這樣在一個機會時代中發展，並不是說我們有很強的管理做到今天，主要是我們在努力，並在此期間自發摸索一些新的門道，從美特斯邦威角度，我認為有三點：

第一個方面是在人才的承載形式上。其實，中國多數民營企業，就算管理者是學管理出身的，但其實還是要有實踐的過程。中國三十多年的發展，在實踐積累發展過程中，特別在人才成長的機制方面，我認為是缺乏系統性、缺乏有序性的。你做一個企業，你有不同的專業，那你對不同專業的人如何去培養他，讓他有機會對企業的發展做出支持，這一點是需要去思考的。我自己也經歷過很多方方面面的挫折和方方面面的調整，所以我認為這一點是尤為重要的。

第二個方面是在人才的激勵機制上。人的能動性如何去激發，我認為激勵的透明、科學、合理，這點也非常重要。所以我認為在這一方面我們還是在探討，在學習過程當中。現在西方發達國家他們幾百年的企業成長，人才成長機制非常專業、非常系統、非常明確。這個人若干年以後他要承擔什麼樣的責任，他在每一階段都會給予不同方式的培養。特別在人才激勵機制上面透明，人才多勞多得這一方面做得都是非常不錯的。只有這樣我們才能真正地說「鐵打的營盤，流水的兵」，對企業來說，人才的流動並不是一件可怕的事情，可怕的是人才的激勵機制有沒有給力。如果這套建立了，我們中國有十三億人口，想幹事的人肯定會蜂擁而上。

第三個是行業的經驗，我十四歲開始學裁縫，到今天為止我覺得離裁縫愈來愈遠，因為不同的時期你承擔的責任發生了變化，今天社會變化如此之快，我們在方式方法方面、手段方面都在發生變化，所以說我覺得專業知識的積累我們同樣是缺乏的。所以我覺得中國和西方發達國家優秀的企業、健康的企業比較的話，我認為在專業的標準化方面，評判的依據上面，在整個流程的設置合理性方面，我們是不夠的，因為我們沒有足夠的經驗。我自己從一個個體的裁縫，逐漸成為今天三百億規模的裁縫，管理時刻在發生變化，我的過去是沒有經驗支持我這樣做，只是走一步，試探一步，完善一步。

做一家企業最主要的是盈利以及可持續發展，只有這樣才能多繳稅和解決社會就業問題，但現在很多企業家都在談價值觀，價值觀是哲學的範疇，不知道除了繳稅和解決社會就業之外，企業的價值觀究竟是什麼？

周成建：我認為價值觀應該是德性的問題，你的心是怎麼想的。比如說，現在出現了食品問題、藥品問題等，還有，前幾天電視報導說，在東北有學校拿自來水直接罐裝給學生喝，據說，那個灌裝水的生產企業，是教育部門指定的供應單位，後來檢查它的礦泉水廠，發現實際已經被停業三年了，但始終還是在使用。我認為這些現象值得我們去思考，到底是企業主觀行為，還是被動？到底是無意識的犯錯，還是有意識的犯錯？這是一個非常重要嚴肅的問題。

今天企業規模做大，不是一個健康的標誌，而是要看企業到底給了消費者什麼。比如，一直在說，農民種菜有選擇，左邊田裡的菜是打農藥的，是專門賣給城裡人吃的，右邊田裡的菜是自己吃的，農民說你們城裡人抗藥性真的很強，我打了這麼多農藥你都吃了不會生病；城裡人告訴農民，因為我賣給你的農藥是假的。其實，我很希望這個案例僅僅是一個笑話，但是，我們都可能從心裡相信這一定客觀存在。如果是真的，那麼是農民錯了，還是城裡生產假農藥的企業錯了呢？

只要企業生產假貨、偽劣產品，就會造成社會秩序混亂，這是我認為的企業道德底線，也是判斷一個企業有否價值觀的標準之一。

全民進入商業時代以來，我們一直處在高度的浮躁環境中。今天的機會實在是太多了，誘惑實在是太多，但我一直在強調，我們做到耐得住寂寞、耐得住誘惑，讓自己專心專注做某一件事情做到極致，才是正道。

我們所崇拜的那些偉大企業，一查歷史都是幾十年、幾百年熬出來的，而且都不是簡單靠資本驅動做大做強。我認為，期望值的管理對任何企業都很重要，要懂得敬畏市場、敬畏大自然、敬畏法律，更要敬畏消費者。

消費者主導不可逆轉

與另一家本土快時尚品牌森馬相比，美特斯邦威在營收上的優勢繼續縮小。根據財報顯示，二〇〇八年，美特斯邦威的營收是森馬的一．三四倍；二〇〇九年，美特斯邦威的營收降為森馬的一．二二倍；二〇一〇年，美特斯邦威的營收則繼續降低到森馬的一．一九倍。為什麼美特斯邦威的業績會不如森馬？

周成建：其他企業的經營狀態，不是我所關心的，我只對自己企業的運營質量非常在意。儘管，最終業績代表了一個企業的全年經營成果，但需要注意的是，這種經營成果究竟是服務於短期戰略，還是長期戰略？

上市之後，迫於資本市場壓力，我們的確採取了一些積極行動，尤其是對推出的新品牌太過樂觀，最後沒有實現預定的目標和業績，前期的費用投資很大，但收入不多，最終影響到整體的業績。

上市後，美特斯邦威啟動走雙品牌之路，力推MeCity品牌。你還親任MeCity品牌事業部總裁。問題是，這個品牌能否擔當得起下一個十年，甚至更長時期的品牌升級重任？

周成建：這個品牌起到了補充作用。美特斯邦威品牌定位是十六至二十五歲。MeCity希望做到和美特斯邦威差異性的定位，二十二至三十五歲。這對美特斯邦威發展會形成更多的機會和更大的空間。從大的策略上來說，我認為是對的，雖然沒有實現目標，很多投入對當年是有透支的，但我們也提前進行了成本投資，包括市場網絡、人才隊伍，對未來會有好處。

大家可能會疑問，MeCity憑什麼能夠有機會去挑戰國際級的「快時尚殺手」？

首先，我們有主場的優勢，就像足球賽一樣，我們對整個中國的環境，對消費者的需求相對來說會精確一點。

做品牌有幾個方面，一個是挖掘消費者的現有需求，還有一個是挖掘消費者未知的需求。從這個角度來說，我們中國人一定更瞭解自己同胞的人文文化和消費習慣。在挖掘未知需求方面，我們會更有優勢。如果我們走中國以外的市場，那挑戰就會比較大。

從劣勢角度，國際大牌從整個品牌定位，品牌塑造，包括整個供應鏈管理，相對比較完善，我們與他們還是有差距的。不過這些都是技術層面的問題，我們是可以去突破的。因為美特斯邦威有十多年的零售經驗，雖然在定位上有一些差異性，但零售運行的方法還是一致的。如果把這兩者融通結合起來，可能就是我們的競爭力。

從本土市場競爭角度，實際上和美特斯邦威競爭的品牌並不在少數，這些對手要麼已經實現上市，要麼正在擬上市，因此，美特斯邦威除了應對國際級「快時尚殺手」之外，還需要小心國內的新晉對手。對此，美特斯邦威如何在這種中外夾擊的形勢中，保持自己的優勢，並獲得勝果？

周成建：我不認為這是美特斯邦威的困境，反而是很好的機會。因為中國市場很大，也足夠容納各個品牌，在自己專屬的定位市場中保持存在。全國社會消費品零售總額在去年（二〇一〇年）突破十五萬億，並且還在持續增長，但從服裝零售來看，還只佔總體消費總額百分之一左右，所以還有很大的空間讓新的企業、新的品牌去抓住機會。

十五年前，我對服裝企業自建工廠、自建市場的傳統模式進行了顛覆，製造出一個「虛擬經營」的模式，就是自己只做設計、品牌、銷售，而把生產和加工外包給第三方，這在當時來看，美特斯邦威在傳統的服裝行業中，率先做出了大膽的創新。但是，今天來看，「虛擬經營」已是傳統模式，因為行業都在做這件事情。今天的情況是什麼？湧現出的新消費習慣和消費平台，對我會有更大的挑戰。我不能逃避，我需要去面對，比如，現在大家都開始把商業模式架構到線上，而美特斯邦威要不要往線上去做？搬到線上，又將怎麼做？今天，要想做深、做細、做強，難度會比以前更大。

為了應對競爭升級，除了轉換經營模式需要思考之外，我們的第一個動作就是推出完全按照國際「快時尚」標準定位的MeCity，和對手進行競爭。

但是，一個新品牌的推出，需要經過市場的檢驗，定位需要不斷糾正，以提高精確度，另外，和美特斯邦威品牌長期廝殺於市場，建立起的成熟經營體系不同的是，由於MeCity是新創品牌，為之無縫配套的供應鏈協同性還沒有理順，它還需要三至五年的成長期。我也相信，憑藉我們在美特斯邦威品牌上積累的經驗，將縮短MeCity試驗期，會迅速培養起來。

和當初率先在行業中搞「虛擬經營」的模式一樣，美特斯邦威在二〇一一年是否會做出新的舉動？

周成建：任何創新之前，首先要對自身的建設方面進行反思，比如思想意識夠不夠開放，對消費者的意識需求的挖掘夠不夠強，滿足消費者需求的能力夠不夠強，等等。

消費者的需求由多方面構成，從靜態角度，有產品需求；從動態角度，有消費方法需求、消費習慣需求等。二十多年前的市場，沒有個人需求，只有批發市場、大百貨商場，它們就是消費需求，後來逐漸形成專賣店，現在又發展到了網上銷售，這些都是需要我們去研究的問題。只要把這些東西弄透，企業的機會就很大。如果沒有這種意識，就容易被淘汰。

任何一家企業的競爭和挑戰不是來自別人，而是自己。我對自己過去十幾年的經營有一個總結，所謂的創新，應該是自然發生的行為，不是為創新而創新，商業創新從來都是來自對生產模式、經營模式、消費者、消費者市場的洞察，而後對未來做出一個預判，並賦予行動，而這種行動一定就是最佳的商業創新實踐。

一個品牌，最危險的事情就是，經營了很多年後，自以為做得很好，開始脫離消費者，盲目追求起高大上，然後不再與消費者溝通，變成自己和自己溝通、自己和自己講話，這就違背了品牌發展的重要準則。

現在，不是物質匱乏的時代，而是產能過剩時代，這個時代的主導權、選擇權在消費者，而不再控制在生產者手上。因此，我們的注意力要從過去專注於生產，轉向對消費者的瞭解和溝通。這個問題很複雜，因為中國地廣人多，各地消費者差異很大，做服裝的，還要瞭解各地氣候差異、收入差異、色彩差異、品質差異，甚至有些地方的消費者對商標標貼都有要求。我們經常說，要和消費者零距離，其實真做起來很難，但只要有這個心，朝這個方向努力，還是能對位消費者的。

自發「新國貨」運動

二〇一一年，美特斯邦威在營銷上，主要聚焦點是在品牌文化定位上，推出了「新國貨」概念，這個概念是如何挖掘出的？

周成建：營銷的本質就是把產品用有效的手段賣出去。能被使用的伎倆，企業都將視為常規手段，但正因此，營銷策略的重疊、競爭也就更趨激烈。

現在的企業營銷出路究竟在哪裡？我們的團隊想到了挖掘消費者的國民性，但缺乏理論依據，後來發現CET理論和我們的營銷動機頗為一致。其含義是，當消費者面臨國產貨與外國貨選擇的時候，會偏愛和更多地購買本土品牌，對外國貨則會產生心理抗拒。

可以說，這個理論為我們品牌文化和新營銷提供了武器。在中國，學者王海忠利用這個理論，測出中國的消費者民族主義傾向平均值為六十一．二二，其程度與美國相近，但卻遠遠低於韓國的平均分九十．一八。王海忠把中國消費者劃分為「國貨崇尚簇」、「國貨接受簇」和「崇洋簇」三個細分市場。但王海忠對於消費者民族中心主義在中國市場的適應性，沒有給出結論，我們決定用實踐去論證一下。

其實，我們很清楚，王海忠測出中國消費者民族主義傾向平均值的六十一．二二分，剛過及格線，因此我們要打「新國貨」牌，是面臨很大阻力的。從戰略目的上，我們不僅要的是「國貨崇尚簇」、「國貨接受簇」，同時也要爭取「崇洋簇」的回歸。

中國的人口佔世界五分之一，如果我們真能通過合適的「新國貨」方式去詮釋產品，讓消費者接受我們。相對來說，我們就佔領了世界。

「新國貨」的概念，在美特斯邦威的品牌價值、消費者訴求和營銷環節上，具體如何武裝到牙齒？

周成建：「新國貨」概念的提出時間是今年（二〇一一年）三月，要說成功與否，還有待觀察。不過，和以往製造營銷概念一樣，我們同樣精心設計了系統營銷。

首先是溝通渠道，我們除了和常規媒介合作之外，還利用互聯網的廣度覆蓋加深度體驗的結合，形成多元和層次化的媒介組合策略。

一是與SNS網站人人網合作，共同推廣新國貨運動。從效果上看，活動上線十小時即有四百萬美邦粉絲表示「支持新國貨」，這一數據刷新了人人網此前的所有活動數據；二是在EPR（Electronic Public Relation，網絡公關）層面，通過在騰訊及新浪開通官方微博與粉絲互動，探討「新國貨」貨；三是在傳統媒介，進行軟投入，探討國貨歷史、演變和今天的消費者民族中心傾向；四是對八〇後、九〇後一代偶像周傑倫形象廣告中的信息進行「病毒營銷」，把「新國貨」文字進行倒置，變為「國貨＋新」，強化核心訴求；五是在城市樞紐線上，突出我自己代言的廣告形象，既然美特斯邦威的老闆自己都出來說「新國貨」，更代表美特斯邦威的決心！

在推動「新國貨」中，我們發現，除了宣揚國民主體消費意識之外，還能對美特斯邦威服飾風格進行再定位。我們每年有超過一億五千件的服飾銷量，但存在的問題是，雖形成了繁華局面，卻沒有成為一眼辨識的「中國風格」，因此通過「新國貨」概念，為下一步的發展，提出戰略升級的準備。

實際上，我們推行的「新國貨」，是對消費者民族中心主義營銷理論的重大突破，「新國貨」概念營銷，不是為了讓消費者在國產貨與外國貨選擇中面臨尷尬，而是在當下消費升級的大趨勢下，對社會結構、文化形態、人群情感和商業週期的重新再定位。

對決二〇一〇

一個行業可以進入成熟期，但消費者永遠沒有成熟消費一說，這就是為什麼所有的企業為一個產品、為一個技術主導，為一個商業模式、為一個市場空間，彼此激發生死競爭的真相。二〇一〇年，在中國製造邁向轉型升級的路上，經歷了一場與傳統思維和傳統格局的激烈對決。

格力電器董事長董明珠：把自己抵到牆角

國有企業格力電器正式創建於一九九一年，前身為海利公司。在創建人朱江洪和職業經理人董明珠的共同帶領下，公司從當初年產不到兩萬台的空調小廠，依靠圍繞「專業化」的核心發展戰略，以「創新」精神和「精品戰略」（打造精品企業、製造精品產品、創立精品品牌）的理念，在競爭異常激烈的家電市場中，創造了自一九九五年起連續十九年位居中國空調行業第一、二〇〇五年起連續九年世界第一的商業傳奇。

如同品牌的名字一樣，市場上的格力電器總是以一種魔擋殺魔、佛擋殺佛的姿態，和一切阻礙其發展的勢力做抗擊。自董明珠被格力創建人朱江洪引為企業二把手之後，董明珠也將其強硬性格深融於格力的血液中。幾乎每一年，格力電器都會生產出一個有關商業衝突的案例，而每次的主角一定是被稱為「家電鐵娘子」的董明珠。

二〇一〇年一月二十九日，距離當年的春節尚有兩周時間，這一天，正是廣東省十一屆人大三次會議的開

幕時間。作為廣東珠海代表團成員之一的董明珠（當時職務為格力總裁），準備選擇在會議期間向時任廣東省委書記汪洋投訴一件格力的「冤情」。

事情的緣由是這樣——此前，在二〇〇九年廣州市番禺中心醫院空調採購項目的投標中，報價一千七百零七萬元的廣州格力敗給了報價兩千一百五十一萬元的廣東省石油化工建設集團公司。廣州格力落敗的原因是，投標文件沒有滿足招標方實質性需求，儘管廣州格力在該招標項目以一千七百零七萬元的報價被評標委員會推薦成為第一中標候選人。

趁汪洋到珠海代表團一起審議政府工作報告之機，董明珠不僅向汪洋大膽直言，「希望政府能夠給（我們）支持，最大的支持是一個公平的環境」，同時表示，對方（廣東省石油化工建設集團公司）的產品質量肯定沒有格力好，「這是納稅人的錢，轉化為政府的財政。這其中的四百萬哪裡去了？」

之後，董明珠的行為被媒體進一步發酵，被稱為「向汪洋告狀，直指政府採購存在潛規則」。格力掀起的這宗商業衝突風波，佔據了這一年春節前後絕大多數財經媒體的頭條。

事情還沒有完。緊接著，在當年五月，格力又以「反對不正當競爭」為由，將其競爭宿敵美的告上法庭。

但是，不管董明珠及其格力的所為是對還是錯，作為企業需要用業績向股東、投資者做出交代。這一年的第一季度，格力的業績增長沒有跑贏兩個最大的對手：美的淨利潤同比增長率居首，高達百分之二百四十九．二九，海爾淨利潤同比增長百分之一百五十六．六九，而格力電器的淨利潤僅增長百分之十五．三〇，遠遠落後。

董明珠及其格力電器，強勢的態度和業績表現之間形成了巨大的懸殊。這一年，我們比以往更想瞭解董明珠將帶領格力走向何處？

不妥協才是立身之本

二〇〇九年，格力因參與廣州番禺中心醫院的政府採購競標，結果卻以一千七百萬的報價輸給了報價兩千一百萬的廣東石化，格力覺得不公平，於是就向廣州市財政局提起投訴，但是被駁回。再次請求行政復議未果的情況下，格力做出了出人意料的決定，把廣州財政局告上了法庭。雖然這個官司已經平息，但是想知道的是，格力達到了什麼樣的目的？

董明珠：我們不是一時衝動。因為國家政府採購法裡面就有這一條，如果你不滿意，最終可以通過法庭來解決。自從這個事件出了以後，省裡的人大對專門的政府採購進行了一些修訂，增加了一些條款。我覺得這就是很好的一件事情。

我在網上也看到了，說是格力通過這個炒作，提高了知名度，我認為這是錯誤的。一個企業的發展，如果簡單地靠炒作就能把企業炒成功，那我們就全去炒作了，就不要潛心去研究技術，不要過那種寂寞的生活。作為一個製造企業來講，炒作是行不通的，還是要靠自己實在的內功，所以在這過程當中，當時已經不允許你去顧忌什麼，而是你必須去面對。

我希望留給消費者什麼印象，或者給市場留下什麼影響？我認為沒有這場官司，我也希望格力在消費者心目當中是一個最有品位的、最負責任的品牌，這是我本身就需要做的，要履行的一個職責，要實現的一個成果。

我們走的是合法程序。至於為什麼後來我要站出來說話，就是後面出現了四百萬的維修費，如果我們作為一個消費者買一個產品，還沒有使用前就要承受四百萬的維修費，你認為哪個消費者願意去買？

你們在打官司的時候，股價是一路往下走的。你有沒有考慮過，當你去打這場官司的時候，可能對企業來說，長期是一件好事情，但對短期來說，投資者可能會輸掉錢？

董明珠：我覺得在任何時候，格力都沒有傷害過我們的股民。投資者投資格力電器，我認為是最有保障的，也是最有價值的。因為我們是堅持年年分紅的上市公司。

我想表白的是，我們不能為了保證股價不下跌就委曲求全，這樣我覺得可能未來的競爭會更困難。當時處理這件事件的時候，並沒有考慮到格力自身的利益在哪裡，實際上隨著這個事態的變化和發展，得到了不同的結果而已。我比外界更瞭解這個真實的情況，我希望的是用這個案例來提醒我們應該進行哪些改進、哪些完善。

三年前，格力說要走自己的獨立渠道，不進國美大賣場，但事實上，現在在國美裡卻已經有了格力的專區，這是否意味著格力在廠商之爭中最終做了讓步？

董明珠：我們為什麼再跟國美有合作？是因為我們之間達成一致思想，就是我們的目標一致，而且在共贏誠信的情況下合作。而我覺得既然都談成了，我們為什麼不去跟他合作呢。

因為過去在發生不同觀念的時候，我們需要的是堅持，就是首先把消費者利益擺在第一位。比如針對我們的空調，我們要賣兩千元，而商家要賣一千元，那我就認為你的一千元是對消費者不負責任，因為實際上會造成你的成本都拿不回來，也就不可能對消費者負責任。而現在，在兩者達成共識、互相能夠保證企業發展的前提下，我們去合作，這就是共贏。

作為白電龍頭，格力電器雖然業績在增長，但二級市場（股票）走勢卻為什麼與此背離？

董明珠：首先，我需要解釋的是，這麼多年來，格力電器一直不是依賴於靠股市上的價格來支撐企業的發展；其次，格力電器靠的是自己的產品和技術來持續發展，所以股票漲與不漲對我來說我都不關心。

但是，我對我的投資者負責任，我不對我的投機者負責任。我們從股市上募集到十八個億，現在我們給股民的回報已經超過三十個億。格力電器是一個製造業，所以它的中心點還是技術研發、產品質量，通過我們的市場佔有規模的擴大，來保證企業的發展，而不是靠股市上的股價高低來保證企業的發展。另外，股市有時候是隨著外部的環境變化會發生一些變化的，它不是獨立的。

專業化就是自斷後路

過去格力講「好空調，格力造」，現在又多了一個標籤，叫「世界名牌」，頂著這個光環，對於格力來說是否是營銷的一種方式？

董明珠：從表面上看，即使多了一個「世界名牌」稱號，好像沒有什麼意義。但我認為很有意義，它表現出一個企業的形象、對企業的過去進行了肯定。

政府在評選「世界名牌」的時候，是有一定指標和要求的，它本身就希望推動整個中國企業的競爭，而不是推動某一個行業的競爭，所以我認為「世界名牌」是有一定價值的，只是說你企業怎麼去看待這個榮譽。比如說三鹿奶粉事件發生後，國家停止了這樣的評選，但是究竟是誰的錯？我認為是企業的錯，因為給你榮譽說你好的時候，你就忘記了自己的責任，並用它來欺騙了別人，如果我們獲得了世界名牌後，就用一個紙糊的空調讓你拿回去用，那就叫欺騙，和你這個榮譽就是不相符的。

至於營銷，我們如果把營銷僅僅作為一個買賣關係，跟消費者只是一個交易的話，中國製造就走不上世界舞台。我們營銷這麼多年來，坦率說，沒有絕招，唯一就是兩個字——誠信！我們就是圍繞著誠信兩個字做營銷。品牌，不是自己封的，是消費者通過長期體驗並產生口碑所形成的過程。

很多家電企業同時做幾類，甚至幾十類家電產品，格力為什麼只專注於空調產業？這對格力來講，是不是一種品牌資源浪費？

董明珠：將一個空調產業做好，就非常不容易了。格力電器一年的技術研發費用就是二十多億元。如果我們要做幾十個種類家電產品，都要做到全球最好，就會分散我們的精力與財力。現在，我們的戰略很清楚，就是只將空調產業做成全球第一，我們不搞多元化。

格力電器搞專業化發展之路，是「自斷後路」的做法。道理很簡單，我們只能成功，不能失敗。對於搞多元化的企業來說，一類產品失敗了，還有其他產品可以補進，但格力不行。如果空調我們做不好，消費者不買賬，我們就會全盤皆輸。我們只能做好、不能做差，走專業化是我們自己「自斷後路」，意義是只能在全球空調業持續不斷地向前衝。

但是，如果從應用角度，其實格力已經在多元化，為什麼這樣講呢？比如說空調產品，雖然都是空調，但是在應用上是可以多元化的，比如說我們把它進行細分，客廳用的、辦公室用的、臥室用的、醫院用的、冷藏食品廠用的、鐵道用的，等等。

關於「自斷後路」經營思維，你已在不同場合說過，現在回過頭看格力，正是依靠這樣的經營思維，才走到今天。但是，在這個過程中，有沒有因為這個模式出現過經營風險？

董明珠：我認為行業不可能倒閉，除非有先進的技術替代。如果再往前跑，你還在原地踏步，你肯定要不行了，你始終領跑在行業的前面，我認為它就會有通路。我們現在為什麼做那麼多技術研發出來，我們願意這麼大投入，這也是我們要堅持我們的技術一定領先於別人。如果說我什麼都做，我這個不行，那個算了，反正那個有得賺，管他呢，自己就沒有自我壓力，反正能賺錢就行了。但是我現在考慮的不是能不能賺錢，而是能不能持續發展。現在是中國走向世界的時候，怎麼讓全世界認可我們中國，靠我們製造業，我們用產品來展示我們中國的形象，這是很重要的。

國內很多企業靠合資或花錢購買國外技術，為什麼格力一直堅持要自己搞自主創新？

董明珠：中國的汽車產業、彩電行業等，都有大規模與海外企業進行合資的先例，但現在來看，一些合資並沒有根本意義上的成功，我們把市場讓給別人了，卻並沒有換來核心科技。沒有掌握核心技術的合資，就像是一個姑娘，長得很漂亮，但你娶回家，卻發現她經常生病、出這樣或者那樣的問題。

在空調行業，過去我們沒有自己所有擁有的技術，買的壓縮機是別人的，但是日本在十五年前已經用的是全自動的、全直流的變頻壓縮機的空調，而中國還在用低檔五級的，甚至沒有級別的高能耗空調，那麼這兩年呢，我們開始提出節能這樣的口號。我最大的體會就是，如果你沒有自己的核心技術，你就要挨打。

實際上，格力電器早已看到了這個問題。二〇〇一年的時候，我們曾謀求從日企手中購買多聯式中央空調技術，遭到對方拒絕。他們告訴我們「這種技術我們是不會賣的，因為它現在是世界上最先進的技術」。日本人一句話打醒了我們，回來後，我們開始認真地反思。最後得出一個結論，就是過去我們所謂跟別人的合作也好，或者說給別人貼牌也好，或者說別人的技術參數給你，並要求你按照這個規定來做，你生產出來的東西也還是別人的，而且給你的所謂合資技術是落後的，先進的東西不可能到你這裡來。那麼，唯一能夠改變我們命運的是什麼？就是自己獨立創造。

從日本回來兩年後，我們在痛定思痛中自主研發出國內首項「多聯式中央空調」技術，此後，又相繼生產出世界第一台超低溫數碼多聯機組，以及具有自主知識產權的離心式冷水機組等。二〇〇九年，我們反過來再次與日本企業（大金空調）合作，但是我們之間則是站在了一個平等的地位上，並且改變了中國企業過去簡單購買別人技術的合作方式。合作公司本身是一個空白，我們出五．一個億的資本控股，對方出四．九個億，然後共同研發，共同享用從這家公司中產生的科技成果。

對於自己的產品，格力一直簡單地說一句「掌握核心技術」，但格力的核心技術究竟通過什麼方式產生？

董明珠：作為一個製造業企業來講，要想成功，不是博得別人的同情和諒解，而是自己的一種堅持，要跟自己做挑戰，直白地說，你要把自己抵到牆角，因為你沒有退路，你才能把產品做得更好。

把自己抵到牆角怎麼去理解？今天我們說「格力掌握核心技術」，實際上在我們公司內部經歷了幾個階段。我們最早的時候講「八年不回頭」，就是八年消費者不回頭，這是當初我們提出的第一個口號，後來，我們推出了一個「六年免費服務」。售後服務在市場有兩種概念，一種叫包修，一種叫保修，實際上它們容易被混淆，所以我們講「六年免費服務」，把自己抵到牆角後，基礎是什麼？在誠信中，自己的技術首先要過硬。

舉一個例子，還是談變頻壓縮機。目前國內許多企業都採取與日本企業間的技術轉讓來獲取做變頻空調，然而日本企業永遠都不會將最核心的技術賣給中國。而國內唯一掌握第三代變頻核心技術的企業一定是格力，因為我們的「G-Matrik」變頻技術能夠保證十五赫茲穩定運行，在真正意義上達到了舒適和節能的完美統一，同時比目前市場上普通的直流變頻空調省電百分之五十至百分之八十。其實，包括「G-Matrik」變頻技術在內的所有自主技術的出現，就是來源於把自己抵到牆角的競爭思維。

走國際化之路是中國企業後三十年發展的一個重要方向。我一直強調，沒有技術的企業是沒有靈魂的企業。我們不想交學費，我們想多賺錢。要做到這一點，只能靠核心科技。

領導力就是要得人心

就企業倫理來說，在投資人、老闆、消費者、員工和社會之間，你會怎樣排序？

董明珠：我認為第一是消費者，第二是員工，第三是社會責任，第四才是我們的投資者和老闆。如果企業只關心投資者和老闆的利益價值，而沒有員工的努力工作、沒有消費者市場，那麼投資者和老闆的利益也很難保證。另外，如果一個企業沒有社會責任，不去關愛社會，你這個企業也不可能成為一個好企業，也更不可能有你老闆的存在，所以我覺得老闆是應該擺在最後面的。

經營上的強悍作風，是否影響到你的領導力？

董明珠：我認為，對員工既要有嚴厲管理，同時更要有人性關懷。不能把領導力簡單地理解為強硬，而是要能給員工帶來福音，改變他們的生活，同時給想幹事的人一個發揮自己的平台。

格力的一線工人年均工資是三萬，如果幹三十年，按照市場平均工資水平就是一百萬不到。但要知道，現在一名普通員工如果得了重病或家裡出了重大事故的時候，他可能幾十萬都擋不住，而格力的員工遇到這種情況，就一定能夠得到解決。

我們企業有一個女工，她當時在廣東已經尋找了好幾家工廠應試都沒有被錄用，最後到了我們企業工作，三個月不到，在一次全體員工體檢中，她被查出來得了白血病。其實在試用期間，我們完全可以解雇她，但是我們認為，既然她來到格力，我們就有義務去幫助她，所以我們為她花了幾十萬來幫她治療，但由於是晚期了，最後她還是離開了人世。

表面上，格力很虧，招聘了一個人，還倒貼幾十萬，但是，我們的做法卻得到了所有格力人的心。這位女工在她的筆記本裡面留下了一句話——「一生雖然走過了二十多年，但是走過的地方只有格力給我帶來了幸福和溫暖。」這段文字，後來在我們四萬名員工裡廣為傳播。

有沒有考慮過您的接班人的問題？另外，在格力目前的市值裡面，很多是來自你個人影響力所創造的價值，而在你退休那一天，格力股價是否還能保持穩定？

董明珠：退休這個問題實際上是每個人都要面臨的，也是不可改變的一個事實。我十年前當總經理的時候，別人就問，說你上任以後，你的三把火是什麼？我說一把火都沒有，我唯一要做的事就是培養接班人。

我上任的時候就意識到，一個企業要打造百年，是要幾代人才能夠實現的，你必須要有這樣的心胸去培養人，所以我們培養了很多大學生，在我們格力，最能成功的大學生就是那種有拚搏精神的人。

我相信退休的時候一定會有人選，而且現在我們團隊都各盡所能。至於我退休以後的股價，這不是我關心的問題，而如果我退休後品牌力下降了，那就是我最失敗的一件事情。

攜程首席執行長范敏：和對手對決

攜程旅行網，由號稱「攜程四君子」的梁建章、季琦、沈南鵬、范敏共同創立於一九九九年。以「鼠標＋水泥」的商業模式，攜程通過互聯網與傳統旅遊業務的結合，向用戶提供集酒店預訂、機票預訂、度假預訂、商旅管理、特惠商戶及旅遊資訊在內的全方位旅行服務。公司二〇〇三年納斯達克成功上市，目前佔據中國在線旅遊百分之五十以上市場份額，是絕對的市場領導者。

至少在二〇〇七年之前，「攜程四君子」都認為攜程已經獲得在線旅遊市場的統治地位，因此為進一步追求個人的理想，他們決定選擇各自的新方向：二〇〇二年，季琦從攜程抽身而出，創辦如家連鎖酒店（此後，又創辦漢庭及華住集團）；二〇〇五年，沈南鵬離開攜程，加入紅杉資本，出任創始合夥人；二〇〇七年，梁建章再次赴美攻讀斯坦福大學經濟學博士；剩下的只有范敏，他一個人繼續掌舵這家中國最大在線旅遊公司。

「攜程四君子」都認為，自他們確立市場優勢地位

後，很難再找到可匹敵的對手。他們的想法沒有錯，即使按照二〇一〇年第二季度的市場份額來看，攜程都要領先第二名藝龍近六倍之多，何況這個所謂第二名的市場份額只有區區百分之九，連破十都還沒有完成。

但是，危機常常潛伏在背後。攜程用「鼠標＋水泥」的方式，在幫助各大航空公司和酒店銷售的同時，逐漸從一個渠道代理商轉化為市場統治者。攜程的演變正如當初蘇寧、國美一樣，從一個產品代理的哀求者，通過市場規模化發展後，逐漸將勢力蓋過廠家，形成了自己的市場統治地位，而讓上游企業明知利益被剝一層皮的情況下，也要苦求其與之合作。

二〇一〇年，原本風平浪靜的在線旅遊市場突然躁動起來。這一年，攜程的上游航空公司和酒店決定反抗，他們紛紛推出了自主的線上銷售網站，意圖和攜程分庭抗禮；淘寶和騰訊兩個互聯網大老也開始加入戰場——淘寶用數據證實了自己挺進在線旅遊市場的決心，鼓動了超過兩百家航空公司、機票代理商在其平台上開店，並獲得每天一萬多張出票量的戰績；而騰訊利用QQ平台，不僅開出用以提供機票預訂的「QQ旅遊」，且旗下的支付平台財付通與國航、南航、東航等十多家航空公司達成合作。

除了上游對抗和淘寶、騰訊強勢捲入之外，另有去哪兒、暢翔、同程和途牛等新的潛在對手，他們利用垂直搜索引擎、結算中心、專注旅遊路線和信息化旅遊標準軟件服務等模式，逐漸將業務擴展到攜程的地盤上。

在缺少季琦、沈南鵬和梁建章的情況下，作為公司首席執行長的范敏打出了一些牌，比如組建星程聯盟、收購各地線下旅行社和旅遊網站，以及入股如家和漢庭酒店等。這一時期的范敏，在接受我的訪談時表示，他的這些行動，雖然是基於加固原有的「機票＋酒店＋度假＋商旅」業務城牆，但明顯感覺到這個世界將不再太平。

要始終向市場亮出劍

攜程的上游供應商正在謀求自己的獨立。一方面是航空公司降低代理費以及增加直銷比重，另一方面是酒店業積極培育自己的VIP會員，從而降低攜程的分銷量。對此，攜程將怎麼辦？

范敏：任何行業產業鏈上的企業，彼此都要遵循商業規律。無論是航空公司還是酒店，都不可能百分百地做直銷。

航空公司降低代理佣金，對攜程也有利好。國外有類似的歷史，但最終在市場上只剩下五至八家企業做代理，而這些代理公司一定是本身具有行業規模、具有管理能力的企業。因此，我們反而樂見這種優勝劣汰。

坦率說，航空公司關鍵在於做好收益管理，而非刻意追求直銷。我注意到，有些航空公司說要執行「零代理費」，但這樣的情況不可能存在。即使有，也是用自己的獎勵機制來替代，否則誰會做代理？如果航空公司在沒有獎勵機制情況下，真去執行「零代理費」制度，一定會迫使代理人不再賣他們的機票，最後的結果是，航空公司自己來承擔不低於百分之三，甚至更高的管理和銷售成本，這個賬，對於航空公司一定是算不過來的。

而就酒店培育自己的VIP會員這個問題，我們攜程的業務是對酒店直銷有力的補充。但是不管如何，你問任何一個酒店總經理，你完全直銷可能嗎？肯定不能。

實際上，無論是航空公司還是酒店，合作原則就是彼此關注對方的核心利益。我主張「惠、明、贏」三字來處理我們彼此的關係。「惠」就是互惠互利；「明」就是透明公開；「贏」是長期共贏。

一些酒店認為攜程在和他們的合作中比較「霸道」。之前就有格林豪泰指責攜程擠壓酒店利潤，並且退出了和攜程的合作，那麼，攜程和酒店在合作中是否真是如此「霸道」？

范敏：任何的商業合作都會存在誤會或者摩擦。由於攜程在行業中已經是一家影響力企業，所謂樹大招風，只要有一點小事件，都會被傳言放大。至於我們和酒店的合作，其實我們對所有的合作夥伴還專門印了一本《酒店白皮書》，明確和具體解釋了攜程作為酒店的合作方一定要堅持「惠、明、贏」的三字理念。

作為攜程來說，我們會抱著「如臨深淵、如履薄冰」的態度。從我們和酒店的關係角度，我們是酒店一個非常有效的補充營銷渠道。我自己以前也做過酒店，管理過酒店，所以我想不管是我們和酒店的關係，也包括和航空公司的關係，實際上是一個雙贏、互補的關係。在我們看來，酒店、航空公司和我們是產業鏈的關係，榮毀都是捆綁在一起。

無論航空公司還是酒店，在追求利益和話語權的前提下，他們並不想永遠被綁在一棵樹下，而攜程的新老競爭者的出現，是否給他們脫離或者和攜程重新利益分成創造了條件？

范敏：攜程誕生以來，市場就不乏跟進者，最早的一批是以藝龍為代表的攜程模式的複製者，但多慘淡經營，藝龍也只在去年（二〇〇九年）剛剛結束虧損，要追趕攜程的步伐還需時日，但第二批競爭者則完全不同，而是以創新模式與攜程直接展開競爭。

以互聯網為載體的中國在線旅遊業的發展，目前有兩大趨勢。第一，只有互聯網行業是我們和世界水平最近的，這也意味著互聯網企業在中國不斷地誕生是一個常態；第二，中國在二〇一二至二〇一五年成為旅遊大國是既定的事實。因此，以互聯網為手段切入旅遊業的競爭企業只會愈來愈多。我也注意到，第二批競爭者不再簡單地複製攜程的模式，而是更展現了創新思維，從競爭策略角度，這反而是好事，因為可以讓我們看到新的競爭方式，以我們的能力而言，我們不會輸。

去哪兒網已經正式推出在線交易平台TTS（Total Solution，後改稱SaaS），通過這個平台，消費者無論買哪個商家的票，交易都可以在去哪兒網站上完成，再也不用像原來一樣需跳轉到代理商網站。而且去哪兒網因此可以把用戶直接引導至酒店和航空公司的預訂網站。這有助於酒店和航空公司大力發展自身的會員體系，並降低佣金成本。這個模式正好擊中攜程的軟肋，攜程怎麼辦？

范敏：針對垂直旅遊搜索引擎的競爭，我們的一站式的查詢和服務依然具有優勢。在對手沒有TTS之前，我們已經實現資訊和服務的全面整合，讓用戶節約查找時間，並通過攜程內部的精益服務滿足用戶的需求。此外，中國民航市場中，航空公司給予代理商的機票價格基本是一致的，差異度其實很小，儘管比價搜索能查到「最低價格」，但卻無法保障所鏈接商戶的真實與合法性，而攜程卻能擔保其網絡信息的真實性和服務的可靠性。我們在網上還有酒店點評、社區評論等，是用戶自己的真實體驗，同時通過攜程的預訂，用戶還有積分獎勵，這些能產生很強的綜合競爭力。

併購只為控制產業鏈

在信息技術高度發達的今天，攜程的競爭對手都在縮減呼叫中心的成本，加速信息交換自動化，但攜程為什麼反而耗資五億新落成了一個目前世界旅遊業最大的呼叫中心？

范敏：中國的消費者對電話呼叫服務中心的依賴或者是偏好，和歐美國家（的消費者）還不一樣。所以我們還是有相當部份的客戶為了便利，或者他感覺有人和人的接觸比較溫馨，比較放心，傾向於使用呼叫服務，所以呼叫服務中心這樣一種運作模式，我想在國內，可能在近階段還會有它非常重要的存在意義。

從攜程角度，我們在網上預定方面也做了很多推廣，我們也很高興看到網上預定的比例每年都在提升，但是因為我們的客戶群體很大，還是有相當一部份客戶習慣或者比較傾向於使用呼叫服務中心，所以我們從實踐出發，還是要根據客戶的需求來給他們提供最佳的服務方式，所以我們攜程最近確實是新落成了一個全球最大的單體旅遊業呼叫服務中心，這實際上也是為未來的高速成長，未來非常大的市場空間預先佈局，所以我想這應該也是這個行業本身發展的一個需求。

攜程要從過去單一的中介代理商，向綜合旅遊內容服務商轉變，具體路徑是什麼？

范敏：過去的攜程財報上只單列機票和酒店預訂兩項，後來增加了商旅管理、旅遊度假兩大單列項目，這就顯示了我們的轉型決心，即從過去單一的中介代理向綜合旅遊內容服務商的轉變。也就是說，攜程不僅僅只做酒店和機票預訂，而是將它們整合到商旅管理、旅遊度假的內容服務上。

如果畫一個旅遊服務業的微笑曲線，那麼左邊曲線是服務質量、底部是中介代理，右邊曲線則是品牌。而現在，攜程則在做曲線兩端的延伸。今年（二〇一〇年）Q2財報也預示了攜程轉型的積極影響：商旅管理業務同比增長百分之八十三，而旅遊度假業務則同比增長百分之八十八。雖然從Q2財報顯示的四大項目的營收具體數據來分析，攜程的酒店和機票的總和為十億五千八百萬元，而商旅管理、旅遊度假的總和則為一億零一百萬元，看似距離前兩項業務尚有較大距離，但是將商旅管理和旅遊度假兩項業務在國內同行之間比較的話，已經是遙遙領先了。

攜程的下一個十年，就在於商旅管理、旅遊度假組成的「兩極」成功與否，這直接影響到我們成為世界級旅遊服務企業的目標達成。

既然談到商旅管理，那麼攜程在這項B2B的業務上，前景如何？

范敏：就針對企業的商旅管理來說，國內其他企業基本未成氣候，我們的注意力在美國運通等跨國商旅管理公司身上。商旅管理業務對資源、技術、資金要求頗高，而就在今年（二〇一〇年），攜程已經成功超越了國旅運通（美國運通在華的合資公司），成為國內市場份額排名第一位的商旅管理公司。

其實，儘管淘寶、騰訊進入到在線旅遊的競爭行列，但阿里巴巴、騰訊以及百度等大型互聯網企業，本身又都是我們的商旅簽約客戶。攜程正式啟動商旅管理只有短短的五年時間，在國內就已經超越了國旅運通，因為我們實際上是把商旅管理作為一個轉型的項目來推動。

在新的業務模式下，盈利模式是否也將不同於過去的佣金化模式？

范敏：旅遊度假服務和商旅管理的運作模式，一定和以往的佣金模式會有不同，這些產品或者這些運作，將更體現攜程自主品牌的內涵。對攜程來說，我們的獲得或者我們的回報，是因為我們為客人提供了良好的服務，這一點在中國逐步會有愈來愈多的人來認可，一個好的服務或者一個好的產品策劃，最後付諸實現了，消費者會買這個賬，會給回報。

舉個有趣的例子，在前一階段，我們剛剛推出了所謂的「頂級產品」甚至叫「天價產品」——五十萬人民幣，兩個月的旅遊。這樣一個產品，我們在大中華地區掛上線以後，在十來分鐘就一售而空。當然，我們在事先也做了一些推廣，做了一些介紹，這實際上就表明，如果有一個好的產品設計，即使賣這麼貴，但是包括的內容非常好，南北極、巴西的嘉年華、迪拜、南美洲一些非常有特點的文化遺跡，這些東西推出來後，還是有客戶會買這個賬。所以，對攜程來說，我們下一步推出的旅遊產品的種類、深度都會不一樣，我們也成立了研發團隊，會在這方面花很大的力量進行推進。

攜程當前超過五十億美元的市值，已排列全球第三，但和世界最大的旅遊公司Priceline、Expedia等相比還有很大差距。攜程如何用更快速度進行追趕？

范敏：首先是市場紅利，我很慶幸攜程誕生在一個十三億人口的市場，這個市場為我們未來的發展提供了無限的可能。這也是我們當初創業並進入在線旅遊行業的初衷。

其次，攜程要規模化只能依靠服務價值和品牌效應，這聽起來似乎很空泛，不過這卻是消費者願意使用攜程的真實動因。

按照攜程的發展軌跡，我們一方面採取併購，另一方面就是戰略投資。

就併購對象來說，我們沒有併購競爭對手的歷史，而更積極於產業鏈上的併購。僅以二〇〇九至二〇一〇年的併購案，我們先後對台灣易遊網（ezTravel）、香港永安旅遊，以及中國古鎮網進行了三輪併購。那麼，通過這三大併購如何體現服務價值、品牌？

以台灣易遊網為例，我們看中的是易遊網在台灣的旅遊資源。易遊網擁有台灣「寶島之星」火車這個資源，如果攜程的客戶去旅遊，就一定比別人有優先權、比別人享受到便利的服務價值，從而倍增我們的品牌效力。

就併購香港永安旅遊來說，此舉讓我們獲得了永安線下旅行社資源，完善了我們在香港當地的上下游產業鏈。另外，關於收購中國古鎮網，我們既可以獲得更多的用戶和會員，同時還能夠利用其所擁有的景區合作關係，掌控古鎮客棧類旅遊產品資源。

關於戰略投資，我個人認為這是對我們服務價值、品牌的護航。比如我們投資如家百分之二十股權和對漢庭百分之九的股權上，是與這兩家酒店結成緊密的上下游產業鏈關係。通過收購運作的方式，將多方資本捆綁在一起，這有利於攜程掌握旅遊酒店市場的話語權。儘管資本合作不會給具體的業務帶來本質變化，但資源整合效應將會出現。

移動用戶已逐漸產生，攜程是否開始提前佈局移動互聯網？

范敏：我們已經推出了一個「攜程無線」手機網站，並且針對不同手機型號開發了相應版本。手機用戶訪問時，網站會自動跳轉到相應手機版本的頁面，方便用戶瀏覽預訂。同時，我們的手機網站已經和幾大手機製造商開展合作，同時與大型手機網站合作研發相關下載。從我們發佈手機預訂平台以來，預訂量已經有顯著增長。但是，我現在還無法預測手機訂單是否有一天會超過我們的ＰＣ端，但這的確已經形成一個新的趨勢。

曾一起創業的「攜程四君子」中，季琦和沈南鵬現在選擇另創新業，而梁建章也遠離攜程，奔赴美國進修，為什麼你還一直堅持在管理最前線的崗位上？

范敏：我們確實有一個志向，要把攜程打造成一個百年的企業，但是我們現在實際上只走了十分之一。儘管我們這些人永遠不會看到一百年以後的攜程，但是我想，作為創始人，即使我們有幾位離開攜程了，但是我們還是會在各自的領域，繼續為攜程走向新的發展階段，做出貢獻。

對我個人來說，因為我本來就是從旅遊行業出身的，對這一行熱愛的程度更高一些，所以我選擇了繼續留守，做一個「留守男士」。但是，我想這份事業恰恰和我的志向、樂趣是能夠緊密結合的，所以我不會對它產生「審美疲勞」，並堅持到了現在。

台灣台達電子董事長海英俊：找到自己的利基

台達電子，由台灣被譽為「科技教父」的鄭崇華創立於一九七一年，專注於電子自動化、能源管理與視訊監控系統等業務。在鄭崇華近四十年的帶領下，公司由當初十五人的小企業，目前已經發展至全球近五萬多名員工的國際企業，現為全球最大的交換式電源供應（Switching Power Supply）製造商，也是各種通訊及光電零組件、網絡組件、機電產品、與視訊產品的重要製造商。二〇〇四年後，鄭崇華將公司權力交給一九九九年加入公司的海英俊，並由後者掌舵公司的發展。

在群星璀璨的台灣電子工業界，台達電子要算行業中低調的一家。

如果說台積電開啟了集成電路的代工模式、宏碁以「微笑曲線」理論為產業升級指明了路徑、鴻海以規模化生產風格創造了代工神話，那麼佔據全球電源供應器百分之五十市場的台達電子的獨創性是什麼？

縱觀過去近四十年的經營歷史，可以說台達電子在創始人鄭崇華的手上，是一個ODM模式（Original Design

Manufactuce）的集大成者。細數其歷史發展的三大階段，正是ODM模式成就了它的偉業：二十世紀七十年代以生產電子零組件，從「供應在台灣的外商電視廠」再到「逐漸賣到美國本土」；二十世紀八十年代同樣的生產，但由供給電視市場轉到了電腦市場；二十世紀九十年代至金融危機前，在零組件方面開始步入多元，從磁性元件、無碳刷式直流風扇到網絡元件、微波通訊元件等，特別是主力推進的電源供應器開始擴展範圍，從台式電腦、筆記本電腦到通信設備系統如手機站、交換機站、不斷電系統、馬達控制等。台達電子成功的路徑，主要就是從服務於跨國公司的需求中獲得全球優勢地位。但是，如果沒有金融危機影響，台達電子恐怕還會對ODM模式的生產方式堅持不懈。

二〇一〇年，無論是內地還是台灣，兩岸製造業都共同面臨著史無前例的大變局。在不確定的市場環境中，以OEM（Original Equipment Manufacture）或ODM兩種產業模式為主的兩岸製造業，要生存或發展，最大的挑戰莫過於降低成本、產業升級和創新突圍等三大重要的戰略選項。台達電子會走向何處？不僅台灣企業在看，內地企業也同樣在關注，大家都希望看到一個先行者。

這一年，作為鄭崇華繼任者的海英俊，為了讓公司擺脫ODM束縛，決定走向前台，並對公司調整了新的戰略：打品牌，向新能源工業化進軍。

海英俊的外表看上去不是那麼硬氣，更像一個學究，見到他的時候，我當時真實的想法是，領導人如此儒雅，怎麼能領導這家近四十年的工業公司做如此大幅度的轉型？但是，和海英俊對話中，卻發現這家知識主導型的企業，不僅秀外且惠中。

轉型必須弄清現實和趨勢

無論是ＯＥＭ還是ＯＤＭ，本質上都屬於製造，在當前全球訂單緊縮情況下，這兩類企業為了自己的利益，必須做出兩個戰略選擇：一種是降低成本，進行價格競爭；另一種是利用創新、差別化或走到前台自創品牌，來構築進入壁壘以緩解競爭壓力。台達電子如何決斷？

海英俊：過去，台資企業和一些優勢的內資企業共同集中於沿海地區進行大規模投資，利用當地低成本勞動力進行加工裝配，實行的就是低價競爭戰略，但現在情況發生了改變，沿海地區的成本正加速上升，於是有企業開始轉向內地的西部發展，但牽一髮而百動，工廠的搬遷牽涉各項成本，以及地方資源、人才供給、供應鏈管理、政策問題等，因此要維繫低成本戰略已經不再是我們的共同優勢，我們的當務之急，就一定是轉向創新和高附加值服務。

創業近四十年來，我們曾經一直堅守ＯＤＭ，但現在我們需要去尋求新的商業模式，我們稱之為ＤＭＳ模式（Design+Manufacture+Service）。和過去最大的不同，就是我們在ＯＤＭ基礎上增加了製造服務。另外，正如微笑理論指導的一樣，我們還通過建設自己的品牌來試圖向生產鏈的上端移動，我們甚至把二〇一〇年定名為台達電子的品牌元年。

最近，我們發佈了Ｑ３財報（二〇一〇年），第三季度合併營收為四百九十億台幣（約合人民幣一百零九億），同比增長百分之十四，而營業淨利以五十五億七千萬台幣（約合人民幣十二億）再創歷史新高。很多人疑惑，台達電子怎麼說轉型就能轉型，而且日子過得那麼好？

事實上，我們並非做的是全方位轉型，而是將現在很多企業謀求的轉型方向，作為一個局部戰略，注入到企業發展的總體戰略中。台達電子現在有兩條腿，一條仍然是ODM，而另一條卻是新業務。前者是過去的產業優勢，後者是面對的未來。這樣的結構不矛盾。

很多企業對轉型有誤解，認為是要拋棄自己的過去，開創新的局面。遺憾的是很多企業雖然割掉了主業，卻沒能介入到新的競爭項目，因此前途更為迷惘。要知道，即便是像韓國三星這樣的公司，現在仍然有一部份是OEM和ODM業務。

過去，台達電子的核心業務是什麼呢？其實幾乎所有人都可能使用我們的產品，從電腦、筆記本、遊戲機到高端服務器、電信交換機，恐怕都有台達的產品在提供動力。我們全球個人電腦電源相關零組件的市場佔有率逼近五成。

就參與全球競爭的角度來看，兩岸製造業現在不是爭論要不要繼續留在OEM或ODM的問題，而是一方面要把製造繼續深化，比如我們提出的DMS就是一種出路，另一方面則是追求產業趨勢。

台達電子現在把新業務寄托在新能源工業產品領域，在這個領域中的機會是什麼？

海英俊：在我們過去奉行ODM模式中，儘管每家客戶都給我們幾百萬至幾千萬量級的訂單，但利潤卻很低，未來也不會有爆炸式的成長，所以引入和拓展新業務成為必然。我們選擇的突破點就在於新能源工業產品領域。通過這個領域，我們計劃在兩到三年內，將自有品牌產品比重由目前百分之十提升到百分之三十以上水平。

過去，我們以為給跨國公司做配套供應就是我們的價值，但是現在我們必須拋棄這種依賴式的思維，把眼光放得更遠一點。我們現在提出「環保、節能、愛地球」這個企業宗旨，就是為了給台達電子確定一個戰略方向和核心。我們一直提醒自己要找到自己的新利基。目前看來，新的市場趨勢一定在新能源上更有效率，我們之前做的一些產品，像太陽能、電動車的新電池、馬達、零組件等，是這個時代所需要的東西。

節能減排是巨大市場需求

產業升級這個說法，金融危機之前就被提出來了，現在很多企業才終於要把它付諸行動，但如何解決品牌、服務等綜合性問題？

海英俊：要解決品牌、服務等問題，摸準需求是唯一通向這兩方面的路徑。需求點如何尋找？就看哪裡的問題最大。現在就是節能減排的問題最大，因為這已經威脅到地球上人類的生存環境，所以我們提出「環保、節能、愛地球」這個企業宗旨，這話講的人很多，我們也聽了很多，但是假如說你的產品不符合這個條件，今天的客戶就會拒絕採購，更何談什麼轉型。我們現在研發的新產品，幾乎都按照這個約束條件去考核。

為什麼台達電子要在二〇一〇年才提出品牌元年，難道過去沒有這樣的明確方向？

海英俊：很多人講到品牌，說就去做廣告，這是不夠的。而品牌是公司的所有東西在一起的集合，包括公司的文化、公司的管理、公司的服務、公司的財富等所有東西都加在一起才叫品牌。我們為什麼把今年叫做品牌元年呢，我們認為做品牌的時間差不多到了。

另外重要的是，我們確立了未來圍繞新能源工業設計和製造的總體方向，這和我們過去的ODM有重要的區別，就是我們在這個新領域中將要主打自有的品牌。

如何平衡自有品牌和ODM產品之間的結構？原來做ODM的產品能不能也轉向品牌？

海英俊：兩者的產品定位有很大的市場區隔。在新能源工業產品上，我們有獨立的技術壁壘，幾乎就是創造需求，而ODM則專注於低階產品。

至於我們的ODM產品能否轉向品牌，幾乎不大可能。因為我們過去的品牌不是建立在具體產品上的，而是建立在企業聲譽上的，客戶認定的是台達電子製造，我們沒有為某個零部件設計過任何的專屬LOGO，也就是說我們沒有像英特爾那樣把配件當作品牌來推。

除繼續保留ODM相關業務之外，台達電子正在切入到新能源工業的不同領域，比如電動汽車電池，對於這一業務，內地公司的比亞迪也在做，而你們的優勢是什麼？

海英俊：我曾經說過，我們的競爭策略是「謀道不謀食」，就是謀求創新的附加值，而不是簡單的和對手爭搶同質產品的市場。

在電動汽車領域，我們不是簡單地製造電池，而是提供整套動力和驅動系統所需的部件。我們的產業方向是幫助車廠建立一次到位的汽車電子與整車動力系統。

具體來說，我們具備了油電混合動力車、電動客車、電動觀光車、電動高爾夫球車、電動叉車、電動摩托車等的動力系統方案，此外，還包括提供電動助力轉向控制及無刷電機、無鑰匙進入系統、車身控制器、LED照明模塊、電動車充電樁，以及電磁組件、高效率直流無刷風扇散熱系統及步進電機等各種汽車電子產品。

我們非但「不謀食」，而且希望和內地企業在新能源產業上共同「謀道」。目前我們與內地排名前十的汽車公司正在談判合作。

控制生產動作以降耗人力

沿海城市勞動力成本上漲，包括台灣企業在內很多製造類企業正在往內地西部搬遷，台達電子為何不見行動？

海英俊：我們在一九九二年和二〇〇〇年分別在東莞和吳江設立工廠，兩家沿海生產基地為我們集團在內地的市場貢獻非常大，但金融危機後，兩地的勞動力成本增加了，而且我們也遇到勞動力不足的問題。這個問題，我們已在金融危機前就注意到了，我們判斷沿海的成本一定還會繼續增加，但每個企業有自己的看法，我們在分散性投資中，謹慎地選擇了與沿海更靠近的區域，新設的兩個新的生產基地，一個是在安徽的蕪湖，一個是在湖南郴州。

我去郴州參加過商務部舉辦企業轉移的會議，官方就拿郴州作為一個樣板，樣板公司就是我們台達電子。在那裡，我們發現工人工資偏低，更重要的是很多都是當地人，在郴州有百分之九十的工人都是湖南人，而百分之九十的湖南人當中百分之七十是郴州人，所以流動性是比較低的。對比沿海地區百分之六至百分之七的月工人流動率，郴州只有百分之二，所以人員流動低的話，對工人的熟練度是很有幫助的。

在克服勞動力短缺和成本上升上，除了遷移工廠之外，有沒有其他措施？

海英俊：沒有其他辦法，只有提高自動化的效率，這是任何一家優秀的企業發展到一定規模之後的必然選擇，因為勞動力永遠不可能廉價，不可能取之不盡。

沒有高效率的產品生產線，企業要取得持續發展就是一個空話。目前我們給客戶的承諾是，從接到訂單到產品出廠，國內客戶一周內交貨，國外客戶兩周交貨。這與競爭企業家六至八周的交貨時間相比，我們的優勢明顯，但是我們怎麼做到的？

為提高生產效率，我們內部採用了SFIS（Shop Floor Integrated System）管理系統，對生產現場的流程進行效率監控，使廠內從發料、生產到最終出貨，各個環節銜接緊湊合理，減少人為因素的時間消耗。同時，在設備方面，我們在生產線上安裝了自動測試系統，只需按一個鍵，就可以快速地進行質量檢查，比起不少廠家採用人工方式當然要快很多。

抉擇二〇〇九

「球員加教練員」模式，是中國企業家在長期市場競爭中形成的特色，這使得中國企業家充滿自信，他們既深諳市場的跌宕起伏，也懂得控制局勢。二〇〇九年，在全球經濟被金融危機螫刺的背景下，市場呈現恐懼之態，但是部份中國企業家卻高調顯示了中國式生存的力量。娃哈哈董事長宗慶后：沒有疲軟的市場，只有疲軟的產品。

娃哈哈董事長宗慶后：沒有疲軟的市場，只有疲軟的產品

娃哈哈創建於一九八七年，前身是杭州市上城區校辦企業經銷部，在創始人宗慶后的領導下，從三個人、十四萬元借款白手起家，現已發展成一家集產品研發、生產、銷售為一體的中國最大的大型食品飲料企業集團。目前，娃哈哈在中國二十九個省市自治區建有七十多個生產基地、一百七十多家子公司，擁有員工三萬名、總資產超過四百億元。

二〇〇九年六月二十七日，時逢週末，距離娃哈哈和達能（Danone）拉開的股權爭奪剛剛過去兩個月。宗慶后和他的智囊們在開完上午會議後，準備接受我下午的到訪。

此前，宗慶后已經開過多次新聞發佈會，向公眾表示拒絕接受達能對其非合資公司百分之五十一股權的強行併購，且態度強硬，為最終有個結果，雙方同意由瑞典斯德哥爾摩商會仲裁院進行裁決，在此期間，娃哈哈和達能雙方都同意保持靜默，不再公開指責對方。因此，雖然宗慶后的助理同意安排我和宗慶后見面，但有一個前提是，避免談及

「達娃之爭」。

其實，「達娃之爭」不在我的興趣範圍之內。首先，相比達能，娃哈哈更得中國的民意支持；其次，相關部門並不樂意看到已擁有大量中國消費群的娃哈哈改成外資；再次，瑞典斯德哥爾摩商會仲裁院的任何裁決，對娃哈哈都不具法律約束；最後，為了繼續在中國市場「混下去」，和娃哈哈繼續攻鬥，對達能無任何益處。所以，我提交給宗慶后的訪談提綱，完全不提「達娃之爭」，我更想瞭解的是，金融危機爆發後，作為影響力企業家的宗慶后，如何思考、設計企業下一步的發展問題。

娃哈哈活得很好。二〇〇八年的利潤高達五十億五千四百萬元，而二〇〇九年一至四月的利潤也達到三十億五千萬元，按照銷售目標，衝擊百億元大關指日可待。相比之下，當年的大部份中小企業則處在倒閉潮的陰影中。

娃哈哈的總部在杭州火車站附近的清泰街上，不屬於ＣＢＤ。原本以為，娃哈哈的總部會和其江湖地位那樣高大上，但實際卻毫不起眼，如果不是門口掛著「娃哈哈集團有限公司」的招牌，還以為只是一家小公司的駐地。

那天午後，當我推開娃哈哈大門的時候，也許是週末的緣故，裡面鴉雀無聲，只有一位門警站在門廳內。我說明自己的來意後，門警用對講機通告了宗慶后的助理，隨後讓我上了電梯。助理已等候在電梯門口，他將我引入宗慶后的辦公室。

宗慶后的辦公室因為連著會客廳，顯得非常寬敞。宗慶后當時正在審批一疊文件，我注意到他背後的一排書櫃，看來，這位傳奇企業家很好學。他看見我進來後，起身和我握手，說很少有人會不關心「達娃之爭」。我說，如果把娃哈哈看成是一家準備做百年的公司，今天的「達娃之爭」只是娃哈哈歷史的滄海一粟。我關注的是，在如今經濟大週期背景下，娃哈哈怎麼能夠保持業績增長的可持續。

用自己方式經營企業

在全球經濟變局下，各種商業論壇上談得最多的是六個字——「信心、使命、責任」，但在目前狀態下，「信心」到底如何產生？

宗慶后：經濟學家永遠給不了明天的答案，企業家只能靠自己去找一條更適合自己的路！和過去一樣，我對那些商業理論不感興趣，它們大多來自課堂，研究這些理論的人很少有實際辦過企業的經驗，更無法去指揮企業。我一直堅信自己的經驗和規則，所謂「實證者勝！」

娃哈哈二〇〇八年實現的利潤，比二〇〇七年增長了百分之五十．三六，而在二〇〇九年一至四月實現的利潤，比二〇〇七年同期增長了百分之一百零四．六〇，這兩個數據更說明了「實證者勝」。「實證者勝」是什麼？說出來也是老生常談，即發現需求、創造需求。

可以說，一個善於發現需求、創造需求的企業，永遠不用擔心任何經濟週期影響。在我的觀察中，有些出口導向型企業虧損和破產，不是因為外部金融危機，恰恰在於自己的產品沒有需求競爭力。說得嚴重點，就是企業家缺少智慧。

對於娃哈哈來說，經濟學家們一方面讚揚我們創造的業績，另一方面從內心深處一直在懷疑我們的可持續性，因為按照通常的商業理論來看，我們企業沒有副總裁、沒有海歸、沒有空降經理人，甚至沒有為企業多達十三類的產品配備對應的品牌經理，按照麥肯錫（McKinsey & Company）的管理標準，我們不符合國際管理標準，但為什麼我們能贏、能持續？

我一直用中國人自己的方式來經營企業，這是我的底限。我很慶幸娃哈哈能夠抵禦金融危機，我也希望娃哈哈代表的是，中國人自己創造出來的管理文化，而不是歐美的等級式管理，也不是日本半家長、半等級式的管理模式。

我一直認為，跨國企業輸入中國的管理文化有很大的表面性，中國人的企業還是需要靠自己實踐出來。過去三十年，我們自己創造出來的企業，依靠的不是外來資本，也不是外來管理，而是靠基礎市場，也就是我們今天說的內需市場，另外還靠的是產品創新，甚至主動創造需求。因此，我並不認為金融危機對於這樣的企業存在危及生命的衝擊。

現在，很多人都在談論有關企業的實力問題，實力也被賦予多種解釋，客觀地說，過去拼硬實力的情況仍會延續，因為企業兼併、行業洗牌在加速，而且會催生出規模化的企業，然後拼資金、人力資源、管理和渠道，但這些是淺層次的，以後出現的競爭一定不是重複這些東西，而是產品的創新性。

從我的經驗來看，相比擴充企業規模和複雜的內部管理，其實產品掉頭最容易實現，因此在現階段，娃哈哈要求的是，先升級產品的創新。

一直在說，你在娃哈哈絕對權威，很多決策至今都由你一個人拍板，是否如此？

宗慶后：這只是我表面上給人的印象，但事實不完全如此。關於戰略與決策的研究和提案，其實一直是由管理團隊在做，但最終決策還是靠我個人的直覺。這麼多年來，我都不用所謂的第三方諮詢調研機構，我認為這些諮詢調研機構，很多都是理論派，裡面的專家甚至都沒有做過一天企業，這怎麼能夠讓我把攸關企業生命的戰略和決策，去托付給他們？

我們所有的戰略與決策都是在自己實際調研基礎上形成的，而且會更準確，我本人很少待在公司裡，大部份的時間都在第一線。

當然，為防範我個人的決策失誤，在最終確定某項戰略決策時，會經過程序化。首先是，匯總報表以及各方面情報，然後制定目標，再把這個目標拿出來供大家討論，從中層幹部進行，再由職工代表大會討論通過。

國內很多企業現在生產經營難以為續、停工停產，有的甚至關門倒閉，由此帶來的裁員潮也牽動著輿論，同時，企業社會責任問題也被推到前沿。對此，我們究竟應該怎麼辦？

宗慶后：形勢的確很嚴峻，怎麼應對，我認為三點很重要。

第一是保企業。企業是市場的主體，是經濟發展的脊樑。保增長的前提就是保企業。如果企業家們一遇到困難就撂挑子，就關門大吉，那麼國家應對金融危機的一切努力都將可能化為泡影。危機再嚴酷，終究會有過去的時候，我們首要的任務是要讓企業活下去。企業生存下去了，才能讓工人有活幹、有飯吃。

第二是保就業。現在受金融危機衝擊最直接的，無疑是因企業停產或倒閉而失業的員工。國外有研究表明，當失業率達到一定程度的時候，社會犯罪率、自殺率就會上升。在當前發展困難較多，就業壓力較大的特殊時期，盡可能做到不停產、不裁員，不把職工推向社會，在保穩定、保就業上盡到責任和義務。

第三是團結合作。當前的經濟危機是一次嚴峻的考驗，企業家們只有團結合作，才能共渡寒冬。有能力的大企業要發揮中流砥柱的作用，通過專業化的協作，幫助相對落後的企業渡過危機，讓現有的企業活下去，幫助新的企業生出來，只有這樣，才能使我國經濟發展步入良性循環的軌道，使經濟早日復甦。

一個好的企業和一個偉大的企業區別在於，好的企業可以向社會提供好服務和好產品，而偉大的企業不僅能夠提供好服務和好產品，更重要的是能夠勇於承擔社會責任。

沒有絕對贏利的行業

出於對未來的不可預期，多數企業能做的就是「壓縮成本、減弱規模」，但這顯然不是最終的出路，一旦形勢趨暖就會喪失先機。不過和這種思路相比，娃哈哈卻高調宣稱「危機給我們提供了擴張時機」，是否又過於激進？

宗慶后：產業危機下，很多企業第一反應就是「我的行業要衰退了，企業要出問題了」，這種思維的結果就是，企業永遠不會找到行業中的機會。可以說，沒有絕對能贏利的行業，任何行業都有競爭激烈的對手。娃哈哈所處的食品行業，被很多同行企業認為是夕陽產業，因為行內選手太多，但我們做了二十多年，還是認為食品行業是永遠的朝陽產業。

金融危機使一些飲料企業經營不下去，這正好給我們提供了擴張的好時機，娃哈哈完全應該利用這個機會來擴大市場份額。我們今年（二〇〇九年）銷售目標比去年增加了一百七十多億。

娃哈哈的擴張是正常的企業需要，不是「做秀」。娃哈哈的基礎是二十多年的積累，在技術、營銷、管理上都積蓄了實力。去年（二〇〇八年）企業投資了六十億，增加了九十多條生產線。更重要的是，我們的經銷商又增加了一千多家，再加上原來的經銷商基礎，因此市場對我們有產能需求。企業要上規模，靠什麼？一是要有贏利基礎，二是要有資金和管理能力，這些條件我們都具備，只是我們的擴張恰好選擇在敏感的經濟大背景中。

除了市場衰退之外，很多企業，尤其是民營中小企業的最大痛點就是融資難。這個問題不解決，更會加速中小企業的停產或者破產，對此，怎麼解決？

宗慶后：中國的中小企業大部份是民營企業，常常處在優勝劣汰的競爭市場中，因此，中小企業的銀行貸款難免出現壞賬。在缺乏壞賬準備金和貸款擔保的情況下，向中小企業放貸會使得銀行壞賬增多而受到責任追究，也會增加外界對銀行向中小企業收受賄賂的猜疑。相比之下，銀行對政府和國有企業的放貸一旦產生壞賬，銀行的責任幾乎不會受到追究，因此，金融機構為避免承擔風險而把大量的貸款發放給了政府和國有企業。這種融資領域的「歧視性對待」看似規避了風險，實際不僅給中小企業的融資帶來了困難，也給經濟正常運行帶來更大的風險和隱患。

我的建議有三項。第一，政府需要完善擔保制度，為具有發展前景的中小企業提供貸款擔保，鼓勵銀行向中小企業發放貸款；第二，要允許銀行增加呆、壞賬準備金，抵禦銀行為中小企業放貸的風險；第三，需要制定相應對策，鼓勵民間投資，積極發揮民間游資在中小企業融資中的作用。

娃哈哈今年（二〇〇九年）要完成五百億的銷售計劃，除了產能優勢以外，產品戰略上做了什麼準備？

宗慶后：過去二十多的經驗，讓娃哈哈明白一個道理，就是無論管理多先進，多講層次，最終企業都要拿產品與市場對話。幸運的是，娃哈哈的產品都取得了很好的市場口碑，我們既沒有因為食品安全問題受到衝擊，也沒有因為口味和定位問題受到消費者冷遇。集團今年（二〇〇九年）提出的銷售五百億目標不是空穴來風，而是對形勢的綜合預判。

娃哈哈產品戰略一直堅持兩大原則，「需求擴容」和「研發需求」。坦率說，在軟飲料界，任何競爭性產品的製造配方已經沒有祕密可言，按照現在的科技發達程度，一台質量分析設備就能解析出大部份產品的配方。那麼企業競爭靠什麼？在快速消費品領域中，現在的實力點就是你的產品的更新速度，不過這對於中小型企業來說，很難做到，今後的競爭優勢將更多集中在幾家大型公司中。

我們的五百億靠什麼完成？除了我們過去創立的「聯銷體」聯銷體是指不相關的任何兩個或兩個以上的自然人或法人，為建立和運作任何形式的商業項目或企業而進行的各種形式的組織安排。其形式包括聯營體公司、合夥聯營體和合同聯營體。渠道銷售模式以外，就是推產品，這個戰略我們叫「產品長蛇陣」，即囊括所有軟飲料品類，並在單一品類中推出多種配方的產品，這樣，即使競爭對手有一款和我們的產品產生競爭重疊，消費者也會在我們的「產品長蛇陣」中找到他們需要的一款。這就是我在企業中經常講的「需求擴容」。

何謂「研發需求」呢？以我們今年（二〇〇九年）推出的一款「啤酒花茶爽飲料」為例，這個產品的賣點就是有啤酒花味，但卻是一款不含任何酒精的茶飲料。它是我們的創新，全球沒有先例。我們在對需求瞭解中發現，很多消費者喜歡啤酒味，但我們是做無酒精飲料的，怎麼把消費者的需求和我們的特點相結合，同時又規避酒精這個問題？於是，我們單獨把啤酒花提取出來，再和茶元素做結合，最終創新了這款「啤酒花茶爽飲料」。很多人以為，我們是在製造需求，其實不是，而是迎合需求。結果是，該產品為我們一季度（二〇〇九年）就帶來了五億元銷售量，成為集團新的贏利點。但是競爭者也會馬上跟進，我們就會在該產品基礎上，實施「長蛇陣」，再研發五至六款系列產品。

娃哈哈目前還是非上市企業，有無計劃何時登陸資本市場？

宗慶后：娃哈哈目前不缺資金，有一百五十億元放在銀行。現在資本市場炒作和投機太多，不確定的風險太大，我是做實業出身，只想踏踏實實做大企業，不想涉入資本領域。

讓對手先付市場成本

很多企業都渴望創新，其中最大希望是寄於產品研發，希望用新產品來擺脱危機，並一招制勝，但是在快速消費品行業中，產品創新已經變得愈來愈艱難，娃哈哈為什麼經常能夠做到產品創新？

宗慶后：沒有疲軟的市場，只有疲軟的產品。我一直堅信企業贏利要靠產品去驅動，而快速消費品領域的遊戲規則是不進則退。這個行業的最大挑戰就是經常遇到同質化競爭。同質化競爭在金融危機中，甚至給弱勢企業帶來災難性打擊。可以說，我們今天的成功，就是不停地和同質化做抗爭，未來還要持續。

不和對手同質化的最好途徑是什麼？當然是創新，但到底有多少企業能夠持續創新？企業不是實驗室，創新產品一定要能帶來贏利。

娃哈哈的創新走了三步。最初的時候，我們從國外買來樣品，在研究中複製它們；後來國內競爭者開始增多，我們開始貼著競爭產品搞研究，戰術上我們做的事情就是，在解析出對手的產品配方基礎上改良，同時開發出多款；再後來，當自己的能力增強時，並且沒有競爭對手情況下，創新則運用企業全體員工的智慧，讓內部員工提出創新意見、設想，然後由集團研究中心研製配方，再投入試銷市場，進而品牌運營。

無論是否發生金融危機，消費需求和習慣也會到一定階段發生改變，而企業必須時刻要對消費群「投其所好」，娃哈哈如何做到？

宗慶后：市場上不清楚娃哈哈為什麼想做什麼，就能做什麼，更不瞭解我們產品的創新速度為什麼這麼快？

這個關鍵點就是，我們掌握了國際一流的設備和技術。在發展中，我們明白，實際上先進的技術並不在國內，但怎麼讓國外公司願意把技術轉讓給中國公司呢？於是，我想到通過和達能的合資，來獲得技術和管理，結果我們只得到了資金，但這不是我們想要的。

後來我們轉變了思維，引進一流的設備，儘管價格比較貴，國外公司看到了自己設備出口的巨大利潤，於是開始和設備一起提供給我們技術，這樣我們跟國際上的交往一多，最先進的國際技術，我們可以在國內首先使用。也因此加速了產品從研發到生產的時間表，企業的核心競爭力也就上去了。現在我們自己也建了一個設備工廠。模具是有使用壽命的，以前讓國外做，幾十萬美元一套。我們引進、消化、吸收技術以後，我們自己能夠製作模具，同時我們有一些設備也能自己做了，也降低了投資成本，而且在市場變化比較快的時候應變能力也比較強。今天我們要開發一個新產品，要設計一個新瓶型，我們很快就能做好。這些年我們在技術進步上也取得了比較好的成果。

不過，在企業產品戰略上，我們採取的是，不做大的超前，只領先半步，讓競爭對手先去嘗試，先付市場成本，甚至先犯錯，然後我們再採取主動，通過加大產能、降低成本和營銷戰迅速佔據主動。

可口可樂已進入乳飲料市場，這會不會增加對娃哈哈在乳飲料產品上的競爭威脅？

宗慶后：我不擔心競爭。我們的乳飲料「營養快線」產品出來後，很多類似產品也出來競爭，但是很快一個個都消失了。我們「營養快線」有著自己的技術優勢，別人模仿不了。對於可口可樂加入到這個市場，我表示歡迎，只要是大家公平競爭，這對各自都會有好處。因為只有競爭，才會迫使娃哈哈持續開發出更多更好的產品。

過去都是我們跟著別人走，模仿別人的產品，現在是外資要跟著我們走。可口可樂加入中國的乳飲料市場，也說明了中國企業在進步。

這麼多年來，娃哈哈一直沒有對外部企業進行併購，產業全部依靠自我孵化實現，現在國外經濟低迷，娃哈哈是否會像一些中國企業一樣，尋求海外市場和對外資併購？

宗慶后：從我們的產品角度，其實已經做了很多年的外銷，並在部份市場落了腳，但和我們到海外進行併購相比，後者每走一步都需要很謹慎。因為，中國企業到國外收購工廠生產並在當地銷售，會加劇當地市場的競爭，不一定就能獲得理想的銷售業績。另外，當地的企業為了自己的利益，肯定會為難中國企業，所謂強龍不壓地頭蛇，我們鬥得過他們嗎？事實上，中國很多企業在海外的大規模投資，失敗和虧損具有很高的比率。

我很難想像，連海外企業自己都很難搞好的情況下，我們憑什麼就能做得比人家好？再說，海外企業工會組織的威力很強，而且是高福利高稅收的社會，所以，我們實際收購成本會非常巨大。

格蘭仕董事長梁慶德：誰心裡都想做「價格屠夫」

梁慶德領導的格蘭仕，創建於一九七八年，前身是一家鄉鎮羽絨製品廠，一九九二年後進入家電領域。經過二十多年堅持的「價格屠夫」戰略，不僅提升了微波爐在國內的普及率，同時也清洗了市場，迫使絕大多數微波爐生產廠家退出競爭，形成格蘭仕的市場控制者地位。格蘭仕的產品涉及微波爐、空調及小家電等領域，在中國內地擁有十三家子公司、六十多家銷售分公司和營銷中心，並在中國香港、首爾、北美等地設有分支機構。

二〇〇九年，中國家電企業必須慶幸，因為自己擁有了一個中國企業的身份、因為自己在中國市場生產和經營，得以借助「家電下鄉」政策庇護，獲得一次喘息良機。

根據當時「家電下鄉」政策規定，非城鎮戶口居民購買彩色電視機、冰箱、移動電話與洗衣機等四類產品，按產品售價百分之十三給予補貼，最高補貼上限為電視兩千元（人民幣，以下皆同）、冰箱兩千五百元、移動電話兩千元與洗衣機一千元。

按照這個標準，通過政府財政的補貼，激活了農民的購買能力和農村消費，同時也給中國家電企業帶來兩個轉向：從出口導向轉向內需導向、從城市市場轉向農村市場。

「家電下鄉」是一個在經濟歷史特殊時期採取的特定政策。其背景是中國經濟「三駕馬車」受挫，為拯救出口企業，尤其是家電行業而採取的一種救濟手段。

從二〇〇九年二月一日起，家電下鄉在原來十四個省市的試點基礎上，開始向全國推廣，產品也從過去的四個增到八個，除了之前推出的「彩電、冰箱、手機、洗衣機」之外，又新增了摩托車、電腦、熱水器、空調。它們和彩電等產品同樣享受國家百分之十三的補貼。據商務部和財政部當年的數據，通過這種財政補貼的家電下鄉，直接累計拉動了消費九千兩百億元。

現在看來，「家電下鄉」最大價值是，為中國家電企業從生死存亡到邁向轉型升級，爭取了寶貴的時間和空間。如果，當初所有的中國家電企業清楚地看到這一政策激發出的潛在價值，就應該趁此機會思索和實踐新的轉型升級，但遺憾的是，部份企業在「家電下鄉」中，只是簡單的拋貨，甚至還混雜了低劣產品，有些企業還騙取財政補貼。對此，格蘭仕梁慶德當時這樣告訴我：「做中國企業很幸福，但是下鄉再做不好只能怪自己！」

由於梁慶德廣東口音很重，在完成對他的訪談，並做完錄音記錄後，我又得到該公司原副總裁，也就是格蘭仕「價值摧毀理論」奠基者俞堯昌的幫助，對內容逐字逐句進行核正。就「家電下鄉」暴露出部份企業急功近利問題，他們都共同重申格蘭仕的一個原則：「我們雖然沒有能力使人們富裕起來，但會竭盡全力使得廣大消費者辛勤的勞動成果更固有價值。」

根據當年商務部公佈的九月份全國家電下鄉微波爐銷售數據，全國家電下鄉微波爐共銷售一萬一千七百五十八台，同比八月份增長近三倍。其中，格蘭仕以六千四百六十九台佔比總銷量達到百分之五十五以上。正是利用「家電下鄉」這一契機，梁慶德領導的格蘭仕為自己贏得了反思和調整時機，並由此邁向了開闢空調和小家電業務的未來之路。

做農村市場，先下鄉

在家電下鄉的企業名錄中，除了全國著名品牌外，還出現了一批多年前在競爭中曾經出局的品牌。於是市場也開始擔憂，以政策為主導的企業下鄉，會不會掀起新一輪的市場洗牌？另外，旨在刺激農村消費、拉動內需的下鄉過程中，企業能否在給農民帶來實惠的基礎上，最大限度地擺脫外部經濟的寒冷？

梁慶德：雖然大家的日子都很困難，但家電企業有沒有春天？我說是有的。這個春天在哪裡？包括家電在內的輕工行業被納入了十大國家振興產業規劃中，同時以提高出口退稅率、推動家電下鄉等兩項措施，均給企業帶來由「危」向「機」的轉移。但是問題就來了，如何對部份企業短期投機套利行為進行監督？企業是否全靠財政補貼政策來生存？什麼樣的企業能通過下鄉扭轉自己現在的困境？

我研究過農村消費的一些特點，發現農民對家庭產品的消費興趣不是來自電視廣告，更多依賴於村與村、戶與戶之間的口碑相傳。部份企業如果短期投機套利，既難以繞過政府監督，更難避開農村市場對其的懲罰。「三鹿事件」就是前車之鑑。

另外，雖然有國家政策支持，但這不意味著中國家電企業就可以「等、靠、要」。過去就我們的產品要不要往農村走，有過爭議，聚焦的不是認為農村有沒有消費能力，而是擔心「山寨機」。現在政府出面，農民只要付出比買「山寨機」略高一點的價格，就可以買到品牌產品，這樣企業就有了市場氛圍，但是這些是政策給的，不是企業的市場行為。

不要以為「家電下鄉」就沒有競爭，裡面也包括了三星、西門子、松下、惠而浦等外資品牌。中國本土企業在農村是必然要遭遇競爭的，這就需要靠自己的市場策略。不能否認的是，價格戰要比品牌和服務戰更早啟動。中外企業比拚的一定是產業成本和規模效應。因此所有的企業並非靠著「中標」就可以無憂。

要強調的是，企業作戰農村市場要有打持久戰的心理和戰略準備，更不要天真地認為農村市場會在短時間內接受你的產品。其實我們早在二〇〇〇年就啟動了「大篷車」家電下鄉活動，今天只是在政策護航下，順利下鄉而已。實際上，「大篷車」每個下鄉企業都可以用，方法很簡單，就是把產品裝在流動車裡，模擬農村「趕集」。

除此，走「工商聯合」路線是我認為比較可行的戰略，實際上就是企業界經常談到的資源整合。大多數中國企業對於爭奪農村市場這塊未知領域都是陌生的，聯合當地的工商力量就是成敗的最大關鍵。商業夥伴會不斷地告訴你很多「農村須知」，並提供互利的渠道，因此中國企業完全可以資源集約化，實現自己在農村網絡的迅速全面擴張。

要提醒的是，下鄉企業的領導制定農村市場戰略前，最好到農村去集中生活一段時間。

OEM模式，不是錯

實體大量破產、倒閉，作為中國「世界工廠」的核心——東莞和佛山兩地相比，為什麼格蘭仕所在的佛山，不但沒有出現大量企業倒閉，而且製造業依然平穩發展？

梁慶德：開放三十年來，珠三角幾乎一直都是處於快速發展的順境中，在能賺錢的大好環境下，誰都不在意優劣。但在金融風暴下，兩地的產業優劣就顯現出來，其中關鍵性的決定因素就是兩地製造業的性質截然不同。

東莞企業絕大部份都熱中於做貼牌加工和出口貿易，屬於典型的外向型企業，而佛山企業大多數熱中於做自有品牌，並同時開拓國內國外兩個市場，甚至很多企業都偏向於內向型。國際經濟環境惡化後，包括格蘭仕在內的多數佛山企業則放大了國內市場注意力，而長期依賴於歐美市場的東莞企業，就會遭受訂單銳減的滅頂之災。

過去一直贏利的企業，為什麼在金融海嘯前毫無抗風險能力？

梁慶德：金融海嘯只是製造業虧損的一個借口，沒有海嘯，每年也有一大批企業會因自身決策的失誤而倒下。而這些倒閉的企業絕大多數是資金鏈斷裂，但是怎麼會斷裂的呢？二〇〇七年市場好的時候，很多原來贏利很好的企業就開始花巨資炒股，我就親自見過一家拿出幾十億元去炒股的企業，而在金融風暴襲擊下，股市從六千多點急轉直下時，又只能被迫在四千點補倉，巨虧後就造成企業現金流斷裂。

去年（二〇〇八年）銀行給格蘭仕的授信額度是六十八個億，但格蘭仕只用了一個零頭。當時有不少人勸我趁機撈一把，但是，我認為全世界沒有一個人人都賺錢、時時刻刻賺錢的股市。格蘭仕在賺錢的時候，也從不做投機，因此在金融海嘯前，我們仍然有足夠的現金流。

由於倒閉的企業絕大多數是以OEM為主的企業，因此這種產業模式被認為是死於經濟危機中的最大原因，難道OEM真的已經成為一個夕陽模式？

梁慶德：我反對片面指責企業做代工。世界五百強的富士康也靠代工起家，現在也繼續在做代工，和他們能做到全球七百億美元相比，國內企業有幾家能做到？因此產業模式本身不是錯，就看你在一個專注的領域中能否做到世界第一、能否做大、做強、做精、做專、做透、做絕？像富士康那樣的企業，即使蘋果公司不和它合作，也會有索尼，現在不是那些品牌商主導它，而是它在主導著這些品牌公司。這個商業思維在格蘭仕被奉為企業的高度戰略，我們的目標是將中國最大的微波爐製造中心，轉變為全球最大的微波爐製造中心。

實際上，業界長期以來通常是把代工企業等同於那種缺乏技術的打工企業。這頂「帽子」並不適用於富士康那樣的企業，當然更不屬於格蘭仕。格蘭仕申報的國際國內專利專有技術兩千多項，自主開發的光波微波爐、光波空調已經成為全球家電市場風向標。

另外，在業界還有一種聲音就是產業要升級，現有模式要盡快淘汰。這個建議沒有錯，但是有沒有現成的解決方案？沒有。產業升級就是從勞動密集型轉移到技術、品牌服務上去，但是這樣的新模式還沒有完全建立起來的時候，現有的模式不應該被簡單過早、過快地否定掉。中國有九億農民，兩億農民進城打工，他們的工作在哪裡？沒有勞動密集型企業，就業問題如何解決？

現在的出口企業的解決方案，是要先調整內外貿產品的結構比例，從依賴外貿轉向內需市場，同時走掌握技術、規模化降低成本的路。還是一句話，OEM本身只是一個在製造企業中的商業工具。

價格戰，即成本之戰

格蘭仕有一個目標，就是要成為「全球製造」，但是突如其來的金融危機，會減弱這一戰略步伐嗎？

梁慶德：不會，我們反而將因勢抄底。這不是說我們放棄過去的保守而要冒進，企業堅持的低成本和適當擴張戰略沒有改變。這看上去和當前海外經濟形勢是否矛盾？其實不然。我們只會針對海外白色家電領域，此外只考慮對方品牌、生產線、專利技術等，而對於債務和應付福利則不會接收。因此我們和幾家海外企業的談判都因為這個基本底線的堅持而異常困難。我們寧願不收也不妥協，何況現在經濟的底部沒有完全顯現，這讓我們有足夠的談判優勢。

可以查一下格蘭仕過去的經營歷史，你會發現一個特殊的現象，在市場過熱的時候，我們按兵不動，而在市場趨冷的時候，我們開始進攻。

金融危機影響下，發達國家的貿易保護主義、貿易壁壘開始抬頭，中國製造業應該如何尋找海外市場？

梁慶德：這是全球所有企業共同的生存問題。依我看，中國的市場開放程度和自由度反而要比發達國家高。歐美的發達國家現在無非就是用反壟斷、反傾銷、限制進口等手段來進行所謂的保護本國利益，但是中國大部份輸出的產品是普通消費品，這完全有利於歐美發達國家多數民眾的生活需求。反過來，中國的市場准入做得如何？政策補貼家電下鄉的企業中，包括了很多外資企業。另外，在提高中國出口企業退稅比率情況下，也成為外商向中國企業壓價索利的借口，實際上很多中國企業貼補了外商。

現在，打開海外市場不能靠過去簡單的出口模式，而可以適當利用部份海外企業陷入困境的情況，進行抄底併購，把工廠設在當地，避免貿易壁壘。

海外戰略抄底上，其中也包括了人才引進，在如何確保海外人才的有效性上，格蘭仕能提供什麼樣的經驗？

梁慶德：我一直在思考為什麼我們企業無法從國內找到優秀的技術人才，非要花巨資去聘請海外人才，關鍵還是國內沒有設置相關產業的技能高等教育，為什麼在瑞士有鐘錶學院、酒店系統教育，而中國沒有？據我知道很多國內著名的網絡企業，對招聘來的大學生通常要進行長達三年的內部培養，而格蘭仕也一樣。但是為了企業加速發展，我們只能積極尋找海外人才，這個戰略不僅現在被提出，近年來就一直在延續，只不過，現在可以從過去高價聘請變成抄底。

過去，我們請過一個韓國籍的技術高管，並配了五名左右的中國技術員工，結果效果並不好，於是我們就調整為招聘團隊，一組一組地挖，其中也包括營銷人才。我們在日本有八個公司在進行招聘、挖人。現在海外的企業壓力加大，裁員出很多技術、營銷、管理人才，當然被裁的人並不一定是優秀人才，這就需要依靠我們過去的經驗去判斷。

無論是高價聘請還是抄底人才，企業的評估原則是，是否縮短與世界優秀企業的距離。

格蘭仕的「擊穿價格底線」戰略，引發行業震盪，因此業界稱格蘭仕為「價格屠夫」，但在金融危機下，這種價格戰略是否還能延續？

梁慶德：我必須要解釋我們為什麼一定要做「價格屠夫」？當年進入微波爐領域，格蘭仕毫無優勢可言，無論是技術還是品牌，或是市場口碑，微波爐產品的優勢全部集中在日本的產品，而且日本的微波爐價格一般都在三千元以上，換句話說，微波爐對於中國消費者來說，儘管存在需求，但很難承受價格，更難實現消費。當時，我們就想，我們進入市場，要讓更多的中國人消費，必須要做到價格親民，但怎麼實現？從財務角度，只有在該產品實現規模化生產後，我們才可能攤薄成本，然後擠出成本空間，把產品價格拉下來。

於是，我們把前幾年賺到的錢，全部孤注一擲地投向微波爐產業。經過幾次擴大化生產後，我們實現了規模化生產，然後在一九九六年對產品進行第一次降價，一九九七年後又進行了第二次大幅降價，接著在二〇〇〇年進行第三次和第四次降價，如果以二〇〇九年為維度，此前共進行過九次降價運動。在這一過程中，我們自己提出了「價格屠夫」和「價值摧毀理論」。

令我最感欣慰的是，我們實施了這種「擊穿價格底線」戰略，一方面迫使部份國際競爭對手的市場佔有率萎縮，甚至關閉生產線，另一方面讓微波爐從神壇上下來，成為一件普及商品。

「擊穿價格底線」戰略，對於業界對手是壓力，但對於消費者來說則是實惠。把價格往下拉，擠掉對手，每個企業都很想做，但在價格戰中取勝不是簡單的事情。過去我們將微波爐從幾千元一台拉到幾百元一台，擠掉了外資品牌，並逐漸確立「成本領先」的清晰戰略，不是來自業界，而是來自市場需求。

價格戰其實是一種很簡單的策略，但為什麼能做好的企業寥寥無幾？因為這個看似粗暴的策略，如果不是把它當作一個系統的工程來做，而只是一味降價的話，最終將導致利潤下滑甚至虧本。打價格戰的企業要有兩大基礎：第一，要有能力做大規模，並對生產活動產生的成本，控制到每一個細節；第二，價格戰的背後是一條價值鏈，必須發掘掌握到這條價值鏈上每一個環節上的利潤空間，由此才能擁有別人所沒有的降價空間。

我一直說企業要做大做強，要有五根手指——品牌、技術、價格、規模和服務，它們握成拳頭才是實力，而在拳擊的時候，價格最先接觸市場，因此企業一定要「擊穿價格底線」。

業界會認為我們是營銷價格戰，其實根本不是，而是製造成本的價格戰。營銷價格戰打到後來的結果一定是企業失去利潤。但是，打每一場成本價格戰，必然要求企業控制原材料的價格，但原材料價格能否控制？我說只能適度，因為涉及行情的變動，我們的出路是，要想辦法在產量上謀求規模，靠規模效應實現總成本的降低。

方太集團主席茅理翔：產品優先於規模

做過十年會計和十年供銷員的茅理翔，在一九八五年四十五歲時創辦慈溪無線電廠，再用了十年贏得「點火槍大王」美名，後在一九九五年五十五歲時二次創業，和兒子茅忠群創辦方太廚具。

方太創立以來一直專注於成套化、嵌入式高端廚電領域，目前已形成吸油煙機、嵌入式灶具、嵌入式消毒櫃、嵌入式蒸箱、嵌入式微波爐、嵌入式烤箱、燃氣熱水器等七大產品線，其中高端吸油煙機在高端市場佔有率達百分之四十五．〇二。

從二〇〇九年二月一日起，家電下鄉在原來十四個省市的基礎上，開始向全國推廣，產品也在之前推出的「彩電、冰箱、手機、洗衣機」之外，又新增了摩托車、電腦、熱水器和空調。它們和彩電等產品同樣享受國家百分之十三的補貼。儘管部份企業在下鄉計劃以及相關政策扶植中釋放了局部壓力，但大部份未被列入家電下鄉的企業，則只能尋找自我救贖之路。這些企業幾

乎都選擇了低價打折拋貨的策略。這段時期中，企業為比拚降價力度而再度求量求規模，從而將讓利演變成了一場史無前例的「大出血」運動。

在這個背景之下，要不要犧牲利潤以換取市場，考驗眾多企業領導人的決策判斷能力。作為以高端廚電為產業定位的方太，在高管層內部也發生過激烈的討論。該企業前線作戰的營銷主管們向老闆茅理翔建議，基於市場低迷，消費者對產品的低價預期，方太應該推出廉價產品或者大幅降低產品毛利，以刺激市場的神經。

在大衝突時期，要做出一個平衡各方利益的選擇很難：如果推出廉價產品將徹底否定方太過去堅守的高端定位，而降低產品毛利雖能擴張產能，但後果是方太不得不把市場壓力轉向供應鏈，以尋求成本控制，會導致原有的供應商不滿或者提供次質配件。

向左走，還是向右走？茅理翔向高管團隊提出三個問題：第一個問題是，方太的產品質量和品牌在市場上是否過得硬？第二個問題是，比外資品牌還高出百分之十售價的方太產品，如果這一次削掉百分之十的價格，甚至更多一些，能否保證未來不再進一步掉價？第三個問題是，把削價後的成本危機轉嫁到供應商頭上，最終損害的是誰？

這一年，在大部份對手紛紛採取「大出血」的運動中，方太沒有跟進，反而繼續堅持高端產品、高端價格，這種「逆市場」而為的策略，使得方太的品牌價值進一步提升。根據國家信息中心市場信息處與中國家電網共同發佈的《國內重點城市高端吸油煙機零售市場分析報告》，方太在二○○九年以百分之四十四的佔比名列中國高端吸油煙機銷量第一。為此，定位理論創建者傑克．特勞特（Jack Trout）對方太的行為，送出了褒獎：「中國賣得更好的高端吸油煙機，不是洋品牌，而是方太，因為方太更專業。」

當然，對於方太在二〇〇九年選擇的「逆市場」行為，還可以從差異化、錯位等營銷理論角度進一步詮釋。

放棄兩次賺快錢的機會

降價促銷本是營銷手段之一，然而在市場下行趨勢中，很多企業出於生存需要，無底線的放大這一營銷行為，最後將讓利演變成行業的「大出血」運動。方太為什麼沒有捲入其中？

茅理翔：企業能否長期按住自己既定的價格，並保持穩定？考驗的是企業自己在市場中的定力。客觀地說，「低價打折」這一商業行為看似為了適應市場變遷，但實際上是否定了自己！

我曾經在不同場合中都說過，中國企業由於缺乏縝密的產業思考，因此在本輪經濟危機中受到了強制調整。所以，我們現在不能再片面追求規模效應，而是要通過從現在起的後十年去找一種能自我控制和調整的方法。

那些「大出血」的消費品牌，背後都有共同的特點，就是同質化嚴重、缺乏技術含量，消費者可以貨比貨、價比價，生產企業原來試圖通過所謂「大出血」來挽回一點利潤，結果在競爭中，反而會陷入不進行降價，消費者就不買賬的境地。

坦率說，方太的產品只有在成本允許情況下才在局部進行優惠銷售，但這完全不等同於「大出血」，因為我們永遠不會改變自己的中高端路線。既然我們選擇了打品牌、打高端市場，就是想取其利，但同時也就要接受其弊，這是企業的追求問題。過去高速發展期，方太放棄了兩次可以規模化的機會——第一次是，地方政府出政策請方太去投資房地產；第二次是，地方政府提出以方太品牌去整合寧波慈溪數百家中小企業，如果選擇了，方太雖然可以成為多元化企業，但是在過度分散的資金、管理下，方太的日子恐怕要比現在難過。

方太不「低價打折」的深層原因，就是我們相信自己的產品過得硬，我們和對手競爭沒有同質化，每一個產品都是來自企業所設立的全球最大的廚電研究中心的技術。

企業界一直在探索如何創新，希望用創新的技術含量來避免無休止地陷入貨比貨、價比價。在浙江也出現了一個口號——「浙江製造走向浙江創造」。但是那麼多的企業在談創新，作為管理者如何區別創新計劃是真正有效的、真正能夠突破今天的危機期？

過去方太在創業時期也遇到過急於創新的問題，但是越急越難以對項目做更深入的分析，結果就容易產生偽創新。因此關鍵還不在企業究竟創新出了什麼產品，而是企業有沒有一個持續發展的創新推動機制。我們內部有一個集成產品開發管理委員會，其作用是評估創新項目，這包括創意計劃、研發跟蹤、模具開發到最後的量產，委員會整體上要經過三次決策批准，這一方面為了將創新的風險降至最低，另一方面確保項目的市場接受程度。很多企業領導人在危機期單純地要求下屬趕創新的速度，其實這是本末倒置，應該先著手建立起企業的創新制度、創新文化。

中國企業過去十年通過勞動密集型將製造拿到了，但是距離品牌還是有很大的距離，難就難在能否以一百年持續只做好一個產品，並經受各個經濟週期的考驗，除了將「中國製造改為中國創造」，別無他法。

二〇一九年結束產業大調整

中國企業加快了轉型，但是淘汰的企業數量大於新生企業，這對於整體經濟產生了嚴重影響，那麼調整期究竟什麼時候才算是真正完成？

茅理翔：我將調整期與未來劃分為三個十年。

現在的調整期最合適時間是到二〇一九年。中國企業用了三十年走了別人一百年的路，基礎相當不穩。這次是中國企業第一次真正的調整，只是在受金融危機影響下，被迫和強制性地進行調整。當然接下來的十年，淘汰數量不會這樣的高發，但是會維持在一定的比率上，我們要用十年來調整過去三十年高速發展期存在的「野蠻式」增長方式，而向科技、環保和集約型拓展，跟不上這個節奏的企業自然要被競爭所擠壓。

第二個十年是二〇一九年到二〇二九年，中國企業將享受到前一個十年調整後的成果，並再度完善產業機構化、制度化，在遭遇新的經濟週期時，不會像現在這樣出現集體淘汰。

而再後一個十年是到二〇三九年，這是中國企業實現全球領導力的時期。

因此，我個人認為，現在的產業結構治理和淘汰反而應該從速，不能鬆懈，並且壓縮時間表。這就要求企業領導人更放開思維，有做百年企業的設想。

大多困難企業的主要問題集中在低端的產業模式上，這些企業如何才能突破危機？

茅理翔：除了因環保等問題被國家壓縮的產業以外，企業不是沒有出路，而是要靠創新手段實現包括產業結構、管理等方面的升級。以方太來說，如果沒有堅持常年創新，我們的產品也只有普通的抽油煙機，這就很難生存，即使沒有經濟危機，離破產也只是一步之遙。消費者現在購買比外資品牌還要貴的方太產品，就是因為他們已經認為我們的產品質量和提供的功能與技術是值得信賴的。實際上，在我們進入吸油煙機領域的時候，吸油煙機這個商品是被認為屬於低端的產業，當時地方政府也並沒有看好。

既然認識到自己的產業屬於低端，企業就要把各種能力的「拔高」當作使命，努力把自己做「硬」。這個出路就在於改變原有的模式，怎麼走？就是將創新注入低端產業，培育獨特的產品和管理經驗，在這個過程持續三至五年之後，回頭看看，你會發現過去被別人認為低端的產業，在你手裡就會變成一個朝陽產業。

但是目前情況不同了，市場上的賺錢都依靠低價競爭，其實這個時候，你反而就要學會隱忍，放棄低利潤競爭，耐心搞產品對比、研究，哪怕只做好一個產品，但是這個產品是有專利的，你仍然可以重新崛起。

創新週期都比較漫長，但在經濟週期下，企業如何壓縮產品開發週期直到量產？另外，企業在創新系統管理上應該如何形成有效機制？

茅理翔：必須務實，放棄「機會主義」，並且要重執行。我們進入抽油煙機領域的時候，同在一省的競爭對手帥康、老闆已經做得很優秀，作為「後進者」，我們如果不壓縮產品開發週期，就等於在燒錢，當時還有三十多家企業聯合起來搞價格戰，抽油煙機平均價格已降低兩百元左右，我們甚至在五個月內產品銷售沒有增長，不過我們卻在搞研究，之後，我們向市場推出了一種歐式外觀、中國內腔的產品，在推出市場中，我們大膽地把定價高出普通產品的百分之一百，結果是，三個月後，從原來試銷三百台一下子升至月銷一千多台。這個經驗，讓我們以後注意到壓縮產品開發週期的重要性。後來，我們把該產品的改進型稱為「鼎后」，這是方太一個里程碑式的產品。實際上，當時的「鼎后」不是方太的實驗室產品，而是來自內部普通員工的全員智慧。

目前，困難企業的出路，不光是內部的研發機構，而是要靠全員，讓每一位員工獻計獻策，改變那種「辦公室搞研究」的做法。

對於過去沒有設立過創新機制的企業來說，要壓縮產品開發週期是不現實的，因為創新並非呼之即來，這要看企業對創新的投入和管理。當然，對於目前尚能維持經營的企業來說，要利用目前市場同質競爭的空隙，加緊向企業輸入創新系統管理。一方面要在內部設立相關創新領導組織，另一方面引入類似ＩＢＭ的ＩＰＤ（Integrated Product Development）工具。ＩＰＤ的功能就在於提高產品開發效率，同時推進多個創新項目時候，既節約研發成本，又加快創新成效直至量產。

很多中小企業浮躁感很重，多數企業窮盡思維仍難突破危機，於是開始想通過拓寬邊際產品來打通贏利渠道，這種戰略能否為他們帶來機會？

茅理翔：不能說沒有機會，但是就帶有對賭市場的危險。

很少有企業一開始就完美無缺，並且能夠保證其定位一直正確。成熟的企業一定是每走一步彎路，嘗試，然後再回歸，這種糾偏的過程將讓企業愈來愈走向「歸核化」。二〇〇六年，方太進行了再一次戰略調整，將原來「外置式廚房電器」調整為「嵌入式廚房電器」，即今後所有外置式廚房電器不再涉足，因為非嵌入式廚房電器中如微波爐、烤箱等，市場都有了很成熟的品牌，方太在這方面也很難與之競爭，於是放棄了電磁爐、飲水機等產品，將自己「縮小」，主攻「嵌入式廚房電器」。目前，我們的「嵌入式廚房電器」已經達到在該產品領域的百分之三十佔有率，而且趨勢更加積極可觀。在企業內部，我們強調的是「產品優先於規模」。

凡是拓寬邊際產品的企業，經常遭遇的尷尬就是，競爭企業已經在該領域依靠龐大的產品系列線對於市場渠道實施了壟斷，而自己卻只能靠一款或者兩款的低價格產品來獲取微薄利潤。我建議這些企業放棄拓寬邊際產品的思路，反而要將「歸核化」進行得更徹底，對核心產品深挖掘，畢竟在你熟悉的核心產品領域，優勢更為集中。

除了創新作為企業持續發展動力之外，成本控制也是動力的一個砝碼，實際上，供應鏈上企業的生存狀態影響到整體生產企業，市場低迷中，方太如何處理和供應鏈的關係？

茅理翔：與供應商的商業關係，反映了一個企業的商業信用。困難期，方太要獨善其身幾乎很困難，但是過於壓低供應價格，就會導致供應商降低配件的生產標準，反過來，將令方太的整體質量受損。如何提高整個供應鏈的質量，把他們納入到方太的產品質量與成本的控制體系中，是方太不得不面對的問題。

方太的供應商百分之七十分佈在浙江寧波慈溪總廠周邊，方太有數十家生產不同部件的外協廠家，比如生產燈座的，生產風機的，等等，除了制定相關供應合約以外，方太花費了大量精力對他們進行幫扶，定期會派品質人員、工程師去輔導。方太既不會通過打壓供應價格，也不會拖欠賬期來增加方太的利潤。

實際上，保障優秀的供應商利益也是企業持續發展的能動力。

儒家思想能幫中國企業

其他民營企業對自己家族制身份避之不及，方太卻宣揚現代家族企業模式。但是陷入破產、歇業中的大部份中小浙江企業多數系家族企業，那麼家族企業在持續發展能動力上是否存在巨大弊端？

茅理翔：的確，倒閉的很多企業多數是家族企業，但原因不是出在家族制度上，而是產業問題，家族制度引發的矛盾是未來一定會遇到的事情。「活下去」的家族企業應該利用這一時機，不僅要思考企業贏利模式，更要思考的是制度的改革，強調互信，尤其是勞資互信。

在家族所有權層面，方太要始終保持絕對控股的地位，這一點不會動搖。但在經營層面，方太要強調淡化家族制的決定，經營團隊除家族成員茅忠群之外，全部採用經理人制度。

方太的家族管理模式目前形成的結構為，我擔任董事長，但是經過放權後，我目前主要在品牌層面進行把控，經營則由兒子茅忠群總負責，並在總經理架構下組建屬於其自己的管理團隊，而在保持家族制的絕對控股百分之九十的幅度下，又適當拿出百分之十的股權給予由博士、碩士等組成的高知管理團隊。

實際上，我對家族企業研究從一九九九年就開始，之前管理界多存在否定家族制說法。我提出過淡化家族制說法，但是需要說明的是，淡化不是否定，而是結合當前企業全球化發展趨勢，建立適合方太的現代家族企業制度。

很多企業不僅積極謀劃商業策略，同時絲毫不放鬆對員工在企業文化上的推進，希望用共同的價值感來激勵員工士氣，但是員工表面上釋放的能動力究竟多少是真的？而方太所設立的「孔子堂」，真能凝聚員工士氣嗎？

茅理翔：坦率說，方太要二〇一五年實現銷售額破五十億元大關，就要靠向員工傳達儒學精神這把尚方寶劍。不過，公司設立「孔子堂」是在經濟危機發生前，並不是倉促用來激勵員工的。

方太的高層大多來自世界五百強在華公司，他們過去西式企業的思維能否與儒學相適應？其實我也是抱著嘗試的態度去觀察的，結果發現這些過去受到高等教育的高層不僅沒有盲目堅持西方管理文化，還提出了很多儒學與方太管理的結合創想。其中一位高層在內刊上這樣寫道：「經濟學家和管理學家那些高深的理論解決不了危機，因為痼疾在於文化。」

現在多數企業在引進技術和管理時，也把價值觀全部照抄，實際上究竟多少價值觀是適合中國企業的？而在西方管理問題嚴重的當下，其企業制度下的管理文化並非是完美的，而在員工普遍的懷疑心態下，再要將價值觀趨於一同幾乎不可能，因此方太於一年前推動的儒家思考則更適合中國員工。

我們推出「孔子堂」不是全部否定西式管理，而恰恰就是從管理出發的一種低成本的培訓，將價值觀作為員工教育的最基本架構。

騰訊首席執行長馬化騰：砍掉低於億級用戶的產品

一九九三年從深圳大學計算機專業畢業，馬化騰進入深圳潤迅通訊公司，專注於尋呼機軟件的編程開發，為進一步尋求「互聯網之夢」，一九九八年和好友張志東共同成立「深圳市騰訊計算機系統有限公司」，並推出即時通信軟件——「騰訊QQ」，六年後，公司在香港聯交所主板上市，成為中國互聯網歷史上第一個市值超過一百億美元的企業。馬化騰領導下的騰訊，影響和帶動了中國互聯網產業的發展。

一九九八年到二〇一一年，馬化騰做了兩個重大選擇：其一，仿照ICQ開發了OICQ，也就是今天的QQ；其二，在二〇〇五年三月十六日，通過收購Foxmail郵箱軟件，將這一軟件的創始人張小龍及其團隊整體收入麾下，並由後者孵化出今天一統IM江山的微信。

英雄只論成敗。今天看來，也許只看到騰訊的輝煌，卻忽視了它在二〇〇九年經歷的一場彷徨無措。這一年的第二季度，騰訊總營收達

二十八億七千八百四十萬元，同比增長百分之七十九．九，盈利為十三億九千八百九十萬元，同比增長百分之八十二．八。尤其在網絡遊戲領域，首次超過當時如日中天的盛大，另外還在搶奪舉世矚目的二○一○年上海世博會的贊助資格上，擊敗所有對手，成為唯一的互聯網高級贊助商。在這樣的背景下，騰訊成了「全民公敵」，並在互聯網行業、財經界掀起的一股關於「抄襲」與「創新」爭論的風暴中成為爭論焦點。

爭論風暴分成兩派：支持者認為，在互聯網世界裡，「抄襲」與「創新」沒有涇渭之分，騰訊的「改變式創新」促進了技術的進步，是互聯網的發展潮流；反對者則認為，中國缺乏真正創新的文化，整個社會的法治環境、創業環境將因為抄襲和模仿變得混沌，騰訊在法律上侵權，在市場上搞壟斷，是互聯網中的「劫匪」。

反騰訊的風暴中，阿里巴巴公司創始人馬雲和新浪網原總裁兼CEO王志東在當時也進行吐槽。前者矛頭直指和其有競爭的騰訊拍拍網，認為「騰訊沒有創新，所有的東西都是抄來的」，後者的攻擊直接對準馬化騰本人，認為「馬化騰是業內有名的抄襲大王，而且他是明目張膽地、公開地抄」。面對指責，馬化騰卻柔和地表示：「抄可以理解成學習，是一種吸收，是一種取長補短。」

事實上，中國很多互聯網企業都有「抄襲」的痕跡，比如淘寶。如果不是前有eBay易趣，就不會有後來的淘寶，唯一的區別是，馬雲沿襲eBay易趣時，修改了「禁止買賣雙方在交易前進行聯繫」的陳規，變成了讓買賣雙方自由討價還價和商量交貨方式的新模式，依靠這樣的模式迅速取代了eBay易趣的統治地位。

馬化騰當時拋出的「抄可以理解成學習」的思維，很多人以為他是在狡辯，但拿到今天來看，也許讓很多人後悔。

不要對立學習和創新

實體企業正遭遇前所未有的嚴峻形勢，這對以騰訊為代表的互聯網企業，有何觸動？

馬化騰：二〇〇八年是很不平凡的一年，美國金融風暴是堪比「九．一一」的大事。很多人已深切地感受到這一點，覺得這個冬天真的來了。從事互聯網行業的業內同仁都十分清楚，我們目前正處在充滿挑戰的經濟環境。翻看那些反映全球經濟低迷走向的報告，我認為，現在正是對那些有助於我們解決當前問題並刺激行業復興的戰略進行評估的有利時機。

對騰訊來說，目前的經濟環境是一個挑戰，也是一個很大的機遇，因為我們有一些板塊發展增長會受阻，但有一些板塊會發展得更快。我們看到今年的大發展中，網絡遊戲的板塊增長非常迅速；第二個就是網絡廣告，尤其是我們的體育用品、快銷品廣告等，反而還遇到一個非常大的增長機會。

對於我們來說，我們希望借助各個業務的高速發展，能夠立足長遠，我並不希望騰訊把利潤放在賬上，更希望把利潤投入到長遠的發展裡。未來的三年，一定是中國網民增長非常關鍵的三年，會突破三億多人，但之後的增長率會降低，因此我們需要在這三年中大力發展和培育產品，以抓住用戶。

就中國的互聯網企業，下一步的發展路徑或者選擇是什麼？

馬化騰：經濟危機下更多是信心問題，大家信心不足是因為不清楚前進的方向。

從企業發展觀的角度，我認為，不管企業做到什麼樣，都要保持一種誠惶誠恐的心態。在互聯網領域產生的每一種新技術、每一種商業形態，我們都很敏感，而且會趕緊跟進、先去嘗試。在互聯網領域，任何人都無法事先判斷什麼是錯、什麼是對，只能通過自己嘗試才能論證。如果被論證可行的，就馬上做決策並投入資源，不用去看對手怎麼做。

與此同時，要時刻保持危機感。只要早點發現、早點應對危機，那還是有勝算。但起碼要往前走一步，看清楚情況，才能知道自己走得對不對。

在網絡遊戲領域，二〇〇九年第二季度騰訊的收入首次超過盛大。但騰訊在該領域的增長主要受惠於《地下城與勇士》、《穿越火線》兩款遊戲商業化的提高，以及「QQ遊戲」的自然增長，而《QQ幻想》、《QQ三國》和《QQ華夏》等較成熟MMOG（Massive Multiplayer Online Game）的收入則有所下降。那麼，未來騰訊將如何成為持續性的贏家？

馬化騰：回顧行業過去十年的發展，結合騰訊的經驗而言，中國網遊企業在運營模式上，除了傳統的自主研發、代理合作的模式外，騰訊最早採用聯合運營的模式，並且在各種模式上都取得了很大的成功。

騰訊的代理合作，並非直接從開發方拿到一款遊戲之後直接發行，而是盡早介入遊戲的研發環節，並做很多的本地化研究和改造，比如《穿越火線》由最早從韓國開發商獲得該遊戲的第一個版本開始，直到最終上市，一共修改發佈了不下十四個版本。騰訊的聯合運營模式，也是在國內廠商中最早採用的模式，與深圳網域聯合運營《QQ華夏》就是成功的典範。在自主研發方面，騰訊也一直不斷地在投入和積累，目前也有多款自主研發的產品受到用戶的廣泛歡迎，如《QQ幻想》、《QQ三國》等，二

○○九年我們會再發佈幾款自主研發的新品，出擊各個細分市場。這三種模式，確保了騰訊遊戲多元化的產品供應，也印證了騰訊遊戲業界領先的綜合研發和運營能力。

一方面，從社會經濟的產業層面來看，作為一個新興的文化產業，我們很欣喜地看到，首先是政府相關部門發展網遊產業的決心，積極的產業扶持與政策指引。其次是絕大多數網遊企業為營造綠色、健康、和諧的網遊平台自覺自律，並為此做出了種種卓有成效的努力。此外，所謂網遊妖魔化的話題，業界內外都有過富於建設性的積極探討。另一方面，就社會文化層面而言，作為一種新生的娛樂方式，網絡遊戲被妖魔化似乎又是其發展路上的必經歷程。當年電影、武俠小說、流行音樂等同樣遭遇到類似的困境，如今都已被大眾所喜聞樂見。當然，網遊的被妖魔化也有其本身發展不規範的原因。這要求網遊企業在發展的同時，必須承擔相應的社會責任，向用戶提供綠色、健康的遊戲產品，倡導積極向上的遊戲文化。

在國內網遊業興起的初期，一些企業在剛起步的階段，由於缺乏必要的技術實力，因此代理遊戲成為一條「捷徑」，只要拿到一款好的遊戲產品，短期內就可以見到成效。但是隨著行業的不斷發展，單純依靠代理給網遊企業帶來較大的風險，產品的成功往往直接和企業的成功捆綁在一起，於是不少企業開始逐漸投入到自主遊戲研發中來。從長遠看，自主研發始終是企業發展的必經之路，畢竟這無論對於企業本身還是整個產業來說都是其核心優勢所在。騰訊遊戲一直強調「精品戰略」，無論是自主研發，還是代理運營，我們都對產品品質有非常苛刻的要求。只有精品，才能更好地滿足QQ平台如此海量用戶的需求；只有精品，才能在市場上獲得真正意義上的成功。

面向未來，堅持自主創新，樹立民族品牌是騰訊公司的長遠發展規劃。騰訊一直以「為用戶提供一站式在線生活服務」為戰略目標而努力。過去十年，我們的業務不斷地影響和改變著數以億計網民的溝通方式和生活習慣；未來，騰訊所提供的更多產品包括移動互聯網服務還將為他們帶去更豐富和快樂的體驗。網絡遊戲作為在線娛樂之一，是其中重要的組成部份。

值得一提的是，隨著中國遊戲產業的發展，遊戲已經脫離了過去單純遊戲的概念，我們認為未來的發展趨勢是向社區化發展，而在這一點上，騰訊已經走在了業界的前列。目前，無論是騰訊公司整體的在線生活模式佈局，還是騰訊遊戲的產品佈局，都是從用戶的最基本需求、最簡單應用入手，注重產品的可持續發展和長久生命力，打造綠色健康的精品遊戲。同時，基於對用戶需求的研究，我們也會對成熟運營的產品不斷做後續內容的開發和挖掘，通過開拓新的內容、新的模式和新的玩法，使得成熟產品也能持續穩健的發展。

網絡遊戲領域中的企業並非都實現了贏利，比如巨人出現增長乏力、九城出現虧損，這對騰訊有什麼樣的警示？

馬化騰：在國內網遊業的發展初期，一些企業通過代理遊戲的「捷徑」，拿到一款好的遊戲產品，短期內就可以見到成效。但是隨著行業的不斷發展，單純依靠代理帶來了較大風險。從長遠看，自主研發始終是企業發展的必經之路，無論對企業本身還是整個產業來說都是其核心優勢所在。騰訊遊戲一直強調「精品戰略」，無論是自主研發，還是代理運營，我們都對產品品質有非常苛刻的要求。

因為這個行業屬於創意性行業，所以到三年之後，競爭格局增長的勢頭會不會放緩，這是我們非常關注的。在韓國，已經有了這樣的情況。所以，對騰訊來說，還要著眼於更多、更長遠的新的發展機會，比如電子商務、搜索、品牌廣告等，儘管騰訊現在佔的比例不高，但我們具有相當大的潛力。

騰訊提出，企業戰略未來目標將由「模式驅動」轉為「技術驅動」，依據和基礎是什麼？

馬化騰：我始終強調，騰訊是一個既注重學習能力，同時又強調擁有自主研發能力的企業。目前騰訊擁有六千多名員工，其中百分之六十以上的員工是研發人員。二〇〇七年，騰訊成立了獨立的互聯網技術研究院。這在目前的國內互聯網企業中是獨一無二的。騰訊互聯網技術研究院不但進行應用技術方面的研發，也承擔著很大一部份基礎性研究的任務，例如互聯網視頻、語音的編解碼和傳輸。中國的其他互聯網公司，專利申請數量很少，而截至二〇〇九年三月，騰訊已申請近兩千項專利。騰訊非常重視新技術的研發和應用，騰訊的未來就在於依託技術優勢，在互聯網應用的各個領域全面發展，全面拓展用戶群，實現品牌效益的最大化。

大事件就是傳播平台

成為世博會唯一互聯網高級贊助商後，騰訊面臨哪些挑戰？

馬化騰：騰訊將在宣傳推廣、內容和技術三方面重拳出擊。宣傳推廣上，將再次延續二〇〇八年北京奧運會期間火炬在線傳遞活動的成功經驗，利用大事件與大平台完美結合進行世博營銷；在內容上，騰訊網世博頻道將全新改版，推出最具特色的系列策劃、最具影響力的互動活動，讓騰訊四億四千八百萬活躍用戶，感受身邊的世博會；在技術上，騰訊主要負責網上世博會項目的總集成、總運行和總維護。由於網上世博會存在大量的虛擬3D展館，當很多用戶同時訪問網上世博會時，會佔用大量的服務器及帶寬資源，另外還要保證網上世博會整個系統的安全。為了攻克訪問速度、網站安全這些難關，騰訊投入了最好的技術和人力資源。一方面，騰訊擁有多年開發、運營和維護多人大型網絡平台的技術基礎，能為海量的互聯網用戶提供穩定的互聯網服務的經驗，特別在安全性、穩定性上久經驗證；另一方面，騰訊從公司內部抽調了技術骨幹菁英和顧問，組成了一百人的專職團隊。

參加世博會，能為騰訊網品牌帶來哪些價值？

馬化騰：騰訊網與世博會攜手，是「大迴響、大影響」品牌戰略的又一次體現。早在二〇〇六年，騰訊網就已經成為國內第一流量的中文門戶網站，尤其在二〇〇八年以來，在汶川地震和奧運會的報導中充分體現出快速反應和深入追蹤報導的實力，也是大家所有目共睹的。世博會是繼奧運會之後最大的一個國家級盛事，這對騰訊網來說是一個重大的機遇。騰訊網正在逐漸朝主流影響力方面大步邁進，與世博會的合作將加快這一進程。具體業務層面上來說，在中短期，互聯網各種業務模式中，網絡遊戲增速最快；但從長期來看，網絡廣告收入必然成為最主要的支柱。未來騰訊的收入也要向這個方向上靠，廣告比例要增加，這是我們的戰略考量。世博會對騰訊網而言，更多的是提升品牌形象，而品牌形象的提升，勢必會帶來網絡廣告收入的增加。

在中國互聯網發展歷史上，重大的社會經濟事件，往往成為網絡媒體迅速興起的重要契機。距離世博會正式開幕不到一年時間，作為上海世博會唯一互聯網高級贊助商，騰訊網將抓住機遇，在為廣大國人貢獻一次精彩世博會的同時，自身必將獲得突破性發展。

新產品必須創億級用戶

只見騰訊的產品，但不知道這些產品在內部通過什麼樣的機制實現？

馬化騰：每當外界說騰訊如何成功、如何領先的時候，我都不作回應，我不認為騰訊做得已經十分成功。其實產品好不好，自己說了不算，品牌也不是自己封的，一定要有實實在在的產品，滿足各個階層的人，他們認可了，會給你這個品牌賦予很多內涵。騰訊在娛樂產品等方面比較強，這既是優勢也是劣勢。以前，我們的思路是抓大放小，滿足大部份用戶的需求。但現在看來，高端用戶的感受才是真正獲得口碑的，這和滿足普通用戶的需求之間並不存在矛盾，高端用戶其實是要求更高、有更多個性化需求的用戶，所以說在滿足大部份用戶需求的基礎上，我們更要精益求精，去關注意見領袖的想法。

騰訊從來沒有預設對手或任何的假想敵，騰訊最大的對手是自己。對我們來說，業務和資金都不是最重要的，業務可以拓展、可以更換，資金可以吸收、可以調整，而人才卻是最不可輕易替代的，人才是我們最寶貴的財富。騰訊認為，一個好產品的實現和人才密不可分，前者涉及企業可持續發展，後者則是企業真正的財富。

騰訊需要的不僅僅是優秀的人才，更注重適合型人才。騰訊在選拔人才時最看重兩個方面，除了符合正直、盡責、合作、創新的價值觀之外，更看重於是否有良好的用戶意識，以及對用戶需求的敏感度。

在用人方面，騰訊在企業內部形成一條「活力曲線」：把最好的團隊和員工挑出來，為他們創造條件，讓他們承擔更大的責任，激勵他們，取得更大的成功；也把表現欠佳的挑出來，要求他們必須迅速調整狀態，找出原因並迅速趕上，如果在三至六個月中仍然不能適應企業的前進步伐，可能會被淘汰。從發展空間上來說，一方面我們擁有成熟和完善的人才發展機制；另一方面，幾乎所有的產品都是直接面向用戶。在我們內部，評估一個產品好不好，是否應該持續推動，一個簡單標準就是，這個產品能否創造億級用戶，這是我們的底線。沒有具備億級用戶潛力的產品，我們會砍掉，更會調整這個產品部門。

eBay正在謀求出售skype百分之六十五的股權，目前skype的用戶群裡的華人相對較少，而QQ基本上是華人在用，國外用戶群體很少。QQ會不會去爭奪這個機會，從而獲得一個超級龐大的海外用戶群？

馬化騰：面對行業的競爭和維持可持續性的發展，騰訊一直致力於追求穩健的業務發展，主要是通過業務自然增長，同時我們也會尋找一些和我們有相關業務且又有潛力的公司進行投資，希望可以攜手一起共同成長。危機與機遇並存，金融危機確實使市場多了併購的機會，但沒有影響我們的併購準則。我們一直密切留意各業務領域內具競爭力的併購機會，仍然會從公司的技術、人才、業績、估值與我們現有業務的協同作用等各方面去全面考慮。

我們也會留意海外市場的併購機會，目前進行初步的嘗試和佈局，在越南、印度、韓國、美國都開設了辦事處。如果有合適的機會，我們也不排除通過直投和合資等方式，進一步擴大海外業務的規模。另外QQ在二〇〇九已經具備發展海外用戶的強大基礎，隨著更多中國人、中國業務走出國門，海外用戶的發展是一個自然而然的過程。並且最近我們與羊城晚報合作在報紙上開通了QQ爆料平台，其中就有來自五湖四海的信息。

國家圖書館出版品預行編目 (CIP) 資料

新常態下的變革：對話三十七位中國企業家／沈偉民著. -- 第一版. -- 臺北市：風格司藝術創作坊, 2018.04
面； 公分
ISBN 978-957-8697-23-2(平裝)

1.企業管理 2.企業家 3.中國

490.92 107002596

新常態下的變革——對話三十七位中國企業家

作　　者：沈偉民
責任編輯：苗　龍
出　　版：風格司藝術創作坊
10671台北市大安區安居街 118 巷 17 號
Tel：（02）8732-0530　Fax：（02）8732-0531
http://www.clio.com.tw
總 經 銷：紅螞蟻圖書有限公司
Tel: (02) 2795-3656　Fax: (02) 2795-4100
地址：台北市內湖區舊宗路二段121巷19號
http://www.e-redant.com
出版日期／2018 年 4 月　第一版第一刷
定　　價／380 元

Knowledge House & Walnut Tree Publishing

Knowledge House & Walnut Tree Publishing

Knowledge House & Walnut Tree Publishing

Knowledge House & Walnut Tree Publishing